高等院校
土木工程专业教材

GONGCHENGLIXUE

工程力学

上 册

蒋 桐 郭光林 主编

佘守坚 王明金 李成玉 巫友群 黄海燕 编

全国百佳图书出版单位

—北京—

内容提要

本书包括传统的理论力学和材料力学,根据它们的内在联系相互渗透和综合协调进行编写。编写中参照了国家教委制定的高等工业学校"理论力学"、"材料力学"和"工程力学"等课程的基本要求,也适当反映了近年来工程力学课程改革的成果和趋势。

全书分上、下两册共4篇17章。

上册内容包括绪论;第1篇,物体的受力分析与结构计算简图、平面任意力系、空间力系、杆件的内力与内力图;第2篇,轴向拉伸与压缩、材料的力学性能、剪切实用计算、扭转、平面弯曲;附录,平面图形的几何性质、梁在简单荷载作用下的变形、型钢规格表。

下册内容包括第3篇,应力状态分析、强度理论、组合变形、简单超静定问题、压杆稳定问题、交变应力;第4篇,运动学、动力学、构件的动力计算。

书后附有习题和习题答案。

本书可作为高等院校土木工程专业及其他相关的交通工程、建筑学与城市规划、城市建设、给水排水、环境保护、工程管理等专业的教材,也可供高职、高专及成人高校选用。

责任编辑:李 潇 张 冰

图书在版编目(CIP)数据

工程力学. 上册 / 蒋桐,郭光林主编. —北京:知识产权出版社,2003.12(2023.1重印)

高等院校土木工程专业教材

ISBN 978 – 7 – 80011 – 948 – 4

Ⅰ. 工⋯ Ⅱ. ①蒋⋯②郭⋯ Ⅲ. 工程力学 – 高等学校 – 教材 Ⅳ. TB12

中国版本图书馆 CIP 数据核字(2003)第 110348 号

高等院校土木工程专业教材

工程力学 上册

蒋 桐 郭光林 主编

佘守坚 王明金 李成玉 巫友群 黄海燕 编

出版发行:	知识产权出版社 有限责任公司			
社 址:	北京市海淀区气象路50号院	邮 编:	100081	
网 址:	http://www.ipph.cn	邮 箱:	bjb@cnipr.com	
发行电话:	010 – 82000860 转 8101/8102	传 真:	010 – 82005070/82000893	
责编电话:	010 – 82000860 转 8024	责编邮箱:	740666854@qq.com	
印 刷:	北京中献拓方科技发展有限公司	经 销:	新华书店及相关销售网点	
开 本:	787mm × 1092mm 1/16	印 张:	13.5	
版 次:	2003 年 12 月第 1 版	印 次:	2023 年 1 月第 6 次印刷	
字 数:	320 千字	印 数:	8501 ~ 9000 册	
定 价:	23.00 元			

ISBN 978 – 7 – 80011 – 948 – 4/TU · 094 (1208)

出版权专有 侵权必究

如有印装质量问题,本社负责调换。

序 言

可以预见，21世纪将是国民经济建设和科学技术发展的一个飞跃时代。如何继承和反映20世纪已经取得的教学改革及科技成果，迎接21世纪对工程力学课程改革的挑战已是刻不容缓的任务。目前有一大批力学教师和力学科技工作者对力学系列课程的改革进行新的探索，编写出版了一批新教材，使力学课程改革和教材出版出现一派蓬勃发展的大好形势。

本书包括传统的理论力学和材料力学的内容。编写中参照了国家教委制定的高等工业院校有关课程的基本要求，也适当反映了近年来工程力学课程改革的成果和趋势。全书内容包括绪论；第1篇静力分析：受力分析与结构计算简图、平面任意力系、空间力系、杆件的内力与内力图；第2篇基本变形的杆件计算：轴向拉伸与压缩、材料的力学性能、剪切实用计算、扭转、平面弯曲、平面图形几何性质；第3篇杆件计算的进一步分析：应力状态分析、强度理论、组合变形、简单超静定问题、压杆稳定问题、交变应力；第4篇动力分析：运动学、动力学、杆件的动力计算。全书共分4篇17章，本书后附3个附录，并附有习题和习题答案。

在编写过程中，考虑到目前工程力学课程面临基础要加强，专业知识面要拓宽，而学时数却大为减少的新问题，因而将全书分为4篇，其中第1、2、3篇为基本内容，供多学时专业使用，其余中、少学时专业也可在这3篇中选用合适的内容。我们的观点是课堂教学时数减少并不意味着学生应该学习的内容要大量减少、学习要求也要降低。因此，作为教材应编写供学生主动自学和参考阅读的内容，例如第4篇动力分析以及其他章节中的一些内容，上课时不一定讲授，但可供自学。

本书编写中，在内容相互渗透和综合协调方面作了一些努力。例如，第1章物体受力分析中增加了结构计算简图；在第4章将杆件内力与内力图综合论述，并在第2、3章的平面力系和空间力系中结合讲解内力概念与内力计算，将内力计算与静力平衡条件的应用结合得更紧密；将运动学、动力学和构件动力计算放在第4篇，使内容更宜于相互渗透与综合。

本书删除了一些目前已很少应用或其他课程已有讲授的内容。例如，应力圆、某些用能量法计算位移的方法等。在编写中，我们在克服了重复脱节，注重内容精练，并在专业课衔接等方面也作了努力。

本书可作为高等院校土木工程专业及其他相关的交通工程、建筑学与城市规划、城市建设、给水排水、环境保护、工程管理等专业的教材，也可供高职高专及成人高校选用。

本书编写的分工为：由蒋桐、郭光林主编。蒋桐（序言、绪论、附录A、B、C、各篇前言），郭光林（第5、9、10、12章），佘守坚（第6、16、17章），王明金（第7、8、11章），李成玉（第3、4、14章），巫友群（第13、15章），黄海燕（第1、2章）。

在本书编写过程中，南京工业大学土木工程学院董军教授给予大力支持，对本书编写工作提出了许多宝贵意见，编者在此表示衷心感谢。

限于编者水平，本书难免存在缺点和欠妥之处，深望教师和读者批评指正，以便今后改进。

编　者

2003年10月

目 录

序言
绪论 ·· 1

第1篇 静 力 分 析

第1章 物体的受力分析与结构计算简图 ··· 5
 1 静力学基本概念 ··· 5
 2 静力学基本原理 ··· 10
 3 约束及其简化 ··· 13
 4 结构计算简图 ··· 18
 5 物体的受力分析 ·· 21
 习题 ··· 24

第2章 平面任意力系 ··· 27
 1 力的平移定理 ··· 27
 2 平面任意力系向一点的简化 ·· 28
 3 平面任意力系的平衡条件 ··· 31
 4 物体系统的平衡问题 ·· 37
 5 有摩擦时物体的平衡问题 ··· 45
 6 杆件在平面力系作用下的内力 ··· 50
 习题 ··· 52

第3章 空间力系 ··· 58
 1 空间力沿坐标轴的分解与投影 ··· 58
 2 空间汇交力系的合成与平衡 ·· 59
 3 空间力偶理论 ··· 61
 4 力对点的矩与力对轴的矩 ··· 63
 5 空间任意力系的合成与平衡 ·· 65
 6 杆件在空间力系作用下的内力 ··· 71
 习题 ··· 72

第4章 杆件的内力与内力图 ··· 75
 1 杆件内力的分析方法 ·· 75

  2 轴力与轴力图 ……………………………………………………………… 77
  3 扭矩与扭矩图 ……………………………………………………………… 79
  4 剪力、弯矩与剪力图、弯矩图 …………………………………………… 79
  5 剪力、弯矩和分布荷载集度间的关系 …………………………………… 84
  6 组合变形杆件的内力与内力图 …………………………………………… 86
  习题 ………………………………………………………………………………… 87

第 2 篇　基本变形的杆件计算

第 5 章　轴向拉伸与压缩 …………………………………………………………… 91
  1 概述 ………………………………………………………………………… 91
  2 横截面与斜截面的应力 …………………………………………………… 92
  3 轴向拉伸与压缩杆件的强度计算 ………………………………………… 95
  4 轴向拉伸与压缩杆件的变形计算 ………………………………………… 97
  5 应力集中的概念 …………………………………………………………… 99
  习题 ………………………………………………………………………………… 99

第 6 章　材料的力学性能 …………………………………………………………… 102
  1 概述 ………………………………………………………………………… 102
  2 金属材料拉伸时的力学性能 ……………………………………………… 103
  3 金属材料压缩时的力学性能 ……………………………………………… 108
  4 几种非金属材料的力学性能 ……………………………………………… 109
  5 温度和时间对材料力学性能的影响 ……………………………………… 111
  6 容许应力和安全系数 ……………………………………………………… 112
  习题 ………………………………………………………………………………… 113

第 7 章　剪切实用计算 ……………………………………………………………… 115
  1 概述 ………………………………………………………………………… 115
  2 剪切和挤压的实用计算 …………………………………………………… 115
  3 胶粘接实用计算简介 ……………………………………………………… 121
  习题 ………………………………………………………………………………… 123

第 8 章　扭转 ………………………………………………………………………… 125
  1 概述 ………………………………………………………………………… 125
  2 圆轴扭转时横截面上的剪应力 …………………………………………… 126
  3 圆轴扭转时的强度计算 …………………………………………………… 133
  4 圆轴扭转时的变形与刚度计算 …………………………………………… 135
  5 矩形截面杆件的扭转 ……………………………………………………… 138
  习题 ………………………………………………………………………………… 139

第 9 章　平面弯曲 …………………………………………………………………… 142

1 概述	142
2 平面弯曲时梁横截面上的正应力与正应力强度条件	143
3 平面弯曲时梁横截面上的剪应力与剪应力强度条件	147
4 梁的强度计算与提高梁强度的措施	150
5 梁的位移与挠曲线近似微分方程	155
6 积分法求梁的位移	157
7 叠加法求梁的位移	160
8 梁的刚度计算与提高梁刚度的措施	162
习题	164
附录 A 平面图形的几何性质	**170**
A1 研究平面图形几何性质的意义	170
A2 面积矩和形心	170
A3 惯性矩、惯性积、极惯性矩和惯性半径	173
A4 平行移轴公式	176
A5 转轴公式	177
A6 主惯性轴、形心主惯性轴	178
习题	181
附录 B 梁在简单荷载作用下的变形	**184**
附录 C 型钢规格表	**186**
上册习题答案	**202**
参考文献	**208**

绪 论

在经济建设中人们要建造各种建筑物和制造各种机械。这些建筑物和机械首先必须符合使用的需要，同时也必须满足安全与经济两方面的要求。因此，在对它们进行设计、施工和制造过程中，力学分析与计算就具有十分重要的核心地位。

从工程建设角度来说，力学分一般力学、固体力学和流体力学三大门类。而一般力学主要包括：理论力学、分析力学、陀螺力学、振动理论、外弹道学、天体力学等学科。固体力学主要包括：材料力学、结构力学、弹性力学、塑性力学、断裂力学、复合材料力学等学科。对于工科大学的本科教学来说，由于时间的限制，不可能对这么多学科都开设课程，一般随专业的不同只对一些最基础、常用的学科开设课程进行教学。例如，对于土木工程类的专业一般开设理论力学、材料力学、结构力学和弹性力学等课程。

随着科学的不断发展，学科之间的相互渗透和交叉越来越广泛与深入。同时，力学在工程技术方面的应用日新月异，内容也越来越丰富与复杂，大学教学的学时数也在不断变化。因此，力学的课程设置也产生变化、发展与改革。工程力学就是近年来出现的一门新课程，在许多工科高等院校中开设。工程力学课程是将理论力学和材料力学的有关内容加以综合的一门新课程。该课程介绍了两者的基本理论又注意反映两者间的渗透与交叉并尽量克服重复和脱节，使这门课程有利于基本理论的阐述与理解，同时有利于理论联系实际，也节省了课程教学学时数。

1 工程力学的研究对象与任务

工程力学是研究物体平衡与机械运动的普遍规律及结构构件承载能力的基础课程。该课程的主要研究对象是组成工程结构或机械的构件和构件系统。其中以由简单构件简化的一维杆件为主。在研究物体或构件的平衡与机械运动的普遍规律时常将物体或构件科学抽象为力学模型，如质点、刚体等进行研究。

在结构承受外界荷载或机械传递运动时，必须在符合使用需要的前提下，具有足够的承载能力。因此，构件必须符合三方面的要求：①不发生断裂，即具有足够的强度；②构件所产生的弹性变形应不超过工程上允许的范围，即具有足够的刚度；③在原有形状下的平衡应是稳定平衡，即构件不会失去稳定性（或具有足够的稳定性）。也就是说工程力学是在研究物体的平衡与机械运动普遍规律的基础上，为使构件满足强度、刚度和稳定性这三方面要求，实现既安全又经济的设计提供理论依据和计算方法。

2 变形固体与刚体

2.1 变形固体的概念

工程力学研究的对象是固体。任何固体在外力作用下，其形状和尺寸总会发生改变，也就是说总会产生变形，当外力增加到一定极限值时，固体还会发生破坏。因此，当为了强调固体的上述变形和破坏的特性，在工程力学中所讨论的固体（构件），一般又称为"变形固体"。

2.2 刚体的概念

当所研究的物体（构件）在受力后产生的变形程度相对于物体本身的几何尺寸来说极其微小，在研究物体的平衡与运动时可以忽略其变形。或者所研究的问题与变形无关，可以不考虑物体的变形问题。在上述情况下，可以把物体视为在运动中和受力作用后，形状和大小不变，而且内部各点的相对位置不变的固体。即称为"刚体"。

在自然界中"刚体"实际上是不存在的，只是一种科学抽象的力学模型。可以利用"刚体"这种理想模型足够精确而又方便地研究构件的平衡与运动，求出施加的各种未知力及其他有关的物理量，然后再将构件视为"变形固体"研究其强度、刚度和稳定性问题。

3 变形固体性质的基本假设与小变形假设

3.1 变形固体性质的基本假设

在工程力学中，要对变形固体进行理论分析和实验研究。在进行一系列工作时，如果要完全精确地和全面地反映出变形固体各有关量值之间的关系和各方面的实际情况，将使工作变得非常复杂，甚至使问题的求解变成不可能。因此，通常是根据所需求解问题的范围，对变形固体的基本性质作出如下的基本假设，使问题得到简化并更易于求解。

（1）连续性假设。假设在整个物体的体积内，都毫无空隙地充满着物质，即物体是绝对密实的。有了这个假设，物体的有关物理量才能用坐标的连续函数来表示其变化规律，也就是说这些物理量是连续不间断的。当然，实际的变形固体，就其物质结构而言，都具有不同程度的空隙，但是这些空隙和构件的尺寸相比是极其微小的，可以忽略不计。对于那些具有明显非连续性质的物体，例如出现裂缝的构件、具有人工缝隙的结构物，就必须在分析计算中考虑其非连续性。

（2）均匀性假设。假设物体材料的力学性质在整个物体内部的各个部位是一样的，即同一物体中各部位材料的力学性质不随位置坐标的不同而改变。或者说物体内的材料各个力学性质不是位置坐标的函数而是常数。根据这个假设在分析计算同一个构件不同部位的力和变形时可以用同一个材料力学性质。同时从物体中的任何位置取出一小部分材料进行力学性质的研究，其结果可以应用于整个物体及其各个部位。

当然，无论对于金属材料或者非金属材料（例如混凝土），从微观或者细观的角度观察都会发现材料是非均匀的，在各个部位的性质并非完全一致，但是若从宏观的统计平均的观点观察和分析就会发现物体综合的材料力学性质是相同的。其随位置而不同的差异性很小，可以忽略不计。对于那些明显的非均匀体，例如钢筋混凝土构件，则在分析与计算时应反映它们的非均匀性。

（3）各向同性假设。假设物体的力学性质沿各个方向都相同，即物体的力学性质不随方向的不同而改变。根据这个假设在分析计算同一个构件时，对于不同的受力方向或分析不同方向的力与变形采用相同的材料力学性质，即不因加力方向或分析方向的不同而采用不同的材料力学性质。

在工程实际中，许多均匀的非晶体材料，例如玻璃、塑胶等都是各向同性材料。许多金属材料，就其组成的单个晶体而言，其性质具有方向性，但由于无数个晶体随机地错综排列，从统计平均的观点分析，应认为金属是各向同性的。对浇筑比较均匀的混凝土构件也可认为是各向同性的。当然，对工程实际中存在的明显的各向异性材料，例如木材、竹材、复合材料、钢筋混凝土构件等，在计算与分析时必须考虑材料在各个不同方向的不同力学性质，即考虑各向异性问题。

通常把符合上述连续性假设、均匀性假设、各向同性假设的变形固体称为理想变形固体。不符合上述假设的称为非理想变形固体。工程力学课程和本书主要研究对象为理想变形固体。也就是研究均匀连续各向同性材料的力学计算与分析的基本理论与基本方法。当遇到需要牵涉非均匀非连续各向异性材料时，会加以特别说明。

3.2 小变形假设

任何变形固体在外力作用下都会发生变形，变形固体内各点的位置都会产生移动，即所谓的位移。在工程实际中通常这种变形与位移都比较小。为了符合工程实际情况，并将工程力学分析加以限定，提出了"小变形假设"。所谓"小变形假设"就是假设物体在受力以后所产生的变形或物体上各点的位移，与物体本身原来的尺寸相比是非常微小的。根据这个假设，在对受力变形后的物体建立平衡方程和进行其他分析时，可以用变形以前的物体尺寸和力的作用位置代替变形后的物体尺寸和力的作用位置。此外，在计算中，对物体变形的二次幂与高次幂以及乘积可以略去不计。有了小变形假设可以使工程力学的计算与分析大为简化，同时能保证工程设计所需要的精度。

工程实际中，大多数构件在受力后都符合小变形假设。但是对某些特殊情况，例如大柔性构件，则在外力作用下将产生大变形，不适合采用小变形假设，必须按照大变形问题进行计算与分析。工程力学课程和本书将只对符合小变形假设的问题进行讨论。

4 工程力学的课程内容

工程力学课程包括静力分析、杆件应力与变形分析、运动和动力分析三部分。其中，视学习专业的不同，各部分内容的分量与课时的比例不同。对于土木工程类为主的专业则以静力分析和杆件应力与变形分析为主，运动和动力分析次之。

一般情况下静力分析部分主要包括：结构的受力分析；平面力系与空间力系的平衡分析；杆件与杆系的内力分析和计算。杆件应力与变形分析部分主要包括：杆件在拉伸、压缩、剪切、扭转和弯曲时的应力和变形计算；杆件在组合变形情况下的应力和变形计算；

3

杆件在应力复杂情况下的计算；压杆稳定问题。运动和动力分析部分主要包括：点的运动分析和刚体运动分析；质点与质点系动力学基本原理；运动中的构件和构件受冲击时的应力与变形计算。

工程力学课程的上述基本内容在本教科书中分为四篇进行阐述。第一篇为静力分析，第二篇为基本变形的杆件计算，第三篇为杆件计算的进一步分析，第四篇为动力分析（含运动分析）。

需要指出，工程力学作为学科而言，其领域基本是明确而广泛的，而内容与范围则随科学的发展而发展与更新。工程力学作为课程而言，其内容除了要和学科领域相适应外，还随所学专业的不同及学时数的多少而变动。这是在阅读本书时要注意的。

第1篇 静力分析

本篇介绍的内容是"工程力学"课程最重要的基础知识之一。物体静力分析的核心是分析研究物体在力系作用下的平衡规律。其思路是由刚体的平衡规律推广到变形固体的平衡规律。

本篇主要研究下列四个问题：

首先，研究结构的计算简图与物体的受力分析。工程力学研究的对象是先将复杂的实际工程结构抽象为结构计算简图，再由结构计算简图将结构从周围物体中分离出来作为受力体。工程力学是对受力体进行力学分析。

其次，研究力系的简化。主要是平面力系和空间力系的简化。即研究作用在物体上的复杂力系如何用简单的等效力系代替，并分析刚体上的力系简化和变形体上的力系简化在效应上的异同。

第三，研究力系的平衡条件。以作用在刚体上的力系平衡条件的建立及利用平衡条件求力系中的未知力为主要研究内容，并推广应用于变形固体。

第四，研究杆件的内力分析。杆件的内力计算是杆件计算的基础，也是静力平衡条件在变形固体力学分析中的具体应用。本篇集中介绍杆件内力分析，既有利于力系平衡条件的理论联系实际，也有利于对杆件内力计算在本质上存在的共性的理解，并使计算内力方法的应用更容易、更熟练。

第1章 物体的受力分析与结构计算简图

1 静力学基本概念

静力学研究力的一般性质及其合成法则，并重点研究物体在力系作用下的平衡规律。

1.1 力的概念

力是物体间的相互机械作用。力对物体作用的效应反映在两个方面，使物体的机械运动发生变化，称为运动效应；同时又使物体发生变形，称为变形效应。实践证明，力对物体的效应取决于力的大小、方向和作用点，即力是矢量。

在本书中当强调对力作为矢量进行分析时，在表示力的字符上面加"→"符号，如

$\vec{F}$，以表示该量为矢量。但在插图中，由于力的矢量要素，即力的作用点、方向均已用线条与箭头表示，因此，只需在力矢上标明力的大小（称力矢量的模），不再加"→"符号，如 F。对其他物理量的矢量，将作同样处理。

力对物体作用的运动效应有平动与转动两种。其中力的平动效应由力矢量的大小和方向来度量，而力的转动效应则由力对点的矩或力偶矩来度量。对于刚体来说，只考虑运动效应。对于变形体来说，既要考虑运动效应，又要考虑变形效应。

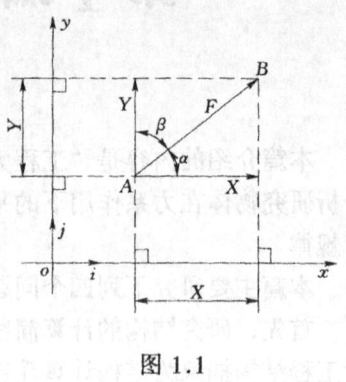

图 1.1

1.2 力在直角坐标轴上的投影

力是矢量，因此，力的投影就是矢量的投影，即力在某轴上的投影，等于该力的大小乘以力与投影轴正向间夹角的余弦。力在轴上的投影为代数量，当力与投影轴间夹角为锐角时，其值为正；当夹角为钝角时，其值为负。

如图 1.1 所示，已知力 $\vec{F}$ 与坐标轴 x、y 的夹角为 α、β，则力 $\vec{F}$ 在 x、y 轴上的投影分别为

$$\left.\begin{array}{l} X = F\cos\alpha \\ Y = F\cos\beta = F\sin\alpha \end{array}\right\} \quad (1.1)$$

相反，如果已知力 $\vec{F}$ 在平面直角坐标轴上的投影 X 和 Y，则可确定该力的大小和方向余弦

$$\left.\begin{array}{l} F = \sqrt{X^2 + Y^2} \\ \cos(\vec{F}, \vec{i}) = \dfrac{X}{F} \\ \cos(\vec{F}, \vec{j}) = \dfrac{Y}{F} \end{array}\right\} \quad (1.2)$$

式中：$\vec{i}$、$\vec{j}$ 分别为沿坐标轴 x、y 正向的单位矢量。

1.3 力沿坐标轴分解

力沿坐标轴分解时，分力由力的平行四边形法则确定，如图 1.1 所示，力 $\vec{F}$ 沿直角坐标轴 ox、oy 可分解为两个分力 $\vec{X}$ 和 $\vec{Y}$，其分力与力的投影之间有下列关系

$$\left.\begin{array}{l} \vec{X} = X\vec{i} \\ \vec{Y} = Y\vec{j} \end{array}\right\} \quad (1.3)$$

因此，力的解析表达式可写为

$$\vec{F} = X\vec{i} + Y\vec{j} \quad (1.4)$$

必须注意，力的投影与力的分解是两个不同的概念，两者不可混淆。力在坐标轴上的投影 X、Y 为代数量，而力沿坐标轴的分力 $\vec{X}$ 和 $\vec{Y}$ 为矢量。当 ox、oy 两轴不相垂直时，分力 $\vec{X}$、$\vec{Y}$ 和力在轴上的投影 X、Y 在数值上也不相等，如图 1.2 所示。

1.4 力系与力系的平衡

1.4.1 力系

作用在同一物体上的一群力,称为力系。

力系按作用线分布情况的不同可分为下列几种:若所有力的作用线在同一平面内时,称为平面力系;否则称为空间力系。若所有力的作用线汇交于同一点时,称为汇交力系;而所有力的作用线都相互平行时,称为平行力系;否则称为任意力系(一般力系)。

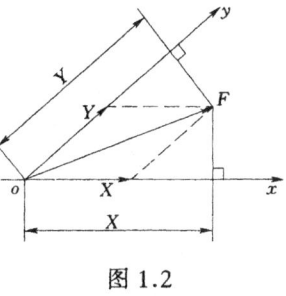

图 1.2

1.4.2 平衡、平衡力系与平衡条件

平衡是指物体相对于惯性参考系(如地面)保持静止或做匀速直线运动。如桥梁、机床的床身、作匀速直线飞行的飞机等等,都处于平衡状态。平衡是物体在力作用下运动效应的一种特殊形式,是一个相对的概念。

若力系中各力对于物体作用的运动效应彼此抵消而使物体保持平衡或运动状态不变时,则这种力系称为平衡力系。即作用在物体上而对物体没有任何运动效应的力系称为平衡力系。平衡力系中的任一力对于其余的力来说都称为平衡力,即与其余的力相平衡的力。

使物体保持平衡状态时力系所需满足的条件,称为力系的平衡条件。平衡条件用数学方程的形式来描述称为平衡方程。

1.4.3 等效力系

若两力系分别作用于同一物体而对物体产生的作用效应相同时,则这两力系称为等效力系。

若力系与一力等效,则此力就称为该力系的合力;而力系中的各力,则称为此合力的分力。

1.5 平面上力对点的矩

如图 1.3 所示,平面内作用一力 $\vec{F}$,在同一平面内任取一点 O,点 O 称为力矩中心,简称矩心。矩心 O 到力作用线的垂直距离 h 称为力臂,则平面内力对点的矩的定义如下:

力对点的矩(简称为力矩)是一个代数量,其大小等于力与力臂的乘积。正负号约定为:力使物体绕矩心逆时针方向转动时为正,反之为负。

以 $m_O(\vec{F})$ 表示力 $\vec{F}$ 对于点 O 的矩,则

$$m_O(\vec{F}) = \pm Fh = \pm 2A_{\triangle OAB} \tag{1.5}$$

式中:$A_{\triangle OAB}$ 为三角形 OAB 的面积;力矩的单位为 N·m 或 kN·m。

当力的作用线通过矩心时,力臂 $h=0$,则 $m_O(\vec{F})=0$。

以 $\vec{r}$ 表示由点 O 到 A 的矢径,则矢量积 $\vec{r} \times \vec{F}$ 为一矢量,它的模 $|\vec{r} \times \vec{F}|$ 等于 $2A_{\triangle OAB}$,即该力矩的大小,且其指向与力矩转向符合右手规则。

力矩与矩心密切相关,同一个力对不同的矩心有不同的力矩。应当注意,矩心可以是固定点,也可以是不固定点,也就是说可以选择物体上任意点作为矩心。

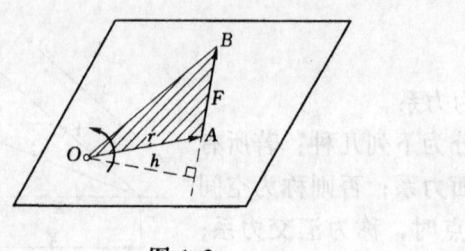

图 1.3　　　　　　　　　　图 1.4

1.6 平面力偶

1.6.1 平面力偶的定义

大小相等、方向相反但不共线的两个平行力组成的力系，称为平面力偶。如图 1.4 所示，力 $\vec{F}$ 和 $\vec{F}'$ 组成一个力偶，记作 $(\vec{F}, \vec{F}')$。力偶中两力作用线之间的垂直距离 d 称为力偶臂，力偶所在的平面称为力偶作用平面，简称为力偶作用面。

在日常生活与生产实践中，经常遇到在物体上作用力偶的情况，如用两个手指拧水龙头或转动钥匙，手指对水龙头或钥匙施加的两个力；汽车司机用双手转动驾驶盘；钳工用扳手和丝锥攻螺纹时，两手作用于丝锥扳手上的两个力等。

1.6.2 平面力偶对物体转动效应的决定因素

在平面力偶中，两力等值反向且相互平行，其矢量和显然等于零，但是由于它们不共线，不满足二力平衡条件，不能相互平衡，而将改变物体的转动状态。

平面力偶作用在物体上只存在单纯的转动效应，而不存在平动效应，其转动效应取决于以下三个因素：

(1) 力偶矩的大小。平面力偶对物体的转动强弱，可用力偶矩来度量。力偶矩是一个代数量，其绝对值等于力的大小与力偶臂的乘积（图 1.5），正负号表示力偶的转向：逆时针转向为正，反之则为负。力偶矩以 $m(\vec{F}, \vec{F}')$ 表示，一般简记为 m，即

$$m = m(\vec{F}, \vec{F}') = \pm Fd = \pm 2A_{\triangle ABC} \tag{1.6}$$

式中：$A_{\triangle ABC}$ 为三角形 ABC 的面积，力偶矩的单位与力矩相同，也是 N·m 或 kN·m。

平面力偶对其作用面内任一点之矩恒等于力偶矩。设某平面力偶 $(\vec{F}, \vec{F}')$，其力偶臂为 d，如图 1.5 所示，在力偶作用平面内任取一点 O（矩心），则平面力偶对点 O 之矩等于其两力对 O 之矩的代数和，即

$$m_O(\vec{F}) + m_O(\vec{F}') = F \times OD - F' \times OE = F(OD - OE) = Fd = m \tag{1.7}$$

由于矩心 O 是任意选取的，因此，平面力偶对其作用面内任一点之矩均等于力偶矩，而与矩心的位置无关。

(2) 力偶作用平面。力偶的作用平面不同，其对物体的作用效果也可能不同。

(3) 平面力偶在作用平面内的转向。平面力偶使物体逆时针转动为正，顺时针转动为负。

1.6.3 平面力偶的等效定理与平面力偶的性质

作用在同一平面内的两个力偶，若其力偶矩的大小相等、转向相同，则该两平面力偶等效。

根据平面力偶的定义和力偶的等效定理,可得平面力偶的性质如下:

(1) 力偶无合力。

由力偶的定义可知,力偶中的两个力在任何轴上的投影之和恒等于零,说明其主矢量 $\vec{R}=0$,即力偶无合力。

力偶不能合成为一个力,或用一个力来等效替换;力偶也不能用一个力来平衡。因此,力和力偶是两个非零的最简单力系,它们是静力学的两个基本要素。

(2) 力偶对其作用面内任一点之矩均等于力偶矩,而与矩心的位置无关。

(3) 只要保持力偶矩不变,力偶可在其作用面内任意移动和转动,并可任意改变力的大小和力偶臂的长短,而不改变它对刚体的作用效应(即将物体简化为刚体时的运动效应)。

因此,力的大小和力偶臂都不是力偶的特征量,只有力偶矩才是力偶作用效应的唯一量度,所以,以后常用如图 1.6 所示的符号表示力偶。

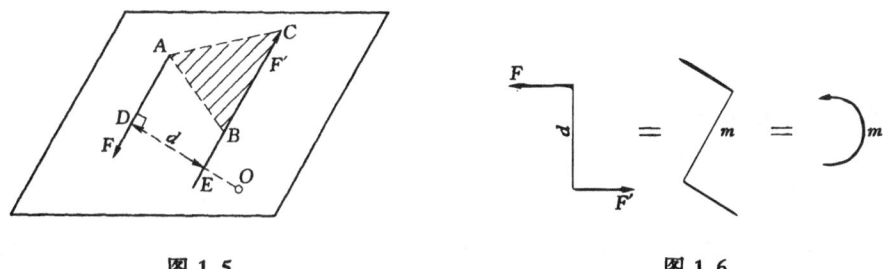

图 1.5　　　　　　　　　　　　　　图 1.6

必须明确指出:上述力偶的性质只是在研究力偶的运动效应时才成立,不适用于变形效应的研究。

1.7　力系简化

为了便于寻求各种力系对于物体作用的总效应和力系的平衡条件,需要将力系进行简单化,使其变换为另一个与其作用效应相同的简单力系。这种等效简化力系的方法称为力系的简化,也称为力系的等效替换。

研究力系简化并不限于分析静力学问题。例如:飞行中的飞机,受到升力、牵引力、重力、空气阻力等作用,这群力错综复杂地分布在飞机的各部分,每个力都影响飞机的运动。要想确定飞机的运动规律,必须了解这群力总的作用效果,为此,可以先用一个简单的等效力系来代替这群复杂的力,然后再进行运动的分析。所以研究力系的简化不仅是为了导出力系的平衡条件,同时也是为动力学提供基础。在静力学中,我们将研究以下三个问题:

(1) 物体的受力分析。分析某个物体共作用几个力,以及每个力的作用位置和方向。

(2) 力系的等效替换(或简化)。研究如何把一个复杂的力系简化为一个简单的力系。

(3) 建立各种力系的平衡条件。研究物体平衡时,作用在物体上的各种力系所需满足的条件。

力系的平衡条件在工程中有着十分重要的意义,是设计结构、构件和机械零件时静力计算的基础。因此,静力学在工程中有着广泛的应用。

2 静力学基本原理

静力学公理是人类经过长期的观察和经验积累而得到的关于力的基本性质的概括和总结，它可以在实践中得到验证而为大家所公认，它们是静力学理论的基础。

2.1 二力平衡公理

作用于同一刚体上的两力，使刚体保持平衡的充要条件是：该两力的大小相等、方向相反且作用于同一直线上。

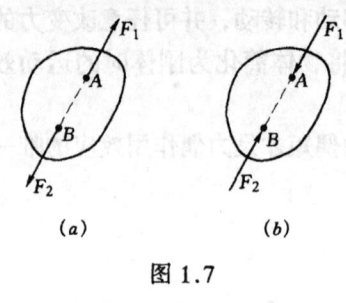

图 1.7

二力平衡公理说明了作用于物体上最简单的力系平衡时所必须满足的条件。对于刚体来说，这个条件是必要与充分的。这个公理是今后推证平衡条件的基础。

如图 1.7 所示表示了满足该公理的两种情况。工程上常遇到只受两个力作用而平衡的构件，称为二力构件或二力杆。根据该公理，该两力必定沿作用点的连线。注意：二力杆不一定是直杆。

2.2 力的平行四边形法则

作用于物体某一点的两个力的合力，也作用于同一点上，其大小及方向可由这两个力所构成的平行四边形的对角线来表示。

设在物体的 A 点作用有力 $\vec{F}_1$ 和 $\vec{F}_2$，如图 1.8（a）所示，若以 $\vec{R}$ 表示它们的合力，则可以写成矢量表达式

$$\vec{R} = \vec{F}_1 + \vec{F}_2 \tag{1.8}$$

即合力 $\vec{R}$ 等于两分力 $\vec{F}_1$ 与 $\vec{F}_2$ 的矢量和。

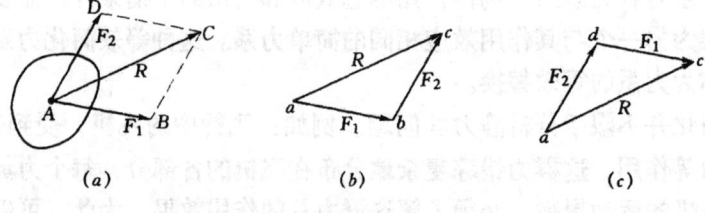

图 1.8

该公理反映了力的方向性的特征，矢量相加与数量相加不同，必须用平行四边形的关系确定，它是力系简化的重要基础。

因为合力 $\vec{R}$ 的作用点也为 A 点，求合力的大小及方向实际上无需作出整个平行四边形，可用下述简单的方法来代替：从任选点 a 作 ab 表示力矢 $\vec{F}_1$，在其末端 b 作 bc 表示力矢 $\vec{F}_2$，则 ac 即表示合力矢 $\vec{R}$，如图 1.8（b）所示。由只表示力的大小及方向的分力矢和合力矢所构成的三角形 abc 称为力三角形，这种求合力矢的作图规则称为力的三角形法则。力三角形图只表示各力的矢，并不表示其作用位置。若先作 ad 表示 $\vec{F}_2$ 再作 dc 表示

$\vec{F}_1$，同样可得表示 $\vec{R}$ 的 ac，如图 1.8（c）所示，这说明合力矢与分力矢的作图先后次序无关。

2.3 加减平衡力系公理

在作用于刚体的力系上增加或减去任意的平衡力系，并不改变原力系对刚体的作用效应。

该公理是研究力系等效变换的重要依据。注意此公理只适用于刚体，而不适用于变形体。

根据上述公理可以导出下列推论：

推论 1　力的可传性原理

作用于刚体上某点的力，可以沿着它的作用线移到刚体内的任一点，并不改变该力对刚体作用的运动效应。

证明：设有力 $\vec{F}$ 作用在刚体上的 A 点，如图 1.9（a）所示。根据加减平衡力系公理，可在力的作用线上任取一点 B，并加上两个相互平衡的力 $\vec{F}_1$ 和 $\vec{F}_2$，使 $\vec{F} = \vec{F}_1 = -\vec{F}_2$，如图 1.9（b）所示。于是，力系 $\vec{F}$、$\vec{F}_1$、$\vec{F}_2$ 与力 $\vec{F}$ 等效。由于力 $\vec{F}$ 和 $\vec{F}_2$ 也是一个平衡力系，故可减去，这样只剩下一个力 $\vec{F}_1$，如图 1.9（c）所示。故力 $\vec{F}_1$ 与力 $\vec{F}$ 等效，即原来的力 $\vec{F}$ 沿其作用线移到了点 B。

由此可见，对于刚体来说，力的作用点已不是决定力的作用效应的要素，它已被作用线所代替。

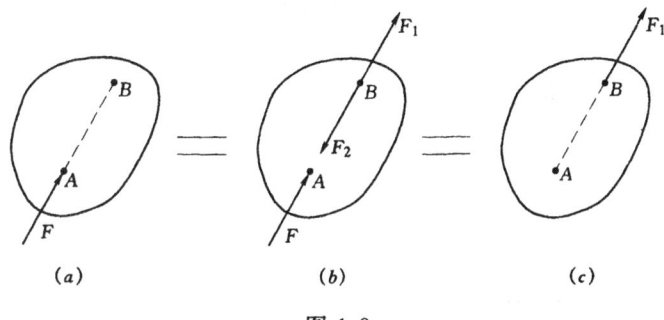

图 1.9

推论 2　三力平衡汇交定理

作用于刚体上三个相互平衡的力，若其中两个力的作用线汇交于一点，则此三力必在同一平面内，且第三个力的作用线通过汇交点。

证明：如图 1.10 所示，在刚体的 A、B、C 三点上，分别作用三个相互平衡的力 $\vec{F}_1$、$\vec{F}_2$、$\vec{F}_3$。根据力的可传性原理，将力 $\vec{F}_1$ 和 $\vec{F}_2$ 移到汇交点 D，然后根据力的平行四边形法则，得合力 $\vec{F}_{12}$。则力 $\vec{F}_3$ 应与 $\vec{F}_{12}$ 平衡。由于两个力平衡必须共线，所以力 $\vec{F}_3$ 必定与力 $\vec{F}_1$ 和 $\vec{F}_2$ 共面，且通过力 $\vec{F}_1$ 和 $\vec{F}_2$ 的交点 D。

2.4 作用力与反作用力公理

两物体间相互作用的力总是同时存在，且大小相等、方向相反、沿同一直线，分别作

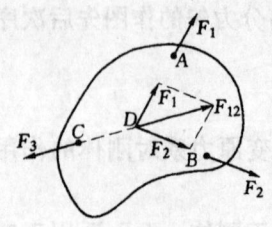

图 1.10

用在两个物体上。

如将相互作用力之一视为作用力，而另一力可视为反作用力，则该公理还可叙述为：对应于每个作用力，必存在一个与其大小相等、方向相反且在同一直线上的反作用力。一般用 $\vec{F}'$ 表示力 $\vec{F}$ 的反作用力。

作用力与反作用力公理概括了自然界中物体间相互作用的关系，表明作用力与反作用力总是同时存在同时消失，没有作用力也就没有反作用力。根据这个公理，已知作用力则可知反作用力，它是分析物体受力时必须遵循的原则，为研究由一个物体过渡到多个物体组成的物体系统提供了基础。

注意，作用力与反作用力是分别作用在两个物体上的，不能错误地与作用在同一物体上的二力平衡公理混同起来。

2.5 刚化公理

变形体在某一力系作用下处于平衡，如将此变形体刚化为刚体，其平衡状态保持不变。

这个公理提供了把变形体看作为刚体模型的条件。

如图 1.11 所示，绳索在等值、反向、共线的两个拉力作用下处于平衡，如将绳索刚化成刚体，其平衡状态保持不变。而绳索在两个等值、反向、共线的压力作用下并不能平衡，这时绳索就不能刚化为刚体。但刚体在上述两种力系的作用下都是平衡的。

由此可见，刚体的平衡条件是变形体平衡的必要条件，而非充分条件。在刚体静力学的基础上，考虑变形体的特性，可进一步研究变形体的平衡问题。

2.6 合力矩定理

如图 1.12 所示，设平面力系 $\vec{F}_1$，$\vec{F}_2$ 有合力 $\vec{R}$，即

$$\vec{R} = \vec{F}_1 + \vec{F}_2 \tag{1.9}$$

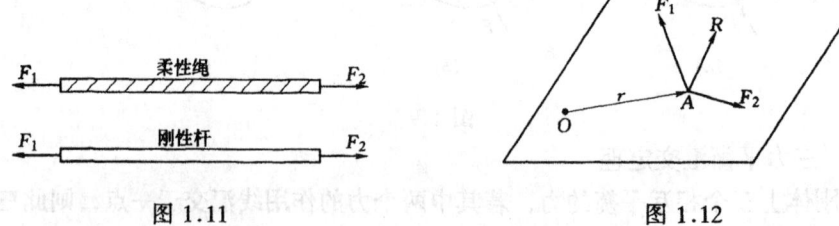

图 1.11　　　　　　图 1.12

用矢径 $\vec{r}$ 左乘上式两端（作矢积），有

$$\vec{r} \times \vec{R} = \vec{r} \times (\vec{F}_1 + \vec{F}_2) \tag{1.10}$$

由于各力与矩心 O 共面，因此上式中各矢积相互平行，矢量和可按代数和进行计算，而各矢量积的大小也就是力对点 O 的矩，故得

$$m_O(\vec{R}) = m_O(\vec{F}_1) + m_O(\vec{F}_2) = \sum m_O(\vec{F}) \tag{1.11}$$

即合力 $\vec{R}$ 对于作用面内 O 点的矩等于力系中各分力 $\vec{F}_1$、$\vec{F}_2$ 对于同一点之矩的代数和。

推而广之可得平面任意力系的合力矩定理：平面任意力系的合力对于作用面内任一点之矩等于力系中各分力对于同一点之矩的代数和。

由合力矩定理可得到力矩的解析表达式，如图1.13所示，将力$\vec{F}$分解为两分力$\vec{X}$和$\vec{Y}$，则力$\vec{F}$对坐标原点O的矩为

$$m_O(\vec{F}) = m_O(\vec{X}) + m_O(\vec{Y}) = xF\sin\alpha - yF\cos\alpha \qquad (1.12)$$

或

$$m_O(\vec{F}) = xY - yX \qquad (1.13)$$

上式即为平面内力矩的解析表达式。其中x、y为力$\vec{F}$作用点的坐标；X和Y为力$\vec{F}$在x、y轴的投影，它们都是代数量，计算时必须注意各量的正负号。

将式（1.13）代入式（1.11），可得合力矩的解析表达式为

$$m_O(\vec{R}) = \sum(xY - yX) \qquad (1.14)$$

可用力矩的定义式$m_O(\vec{F}) = \pm Fh$或力矩的解析表达式$m_O(\vec{F}) = xY - yX$计算平面力对某一点的矩，当力臂计算比较困难时，应用合力矩定理，往往可以简化力矩的计算，一般将力分解为两个适当的分力，先求出两分力对此点的矩，然后求其代数和，即得该力对点的矩。

【例题1.1】 如图1.14（a）所示，折杆上作用一力$\vec{F}$，已知$OA = a$，$AB = b$，试计算力$\vec{F}$对点O的矩。

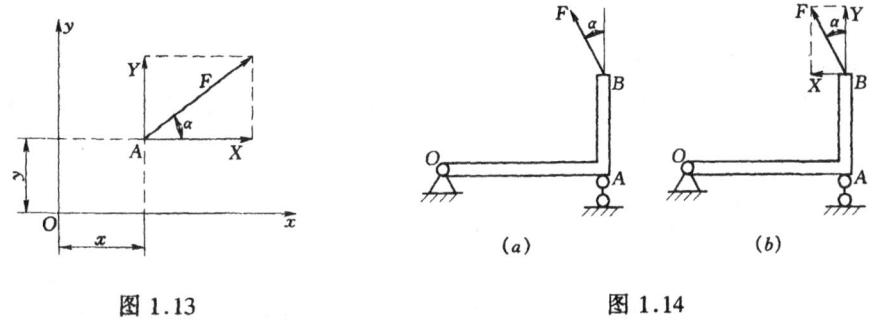

图1.13　　　　　　　　　图1.14

解：应用合力矩定理，将力$\vec{F}$分解为$\vec{X}$和$\vec{Y}$，如图1.14（b）所示，则力$\vec{F}$对O点的矩为

$$m_O(\vec{F}) = m_O(\vec{X}) + m_O(\vec{Y}) = Xb + Ya = Fb\sin\alpha + Fa\cos\alpha$$

3　约束及其简化

3.1　基本概念

3.1.1　自由体与非自由体

如果一个物体不受任何限制，可以在空间自由运动，则此物体称为自由体。例如可在

空中自由飞行的飞机。反之，如一个物体受到一定的限制，使其在空间沿某些方向的运动成为不可能，则此物体称为非自由体。例如绳子悬挂的物体。

3.1.2 约束

工程结构如不受到某种限制，便不能承受荷载以满足各种需要；机械的各个构件如不按照适当的方式相互联系从而受到限制，就不能恰当地传递运动实现所需要的动作。在力学中，把这种事先对于物体的运动（位置和速度）所施加的限制条件称为约束。约束是以物体相互接触的方式构成的，构成约束的周围物体称为约束体，通常简称为约束。例如，沿轨道行驶的车辆，轨道事先限制车辆的运动，轨道就是车辆的约束体；摆动的单摆，绳子就是单摆的约束体，它事先限制摆锤只能作以绳长为半径的圆弧运动。梁的两端安置在墙上，墙限制了梁的上下和左右运动，墙就是梁的约束体。

3.1.3 约束力

约束体阻碍限制物体的自由运动，改变了物体的运动状态，因此约束体必然承受物体的作用力，同时约束体给予物体以等值、反向的反作用力，这种力称为约束力或约束反力，简称为反力，对物体而言，属于被动力。

除约束反力外，物体上受到的各种力如重力、风力、切削力、顶板压力等，它们是促使物体运动或有运动趋势的力，对物体而言，属于主动力，工程上常称之为荷载。在设计工作中，荷载可根据工程实际和设计指标确定，即一般情况下荷载均为已知。

约束反力取决于约束本身的性质、主动力和物体的运动状态。约束反力阻止物体运动的作用是通过约束体与物体间相互接触来实现的，因此它的作用点应在相互接触处，约束反力的方向总是与约束体所能阻止的运动方向相反，至于它的大小，将由平衡条件求出。

3.2 约束的基本类型及其反力

我们将工程中常见的约束理想化，归纳为几种基本类型，并根据各种约束的特性分别说明其反力的表示方法。

3.2.1 柔性约束（柔索）

属于这类约束的有绳索、皮带、链条等。这类约束的特点是只能限制物体沿着柔索伸长的方向运动，它只能承受拉力，而不能承受压力和抗拒弯曲。所以柔索的约束反力只能是拉力，作用在连接点或假想截割处，方向沿着柔索的轴线而背离物体，一般用 F 或 F_T 表示，如图 1.15 所示。凡只能阻止物体沿某一方向运动而不能阻止物体沿相反方向运动的约束称为单面约束；否则称为双面约束。柔性约束为单面约束。单面约束的反力指向是确定的；而双面约束的反力指向还取决于物体的运动趋势。

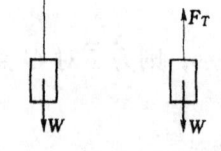

图 1.15

3.2.2 光滑接触面约束

对这类约束，我们忽略接触面间的摩擦，视为理想光滑。这类约束的特点是只能限制物体沿两接触表面在接触处的公法线而趋向支承接触面的运动，不论支承接触表面的形状如何，它只能承受压力，而不能承受拉力。所以光滑接触面的约束反力只能是压力，作用在接触处，方向沿着接触表面在接触处的公法线而指向物体。因反力沿法线方向，故又称为法向反力，一般用 $\vec{F}_N$ 表示，如图 1.16（a）和（b）所示。这类约束也是单面约束。

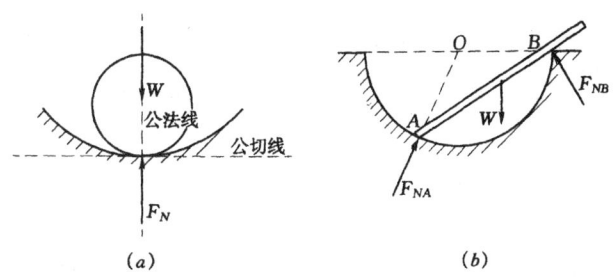

图 1.16

3.2.3 光滑圆柱铰链约束

圆柱形铰链简称圆柱铰，是联接两个构件的圆柱形零件，通常称为销钉。如机器上的轴承等。对这类约束我们忽略摩擦和圆柱销钉与构件上圆柱孔的余隙，如图 1.17（a）和（b）所示，其计算简图如图 1.17（c）所示。这类约束的特点是只能限制物体的任意径向移动，不能限制物体绕圆柱销钉轴线的转动和平行于圆柱销钉轴线的移动，由于圆柱销钉与圆柱孔是光滑曲面接触，则约束反力应是沿接触线上的一点到圆柱销钉中心的连线且垂直于销钉轴线，如图 1.17（d）所示。因为接触线的位置不能预先确定，所以约束反力的方向也不能预先确定。光滑圆柱形铰链约束的反力只能是压力，在垂直于圆柱销钉轴线的平面内，通过圆柱销钉中心。在进行计算时，为了方便，通常表示为沿坐标轴方向且作用于圆柱孔中心的两个分力 $\vec{X}_C$ 与 $\vec{Y}_C$，如图 1.17（e）所示。

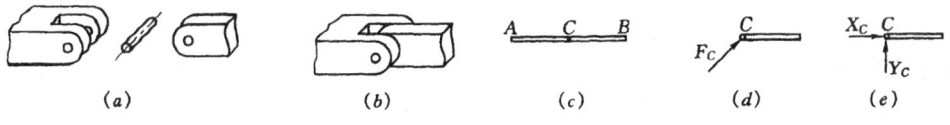

图 1.17

3.2.4 固定铰支座

支座是一种约束体，它是把结构物或构件支承在墙、柱、机身等固定支承物上面的装置，它的作用是限制结构物或构件的运动，同时把所受的荷载通过支座传给支承物。

用光滑圆柱铰链把结构物或构件与底座联接，并把底座固定在支承物上而构成的支座称为固定铰链支座，简称为固定铰支座，如图 1.18（a）和（b）所示，计算时可用如图 1.18（c）或（d）或（e）所示的计算简图。这种支座约束的特点是物体只能绕铰链轴线转动而不能发生垂直于铰轴的任何移动，所以，固定铰支座约束的反力在垂直于圆柱销轴线的平面内，通过圆柱销中心，方向不定，通常表示为相互垂直的两个分力 $\vec{X}_A$ 与 $\vec{Y}_A$，如图 1.18（f）所示。

3.2.5 可动铰支座

在工程中，为了反映构件变形时在支座处既能发生微小的转动又能发生微小的移动，可将结构物或构件的支座用几个辊轴（滚柱）支承在光滑的支座面上，就成为辊轴支座，

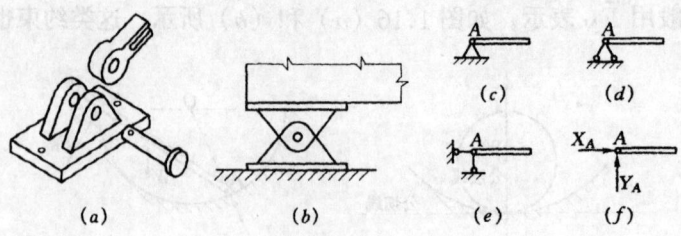

图 1.18

亦称为可动铰支座，如图 1.19（a）所示，计算时所用的计算简图如图 1.19（b）或（c）或（d）所示。这种支座约束的特点是只能限制物体与圆柱铰联接处沿垂直于支承面的方向运动，而不能阻止物体沿光滑支承面的运动，所以可动铰支座的约束反力垂直于支承面，通过圆柱销中心，一般用 $\vec{F}_N$ 或 F 表示，如图 1.19（e）所示。

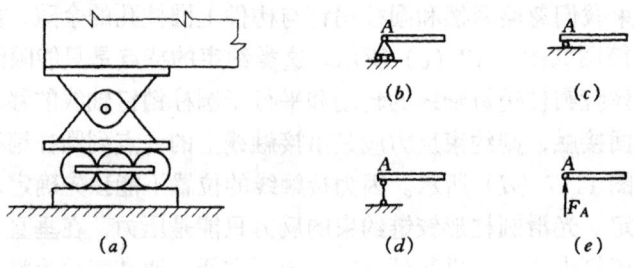

图 1.19

3.2.6 平面固定端约束

工程中，固定端是一种常见的约束。例如插入地基中的电线杆。这类物体联接方式的特点是联接处刚性很大，两物体间既不能产生相对平动，也不能产生相对转动，这类实际约束均可抽象为固定端约束，也称为插入端约束，如图 1.20（a）所示，计算时所用的计算简图如图 1.20（b）所示。固定端的约束反力可利用平面力系向一点简化的方法来分析。在平面问题中，约束反力组成一平面力系。根据力系简化理论，将这群力向作用平面内 A 点简化，得到一个力和一个力偶，如图 1.20（c）所示。这个力的大小和方向均为未知量，一般用两个未知的分力来代替。因此，在平面问题中，固定端 A 处的约束反力可简化为两个约束反力 $\vec{X}_A$、$\vec{Y}_A$ 和一个反力偶 m_A，如图 1.20（d）所示。

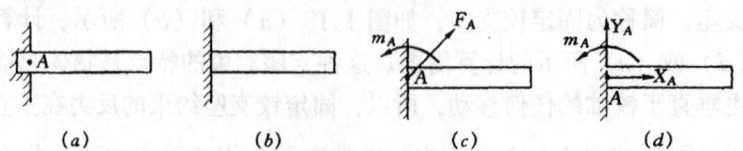

图 1.20

与固定铰支座的约束性质相比，固定端除了限制物体在水平方向和铅直方向移动外，还能限制物体在平面内转动；而固定铰支座不能限制物体在平面内转动。因此，固定铰支座的约束反力只有 $\vec{X}_A$、$\vec{Y}_A$，而固定端除了约束反力 $\vec{X}_A$、$\vec{Y}_A$ 外，还有一个约束反力

偶 m_A。

3.2.7 链杆约束

两端用光滑铰链与其他构件联接且不考虑自重的刚杆称为链杆,常被用来作为拉杆或撑杆形成链杆约束,如图 1.21 (a) 所示的 CD 杆。根据光滑铰链的特性,杆在铰链 C、D 处受有两个方向暂不确定的约束力 $\vec{F}_C$ 和 $\vec{F}_D$,这两个约束反力必定分别通过铰链 C、D 的中心。考虑到杆 CD 只在 $\vec{F}_C$、$\vec{F}_D$ 二力作用下平衡,根据二力平衡公理,这两个力必定沿铰链中心 C 与 D 的连线,且等值、反向。可能为拉力 [见图 1.21 (b)],也可能为压力 [见图 1.21 (c)]。故链杆约束为双向约束。

由此可见,链杆约束的特点为:链杆为二力杆,链杆约束的反力沿链杆两端铰链的连线,指向不能预先确定,通常先假设链杆受拉,如图 1.21 (b) 所示,最终按计算结果确定。

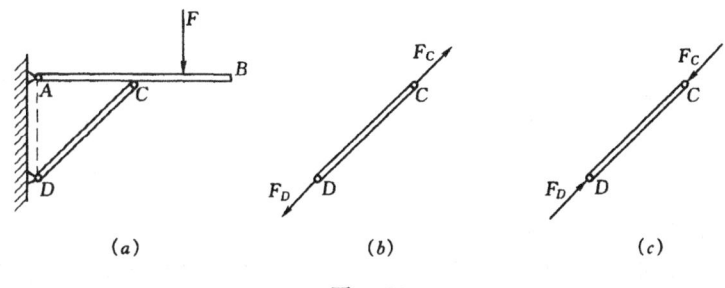

图 1.21

因此,固定铰支座也可以用两根不相平行的链杆来代替,如图 1.18 (d) 或 (e) 所示。而可动铰支座可用垂直于支承面的一根链杆来代替,如图 1.19 (d) 所示。

3.2.8 空间约束

在空间力系问题中,物体所受的约束类型,有一些与平面力系中常见的约束类型不同。表 1.1 列出一些常见的空间约束类型及其简化画法和可能作用于物体上的约束力与约束力偶。

表 1.1   常见空间约束及其约束反力

约束类型	简 图	约束反力
径向轴承		Z_A Y_A A
圆柱铰链		

续表

约束类型	简图	约束反力
球形铰		
止推轴承		
空间固定端		

除了以上介绍的几种约束外,还有一些其他形式的约束。在实际问题中所遇到的约束有些并不一定与上面所介绍的理想形式完全一样,这时就需要对实际约束的构造及其性质进行分析,分清主次,略去一些次要因素,就可以将实际约束简化为属于上述理想约束形式之一。

4 结构计算简图

实际结构是很复杂的,完全按照结构的实际情况进行力学分析是不可能的,也是不必要的。因此,对实际结构进行力学计算以前,必须加以简化,略去其不重要的细节,保留其基本特点,将具体的结构抽象成为可以进行力学分析和计算的简化图形,以代替实际结构。这种图形通常称为结构的"计算简图"。

由于工程力学中是以计算简图作为力学计算的主要对象,因此,选取计算简图十分重要。下面简要地说明杆件结构计算简图的简化原则和要点。

4.1 选择计算简图的原则

如何选择计算简图直接影响计算的工作量和计算结果的精度。若计算简图不能反映结构的实际受力情况,或选择错误,计算结果将会产生较大误差或出现错误。选择计算简图的原则是:

(1) 尽可能的反映出结构的真实受力情况:计算简图要反映实际结构的主要性能,使其计算结果尽量接近实际情况。

(2) 尽可能的使计算简化:计算简图应分清主次,略去细节,在保证精度的前提下,使计算尽量简化,以利于结构的分析和计算。

计算简图的选择除应遵循上述原则外，还需按不同情况区别考虑：

(1) 结构的重要性。对重要的结构采用较精确的计算简图，对次要结构可采用比较粗略的计算简图。

(2) 不同的设计阶段。在初步设计阶段，可采用比较粗略的计算简图，而在技术设计阶段则应采用比较精确的计算简图。

(3) 计算问题的性质。由于结构动力计算和稳定性计算比较复杂，计算理论和手段有限，通常采用比较简单的计算简图；进行结构静力计算时，一般采用较精确的计算简图。

(4) 计算工具的不同。手算时多采用简单的计算简图；利用计算机进行计算时多采用较精确的计算简图。

4.2 结构计算简图的选取

在选取计算简图时，对实际结构一般从结构本身、支座和荷载等三个方面进行简化。下面分别论述。

4.2.1 结构的简化

(1) 一般结构实际上都是空间结构，各部分相互连接成为一个空间整体，以承受各个方向可能出现的荷载。但在多数情况下，常可以忽略一些次要的空间约束而将实际结构分解为平面结构，使计算得以简化。

(2) 杆件的截面尺寸（宽度、厚度）通常比杆件长度小得多，因此，在计算简图中，杆件用其轴线表示，杆件之间的连接区用结点表示，杆长用结点间的距离表示，而荷载的作用点也转移到轴线上。

(3) 杆件间的连接区简化为结点。举例如下：

1) 铰结点：被连接的杆件在连接处不能相对移动，但可相对转动，即可以传递力，但不能传递力矩。例如，木屋架的结点接近于铰结点（图1.22）。

2) 刚结点：被连接的杆件在连接处既不能相对移动，又不能相对转动，即可以传递力，也可以传递力矩，相当于固定端约束。例如，现浇钢筋混凝土结点通常属于这种情形（图1.23）。

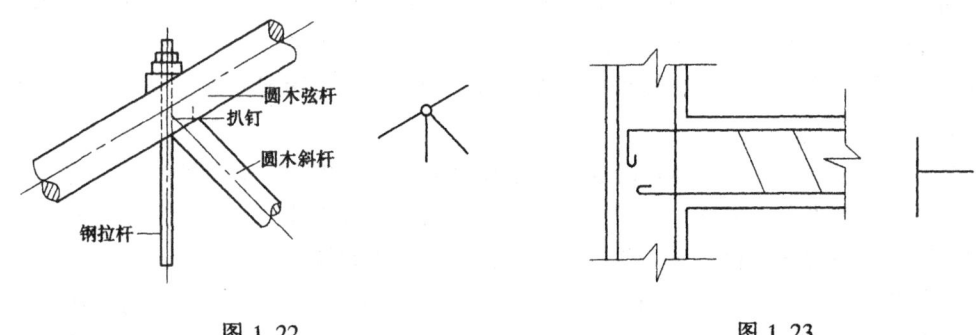

图 1.22　　　　　　　　　　图 1.23

4.2.2 支座的简化

结构与支撑物（包括基础）的连接区一般简化为支座。实际上，结构与支撑物的连接一般比较复杂，但可根据具体情况简化为某种理想支座。例如：

(1) 可动铰支座：被支承的结构部分可以转动和水平移动，不能竖向移动，所提供的反力只有竖向反力。在计算简图中用图 1.19 (b) 或 (c) 或 (d) 表示。

(2) 固定铰支座：被支承的结构部分可以转动，不能移动，能提供两个反力 $\vec{X}$、$\vec{Y}$。在计算简图中用图 1.18 (c) 或 (d) 或 (e) 表示。

(3) 固定端支座：被支承的部分完全被固定，平面固定端约束能提供三个反力 $\vec{X}$、$\vec{Y}$、m，在计算简图中用图 1.20 (d) 表示。

4.2.3 荷载的简化

(1) 结构承受的荷载按作用的部位可分为体积力和表面力。

1) 体积力是指作用在结构内部每单位体积上的力。如结构的自重或惯性力等；

2) 表面力则是由其他物体通过接触面而传给结构的作用在表面上的力。如土压力、车辆的轮压力，放置在结构上的各种设备等。

在杆件结构中把杆件简化为轴线，因此不管是体积力还是表面力都必须简化为作用在杆件轴线上的力。

(2) 结构承受的荷载按作用的范围可分为集中荷载和分布荷载。

1) 集中荷载作用区域比较小，简化后荷载仅作用在一点上；

2) 分布荷载作用区域比较大，通常按实际作用区域确定其分布范围。

荷载的简化需要根据实际结构的情况周密的考虑和合理的处置，其大小的确定比较复杂，需要根据结构的功能、作用和所处环境综合考虑确定。

下面给出几个选取结构计算简图的例子。

【例题 1.2】 图 1.24 (a) 示一钢筋混凝土厂房结构，梁和柱都是预制的。柱子下端插入基础的杯口内，然后用细石混凝土填实。梁与柱的连接是通过将梁端和柱顶的预埋钢板进行焊接而实现的。在横向平面内柱与梁组成排架 [图 1.24 (b)]，各个排架之间，在梁上有屋面板连接，在柱的牛腿上有吊车梁连接。试分析确定排架的计算简图。

解： 首先考虑结构的简化，厂房结构虽然是由许多排架用屋面板和吊车梁连接起来的空间结构，但各排架在纵向以一定的间距有规律地排列着。作用于厂房上的荷载，如恒载、雪载和风载等一般是沿纵向均匀分布的，通常可把这些荷载分配给每个排架，而将每一排架看作一个独立的体系，于是实际的空间结构便简化成平面结构 [图 1.24 (b)]。

首先梁和柱都用它们的几何轴线来代表。由于梁和柱的截面尺寸比长度小得多，轴线都可近似地看作直线。

其次考虑支座的简化，梁和柱的连接只依靠预埋钢板的焊接，梁端和柱顶之间虽不能发生相对移动，但仍有发生微小相对转动的可能，因此可取为铰结点。柱底和基础之间可以认为不能发生相对移动和相对转动，因此柱底可取为固定端。

最后考虑荷载的简化，将通过面板作用在梁上雪载和梁的自重简化为均布荷载 q_1，侧向风载简化为均布荷载 q_2，通过吊车梁作用在柱子牛腿上的荷载简化为集中荷载 F。

因此，设计图 1.24(a) 所示的厂房结构时对排架可取图 1.24(c) 所示的计算简图。

【例题 1.3】 试分析确定图 1.25 (a) 所示为水电站的高压水管的计算简图。

解： 水管支承在一系列支托上，从整体看是一个连续梁。固定台很重，可看作梁的固定端，而支托可看作支杆式可动铰支座。在水管自重和管内水重作用下，水管可按均布荷

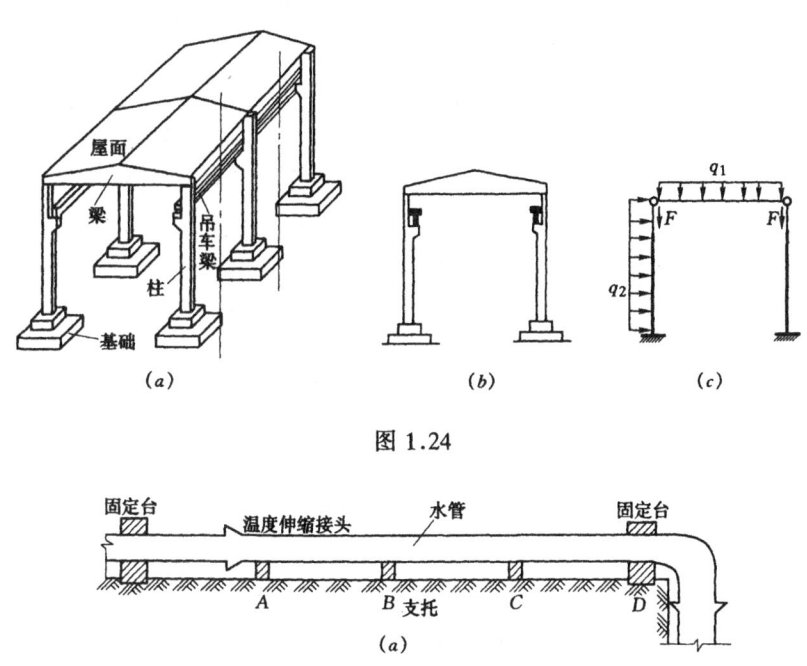

图1.24

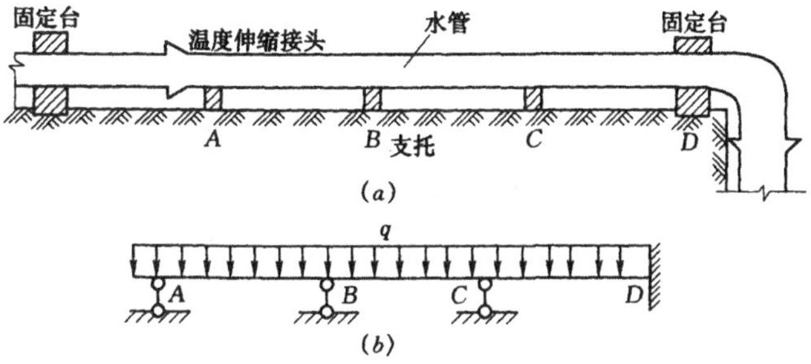

图1.25

载 q 作用下的连续梁来算，计算简图如图1.25（b）所示。

5 物体的受力分析

5.1 解除约束原理

当受约束的物体在某些主动力荷载作用下处于平衡，若将其部分或全部的约束除去，代之以相应的约束反力，则物体的平衡不受影响。这一原理称为解除约束原理。解除约束原理是受力分析的理论基础。

5.2 受力分析步骤

在解决力学问题时，首先要选定需要进行研究的物体，即确定研究对象，然后分析它的受力情况，这个过程称为进行受力分析。

根据解除约束原理，将作用于研究对象的所有约束力和主动力在计算简图上画出来，这种计算简图称为研究对象的受力图。受力图形象地说明了研究对象的受力情况。

正确地画出受力图，是求解工程力学问题的关键。画受力图时，应按下述步骤进行：

（1）根据题意选取研究对象，确定计算简图。

（2）首先画出作用于研究对象计算简图上的主动力（荷载），其次画约束力，得出研究对象的受力图。

在画受力图时要注意：

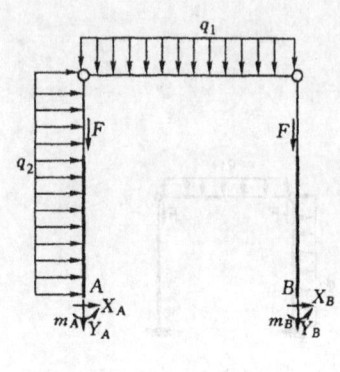

图 1.26

(1) 受力图中只画研究对象的计算简图和所受的全部作用力。

(2) 凡在去掉约束处,根据约束的类型逐一画上约束反力。所画约束力要与除去的约束性质相符合。

(3) 画系统受力图时,不画研究对象内部各部分间相互作用的力。也不画研究对象施加于周围物体的力。

(4) 同一约束的约束力在同一题目中画法应一致。

【例题 1.4】 试画出图 1.24（c）所示结构计算简图的受力图。

解：图 1.24（c）中荷载已知,约束 A、B 处可按固定端支座画出约束反力,得出结构受力图如图 1.26 所示。

【例题 1.5】 试画出图 1.25（b）所示结构计算简图的受力图。

解：图 1.25（b）中荷载已知,约束 A、B、C 处可按可动铰支座,D 处可按固定端支座分别画出约束反力,得出结构受力图如图 1.27 所示。

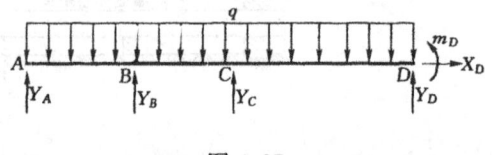

图 1.27

【例题 1.6】 水平杆 AB 如图 1.28（a）所示,在 C 处作用一集中荷载 $\vec{F}$,杆自重不计,画出杆 AB 的受力图。

解：取梁 AB 为研究对象。作用于梁上的力有集中荷载 $\vec{F}$,B 端可动铰支座的反力 $\vec{F}_B$ 垂直于支承面铅垂向上,A 端铰支座的反力用通过 A 点的相互垂直的两个分力 $\vec{X}_A$ 与 $\vec{Y}_A$ 表示。其受力图如图 1.28（b）所示。

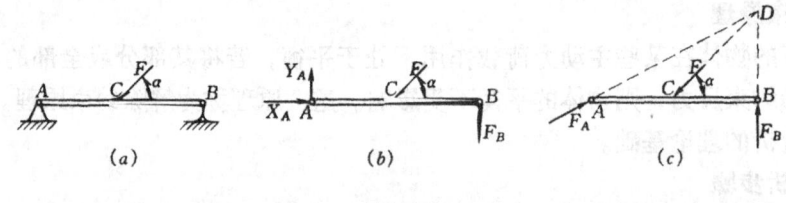

图 1.28

进一步讨论,固定铰支座 A 处的反力可用一力 $\vec{F}_A$ 表示,现已知 $\vec{F}$ 与 $\vec{F}_B$ 相交于 D 点,根据三力平衡条件,则第三个力 $\vec{F}_A$ 亦必交于 D 点,从而确定反力 $\vec{F}_A$ 沿 A、D 两点连线。故梁 AB 的受力图亦可画成图 1.28（c）所示。

【例题 1.7】 如图 1.29（a）所示为一悬挂装置,圆管搁在等边角钢上,A、B 两处用绳索悬挂,管重为 $\vec{W}$,不计等边角钢自重,试分别画出管和等边角钢的受力图。

解：(1) 管的受力图。

如图 1.29（b）所示,C、D 两处为光滑接触面约束,则约束力 $\vec{F}_C$、$\vec{F}_D$ 作用线通过

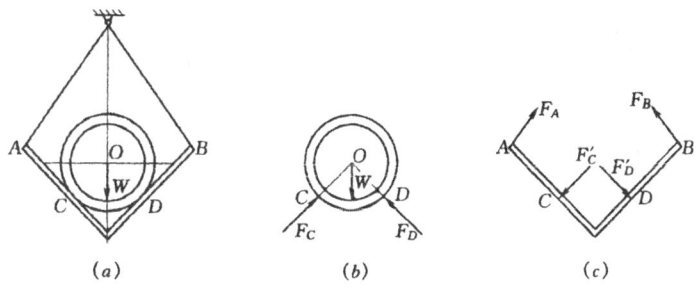

图 1.29

管中心,荷载为 $\vec{W}$。可以看出,此力系满足三力平衡条件。

(2) 等边角钢的受力图。

如图 1.29 (c) 所示,C、D 两处的主动作用力 $\vec{F}'_C$、$\vec{F}'_D$ 为 $\vec{F}_C$、$\vec{F}_D$ 的反作用力,A、B 在两处为柔索约束,约束力为 $\vec{F}_A$、$\vec{F}_B$。

【例题 1.8】 如图 1.30 (a) 所示,水平杆 AB 用斜杆 CD 支撑,A、C、D 三处均为光滑铰链联接。均质梁重 $\vec{W}_1$,其上放置一重为 $\vec{W}_2$ 的电动机。不计杆 CD 的自重,试分别画出杆 CD 和杆 AB 的受力图。

解:(1) 取杆 CD 为研究对象。由于斜杆 CD 的两端为光滑铰链,自重不计,因此杆 CD 为二力杆,由经验判断,此处杆 CD 受压力,其受力图如图 1.30 (b) 所示。

(2) 取杆 AB(包括电动机)为研究对象。它受有 $\vec{W}_1$、$\vec{W}_2$ 两个主动力的作用。梁在铰链 D 处受有二力杆 CD 给它的约束反力 $\vec{F}'_D$ 的作用。根据作用力和反作用力公理,$\vec{F}'_D$ 与 $\vec{F}_D$ 大小相等,方向相反。杆 AB 受固定铰支座给它的约束反力的作用,由于方向未知,可用两个大小未定的正交分力 $\vec{X}_A$ 与 $\vec{Y}_A$ 表示。其受力图如图 1.30 (c) 所示。

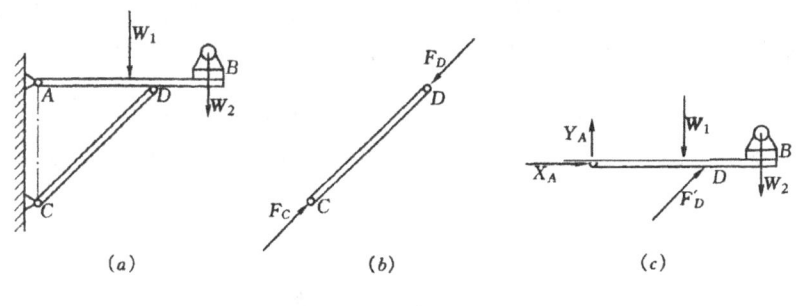

图 1.30

【例题 1.9】 如图 1.31 (a) 所示,梯子的两部分 AB 和 AC 在 A 点铰接,又在 D、E 两点用水平绳联接。梯子放在光滑水平面上,自重不计,在 AB 的中点 H 处作用一铅直荷载 $\vec{F}$。试分别画出绳子 DE 和梯子 AB、AC 部分以及整个系统的受力图。

解:(1) 取绳 DE 为研究对象。绳子两端 D、E 分别受到梯子对它的拉力 $\vec{F}_D$、$\vec{F}_E$ 的作用,绳 DE 的受力图如图 1.31 (c) 所示。

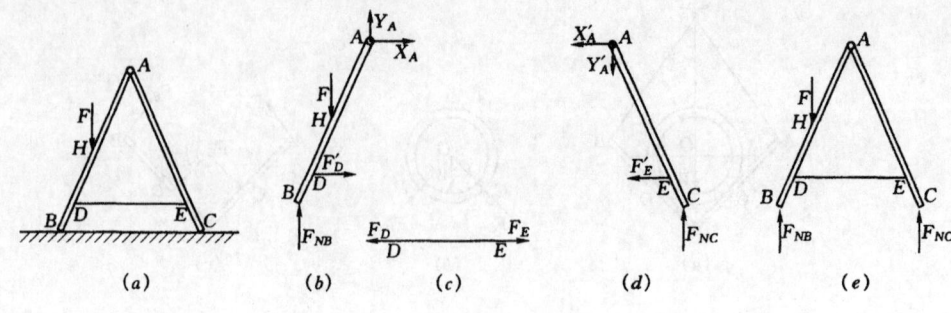

图 1.31

(2) 取梯子的 AB 部分为研究对象。它在 H 处受载荷 $\vec{F}$ 的作用，在铰链 A 处受 AC 部分给它的约束反力 $\vec{X}_A$ 与 $\vec{Y}_A$ 的作用。在 D 点受绳子对它的拉力 $\vec{F}'_D$（与 $\vec{F}_D$ 互为作用力和反作用力）。在 B 点受光滑地面对它的法向反力 $\vec{F}_{NB}$ 的作用，梯子 AB 部分的受力图如图 1.31（b）所示。

(3) 取梯子的 AC 部分为研究对象。在铰链 A 处受 AB 部分对它的作用力 $\vec{X}'_A$ 与 $\vec{Y}'_A$（分别与 $\vec{X}_A$ 与 $\vec{Y}_A$ 互为作用力和反作用力）。在 E 点受绳子对它的拉力 $\vec{F}'_E$（与 $\vec{F}_E$ 互为作用力和反作用力）。在 C 处受光滑地面对它的法向反力 $\vec{F}_{NC}$，梯子 AC 部分的受力图如图 1.31（d）所示。

(4) 取整个系统为研究对象。由于铰链 A 处所受的力互为作用力与反作用力关系，即 $\vec{X}_A = -\vec{X}'_A$，$\vec{Y}_A = -\vec{Y}'_A$；绳子与梯子联接点 D 和 E 所受的力也分别互为作用力与反作用力关系，即 $\vec{F}_D = -\vec{F}'_D$，$\vec{F}_E = -\vec{F}'_E$。这些力都是系统内部各物体之间相互作用的力，这些相互作用力成对地作用在整个系统内，它们对系统作用的运动效应相互抵消，因此可以不考虑，并不影响整个系统的平衡。这些相互作用力在受力图中不必画出。在受力图中只需画出系统以外的物体给系统的作用力，即荷载与约束力。这里，荷载 $\vec{F}$ 和约束反力 $\vec{F}_{NB}$、$\vec{F}_{NC}$ 都是作用于整个系统的外力。整个系统的受力图如图 1.31（e）所示。

习 题

1.1 画出图中物体 A 或构件 AB、BC 的受力图。未画重力的物体的重量均不计，所有接触处均为光滑接触。

1.2 画出图中各物体及整体的受力图。未画重力的物体的重量均不计，所有接触处均为光滑接触。

1.3 试计算图中力 $\vec{F}$ 对点 O 的矩。

第1章 物体的受力分析与结构计算简图

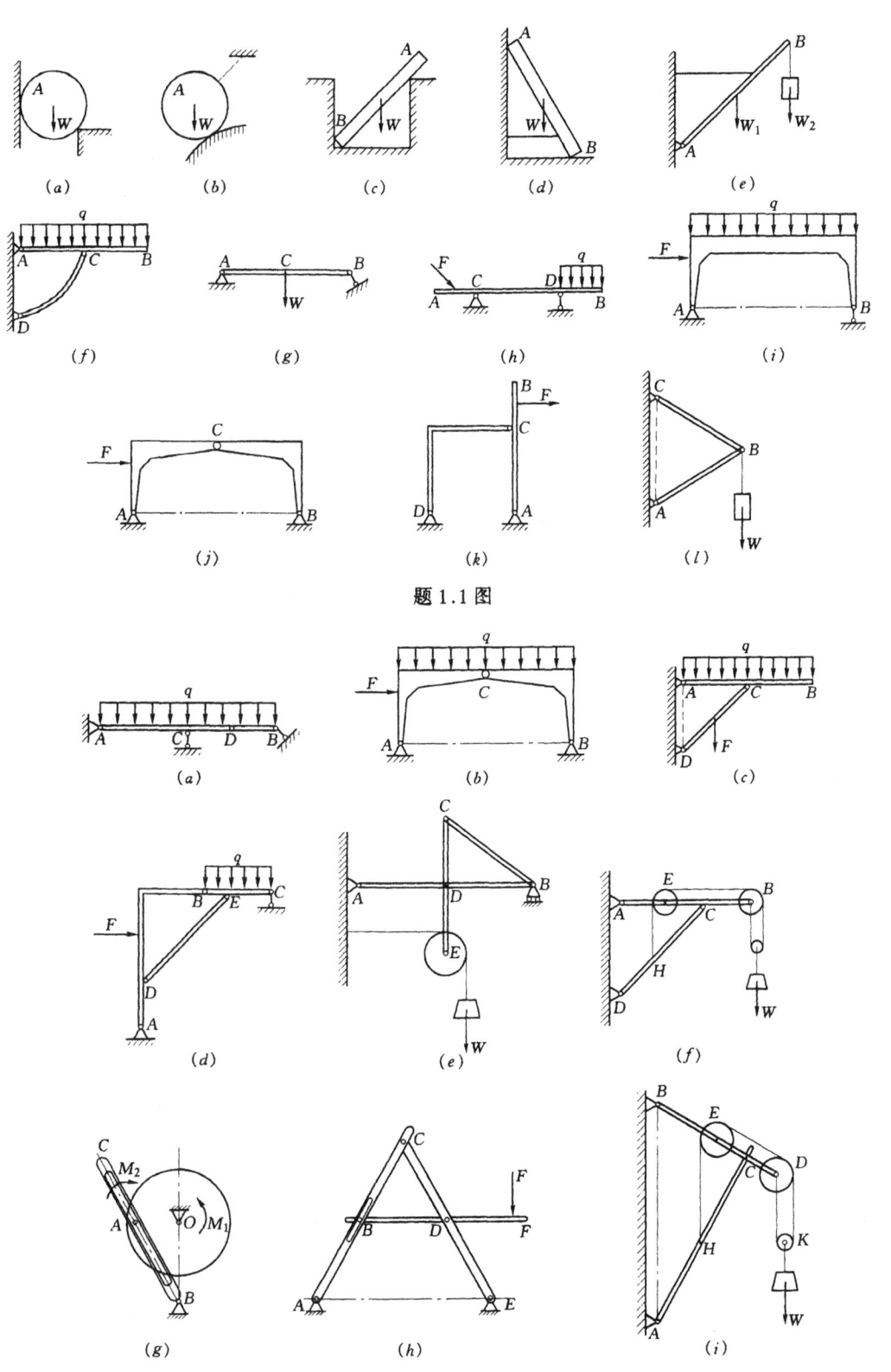

题 1.1 图

题 1.2 图

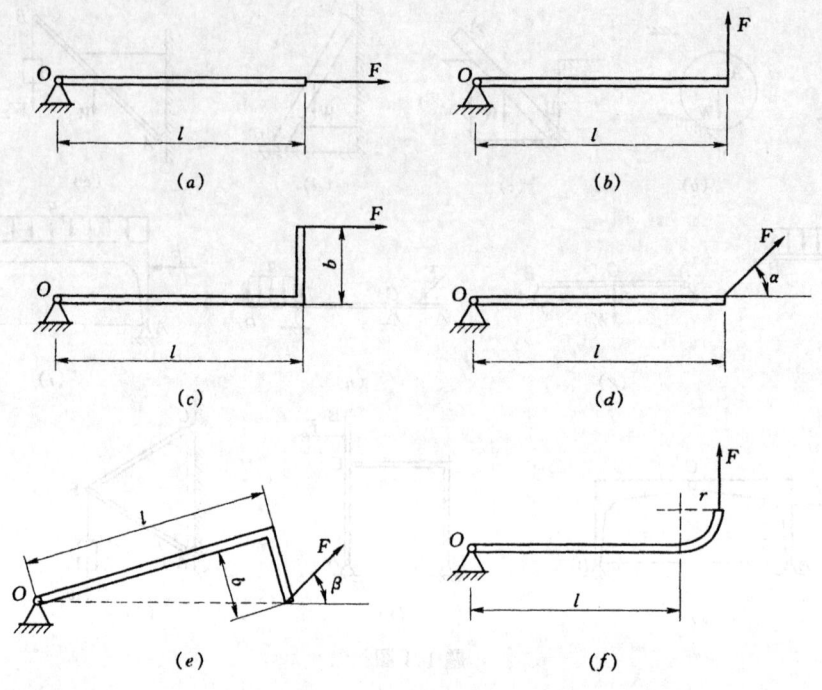

题 1.3 图

第2章 平面任意力系

平面任意力系，又称平面一般力系或平面力系，是指各力的作用线在同一平面内任意分布的力系，在当前多数工程实际问题都采用平面理论来处理，因此，本章在静力学中占据重要地位。本章将介绍力的平移定理、平面任意力系的简化和平衡条件（包含有摩擦时物体系统的平衡）及其应用。在此基础上，还将介绍内力的概念和杆件在平面力系作用下的内力。

1 力的平移定理

力的平移定理（又称力线平移定理）：作用在刚体上某点 A 的力 $\vec{F}$ 可平行移到任一点 B，平移时需附加一个力偶，附加力偶的力偶矩等于力 $\vec{F}$ 对平移点 B 的矩（图2.1）。

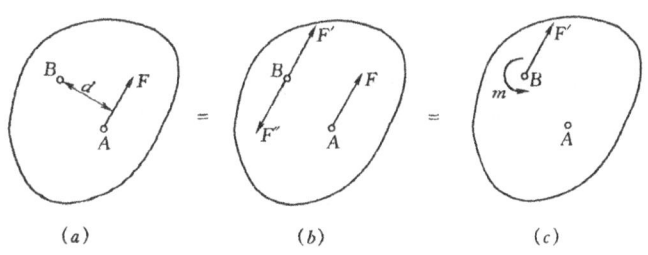

图 2.1

证明：如图 2.1（a）所示，设原力 $\vec{F}$ 作用于刚体上 A 点，若要将力 $\vec{F}$ 平移至 B 点，则在 B 点加上一共线平衡力系 $\vec{F}'$、$\vec{F}''$，令 $\vec{F}' = -\vec{F}'' = \vec{F}$，如图 2.1（$b$）所示，则力系 $\vec{F}'$、$\vec{F}''$、$\vec{F}$ 与力 $\vec{F}$ 等效。而 ($\vec{F}''$, $\vec{F}$) 组成一个力偶 m，其力偶矩为 $m = Fd$，如图 2.1（c）所示，因此，作用在 B 点的力系 $\vec{F}'$、m 与作用在 A 点的力 $\vec{F}$ 等效。

这样，就把作用于点 A 的力 $\vec{F}$ 平移到了另一点 B，但同时附加了一个相应的力偶 m，称为附加力偶。附加力偶矩为

$$m = Fd = m_B(\vec{F}) \tag{2.1}$$

即附加力偶矩等于力 $\vec{F}$ 对平移点 B 的矩。

该定理指出，一个力可等效于一个力和一个力偶，或者说一个力可分解为作用在同平面内的一个力和一个力偶。

反过来，根据力的平移定理，可证明其逆定理也成立，即同平面内的一个力和一个力

偶可合成一个力。

力的平移定理既是复杂力系简化的理论依据，又是分析力对物体作用效应的重要方法。如图2.2（a）所示，力$\vec{F}$作用线通过球中心C时，球向前移动，如果力$\vec{F}$作用线偏离球中心，如图2.2（b）所示，根据力的平移定理，力$\vec{F}$向点C简化的结果为一个力$\vec{F'}$和一个力偶m，这个力偶使球产生转动，因此球既向前移动，又作转动。乒乓球运动员用球拍打乒乓球时，之所以能打出"旋球"，就是根据这个原理。

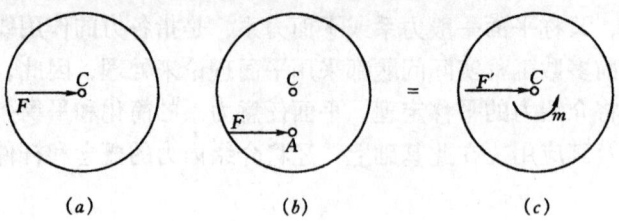

图2.2

又如攻丝时，必须用两手握扳手，而且用力要相等。如果用单手攻丝，如图2.3（a）所示，由于作用在扳手AB一端的力$\vec{F}$向点C简化的结果为一个力$\vec{F'}$和一个力偶m，如图2.3（b）所示。则力偶使丝锥转动，而力$\vec{F'}$却往往使攻丝不正，影响加工精度，而且丝锥易折断。

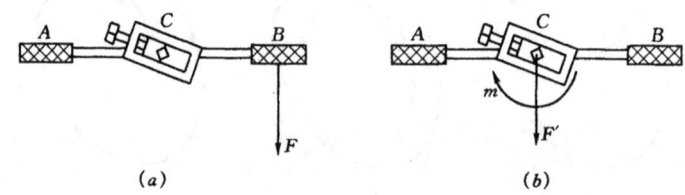

图2.3

2 平面任意力系向一点的简化

2.1 平面力系向一点的简化

设在刚体上作用一平面力系$\vec{F}_1$、$\vec{F}_2$、…、$\vec{F}_n$，如图2.4（a）所示。在平面内任选一点O，称为简化中心。根据力的平移定理，将各力平移到O点，于是得到一个各力作用线汇交于O点的平面汇交力系$\vec{F'}_1$、$\vec{F'}_2$、…、$\vec{F'}_n$和一个相应的附加力偶系m_1、m_2、…、m_n，如图2.4（b）所示，它们的力偶矩分别为：$m_1 = m_O(\vec{F}_1)$、$m_2 = m_O(\vec{F}_2)$、…、$m_n = m_O(\vec{F}_n)$。这样，原力系与作用于简化中心O点的平面汇交力系和附加的平面力偶系是等效的。

将平面汇交力系$\vec{F'}_1$、$\vec{F'}_2$、…、$\vec{F'}_n$合成为作用于简化中心O点一个力$\vec{R'}$，如图2.4（c）所示。则

28

第2章 平面任意力系

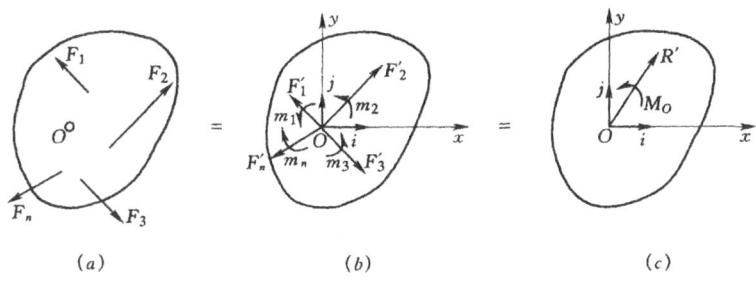

图 2.4

$$\vec{R}' = \vec{F}'_1 + \vec{F}'_2 + \cdots + \vec{F}'_n = \vec{F}_1 + \vec{F}_2 + \cdots + \vec{F}_n = \sum \vec{F} \tag{2.2}$$

即力矢 $\vec{R}'$ 等于原来各力的矢量和。平面力系中所有各力的矢量和 $\vec{R}'$ 称为该力系的主矢。

附加力偶系 m_1、m_2、$\cdots$、m_n 可合成为一个力偶,合力偶矩 M_O 等于各附加力偶矩的代数和。即

$$M_O = m_1 + m_2 + \cdots + m_n = m_O(\vec{F}_1) + m_O(\vec{F}_2) + \cdots + m_O(\vec{F}_n) = \sum m_O(\vec{F}) \tag{2.3}$$

即力偶的矩等于原来各力对简化中心 O 点之矩的代数和。各力对于任选的简化中心 O 的矩的代数和 M_O 称为该力系对于简化中心的主矩。

综上所述,平面力系向作用面内任选一点 O 简化,一般可得一个力和一个力偶,这个力等于该力系的主矢,作用于简化中心 O;这个力偶的矩等于该力系对于 O 点的主矩。

$$\left. \begin{array}{l} \vec{R}' = \sum \vec{F} \\ M_O = \sum m_O(\vec{F}) \end{array} \right\} \tag{2.4}$$

过简化中心 O 作直角坐标系 oxy,如图 2.4(c)所示,根据力的投影定理,主矢 $\vec{R}'$ 的投影为

$$\left. \begin{array}{l} R'_x = \sum X \\ R'_y = \sum Y \end{array} \right\} \tag{2.5}$$

故主矢的大小和方向为

$$\left. \begin{array}{l} R' = \sqrt{(R'_x)^2 + (R'_y)^2} = \sqrt{(\sum X)^2 + (\sum Y)^2} \\ \cos(\vec{R}', \vec{i}) = \dfrac{R'_x}{R'} \quad \cos(\vec{R}', \vec{j}) = \dfrac{R'_y}{R'} \end{array} \right\} \tag{2.6}$$

必须注意:

(1)主矢等于各力的矢量和,它是由原力系中各力的大小和方向决定的,所以,它与简化中心的位置无关。

(2)主矩等于各力对简化中心的矩的代数和,简化中心选择不同时,各力对简化中心的矩也不同,所以在一般情况下主矩与简化中心的位置有关。以后在说到主矩时,必须指出是力系对哪一点的主矩。

(3)主矩表达式 $M_O = \sum m_O(\vec{F})$ 中既包含力偶矩,也包含力对点的矩。

2.2 简化结果的分析

平面力系向作用面内一点 O 简化的结果，可能有下面四种情况，即：①$\vec{R}'=0$，$M_O=0$；②$\vec{R}'=0$；$M_O\neq 0$；③$\vec{R}'\neq 0$，$M_O=0$；④$\vec{R}'\neq 0$，$M_O\neq 0$。现在对这几种简化结果作进一步的分析讨论。

2.2.1 平面力系平衡：$\vec{R}'=0$，$M_O=0$

平面力系的主矢、主矩均等于零时，原力系平衡，这种情形将在下节详细讨论。

2.2.2 平面力系简化为一个力偶：$\vec{R}'=0$，$M_O\neq 0$

力系的主矢等于零，主矩 M_O 不等于零时，显然，主矩与原力系等效，即原力系可合成为合力偶，该合力偶矩为

$$M_O = \sum m_O(\vec{F}) \tag{2.7}$$

因为力偶对于平面内任意一点之矩都相同，因此，在这种情况下，主矩与简化中心的选择无关。

2.2.3 平面力系简化为一个合力

(1) $\vec{R}'\neq 0$，$M_O=0$。

力系的主矩 M_O 等于零，主矢不等于零时，显然，主矢与原力系等效，即原力系可合成为一个合力，合力等于主矢，合力的作用线通过简化中心 O。

(2) $\vec{R}'\neq 0$，$M_O\neq 0$。

力系的主矢、主矩 M_O 都不等于零时，如图 2.5（a）所示，根据力的平移定理的逆定理，主矢和主矩可合成为一合力。

如图 2.5（b）所示，将主矩 M_O 用两个力 $\vec{R}$ 和 $\vec{R}''$ 表示，并令 $\vec{R}'=\vec{R}=-\vec{R}''$，然后去掉平衡力系（$\vec{R}'$，$\vec{R}''$），则主矢和主矩合成为一个作用在点 O' 的力 $\vec{R}$，如图 2.5（c）所示，这个力 $\vec{R}$ 就是原力系的合力，合力矢等于主矢；合力的作用线在 O 点的哪一侧，应根据主矢的方向和主矩的转向确定；合力作用线到 O 点的距离 d，可按下式计算

$$d = \frac{M_O}{R'} \tag{2.8}$$

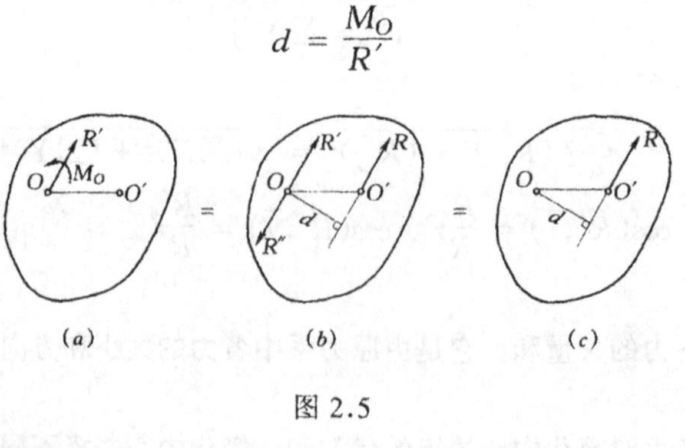

图 2.5

2.3 平面特殊力系的简化

2.3.1 平面汇交力系

各力的作用线完全汇交于同一点的力系称为汇交力系。汇交力系中各力的作用线位于同一平面内的称为平面汇交力系。

当该力系向汇交点进行简化时,所有力对汇交点的力矩都等于零,即主矩恒等于零。于是可知,平面汇交力系可简化为通过汇交点的合力,即主矢。则有

$$\vec{R}' = \vec{F}_1 + \vec{F}_2 + \cdots + \vec{F}_n = \sum_{i=1}^{n} \vec{F}_i \qquad (2.9)$$

简写为

$$\vec{R}' = \sum \vec{F}_i \qquad (2.10)$$

2.3.2 平面力偶系

作用面共面的力偶系称为平面力偶系。

力偶既然没有合力,其作用效果完全取决于力偶矩,所以平面力偶系的合成结果必然是一个力偶,即主矩,并且其合力偶矩等于各分偶矩的代数和。则有

$$M = m_1 + m_2 + \cdots + m_n = \sum_{i=1}^{n} m_i \qquad (2.11)$$

简写为

$$M = \sum m_i \qquad (2.12)$$

【例题 2.1】 三角形分布载荷作用在水平杆 AB 上,如图 2.6 所示。最大载荷集度为 q,梁长 l。试求该力系的合力。

解:(1) 求合力的大小。

在杆上距 A 端为 x 处取一微段 $\mathrm{d}x$,其上作用力大小为 $q_x \mathrm{d}x$,其中 q_x 为此处的集度。由图 2.6 可知,$q_x = qx/l$,故分布载荷的合力为

$$R = \int_0^l q_x \mathrm{d}x = \int_0^l q \frac{x}{l} \mathrm{d}x = \frac{1}{2} ql$$

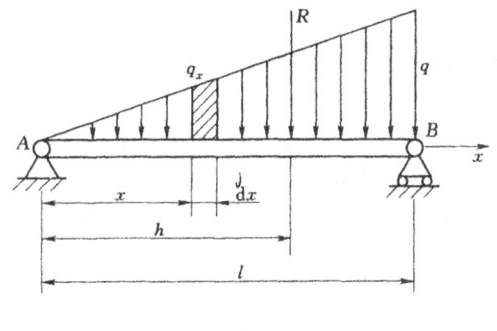

图 2.6

(2) 求合力作用线位置。

设合力 R 的作用线距 A 端的距离为 h,在微段 $\mathrm{d}x$ 上的作用力对点 A 的矩为 $-(q_x \mathrm{d}x)x$,全部分布载荷对点 A 的矩为

$$-\int_0^l q_x x \mathrm{d}x = -\int_0^l q \frac{x}{l} x \mathrm{d}x = -\frac{1}{3} ql^2$$

由合力矩定理,得

$$-Rh = -\frac{1}{3} ql^2$$

代入 R 的值,得

$$h = \frac{2}{3} l$$

即合力大小等于三角形分布载荷的面积,合力作用线通过三角形的几何中心。

3 平面任意力系的平衡条件

本节讨论平面力系向一点简化时主矢和主矩均为零的情形,即平面力系平衡的情形。

3.1 平衡条件和平衡方程

当主矢和主矩均等于零时，即

$$\vec{R}' = 0, M_O = 0 \qquad (2.13)$$

显然，原力系必为平衡力系。因此，式（2.13）为平面力系平衡的充分条件。

另外，只要主矢和主矩中有一个不等于零，则原力系简化为一合力或一合力偶，力系不能平衡。只有当主矢和主矩均等于零时，力系才能平衡，因此，式（2.13）又是平面力系平衡的必要条件。

因此，平面力系平衡的充要条件是：力系的主矢和对于任一点的主矩都等于零。

由式 (2.13) 和式 $M_O = \sum m_O(\vec{F})$、$R' = \sqrt{(R'_x)^2 + (R'_y)^2} = \sqrt{(\sum X)^2 + (\sum Y)^2}$，可得

$$\left.\begin{array}{l} \sum X = 0 \\ \sum Y = 0 \\ \sum m_O(\vec{F}) = 0 \end{array}\right\} \qquad (2.14)$$

上式表明，平面力系平衡的充要条件是：力系中各力在两个任选的坐标轴上的投影的代数和分别等于零，以及各力对于任一点的矩的代数和也等于零。该式称为平面力系的平衡方程。

需要注意的是：①平面力系有三个独立的平衡方程，能求解三个未知量。②投影轴和矩心可以任意选择，以方便求解为原则。

常用的平衡方程有下述三种形式：

3.1.1 基本形式

平面力系平衡方程的第一种形式为基本形式，也称为一力矩形式。即

$$\left.\begin{array}{l} \sum X = 0 \\ \sum Y = 0 \\ \sum m_O(\vec{F}) = 0 \end{array}\right\} \qquad (2.15)$$

由于平面力系的简化中心是任意选取的，因此，在求解平面力系平衡问题时，可取不同的矩心，列出不同的力矩方程，用力矩方程代替投影方程进行求解有时比较简便。

3.1.2 二力矩形式

第二种形式为三个平衡方程中有两个力矩方程，即

$$\left.\begin{array}{l} \sum m_A(\vec{F}) = 0 \\ \sum m_B(\vec{F}) = 0 \\ \sum X = 0 \end{array}\right\} \qquad (2.16)$$

其使用条件为 x 轴不得垂直于 A、B 两点的连线。

现证明二力矩形式的平衡方程也是平面力系平衡的充要条件。

证明：

必要性：如果平面力系平衡（$\vec{R} = 0$，$M_O = 0$），则该力系中各力对任意轴（包括 x

轴)的投影的代数和等于零,故$\sum X = 0$;因简化中心是任取的,故力系对任一点的主矩(包括A、B两点)都等于零,即$M_A = 0$、$M_B = 0$,或$\sum m_A(\vec{F}) = 0$、$\sum m_B(\vec{F}) = 0$。

充分性:如果平面力系满足式二力矩形式,根据式(2.16)的第一式和第二式,力系对A、B两点的主矩均等于零,则这个力系不可能简化为一个力偶,只可能平衡或者简化为经过A、B两点的一个力,如图2.7所示。由于AB连线不垂直于x轴,由$\sum X = 0$,可知$R' = 0$,故该力系必为平衡力系。

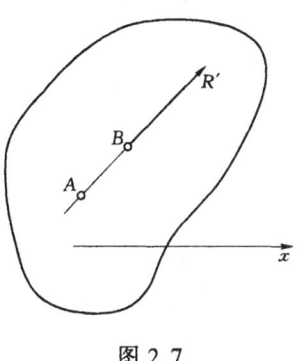

图2.7

3.1.3 三力矩形式

第三种形式为三个平衡方程均为力矩方程,即

$$\left.\begin{array}{l}\sum m_A(\vec{F}) = 0 \\ \sum m_B(\vec{F}) = 0 \\ \sum m_C(\vec{F}) = 0\end{array}\right\} \quad (2.17)$$

其使用条件为A、B、C三点不得共线。

三力矩形式的平衡方程也是平面力系平衡的充要条件,读者可自行证明。

平面力系平衡方程的三种形式是等价的,它们都可用来求解平面力系的平衡问题。对于单个刚体的平面力系平衡问题,无论选用哪一种形式的方程,都只能列出三个独立的平衡方程,求解三个未知量,任何第四个方程只是前三个方程的线性组合,因而不是独立的,但可用来校核计算的结果。在实际应用时,需根据具体情况选用平衡方程的形式,力求使一个方程中只包含一个未知量,以减少解联立方程的麻烦。

3.2 平面特殊力系的平衡方程

由平面力系的平衡方程容易得到下面几种平面特殊力系的平衡方程。

3.2.1 平面汇交力系的平衡方程

如图2.8(a)所示,设平面汇交力系汇交点为O,若取O点为矩心,则方程$\sum m_O(\vec{F}) = 0$自然满足,因此,平面汇交力系的平衡方程只有两个,即

$$\left.\begin{array}{l}\sum X = 0 \\ \sum Y = 0\end{array}\right\} \quad (2.18)$$

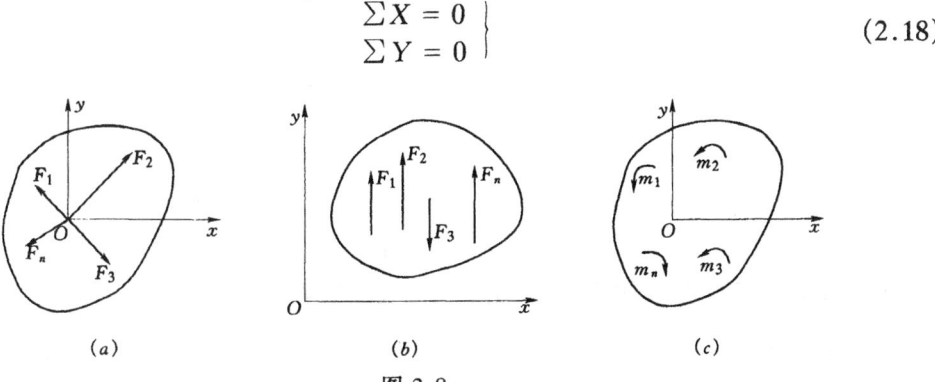

图2.8

3.2.2 平面平行力系的平衡方程

如图 2.8（b）所示，建立直角坐标系，并使 y 轴与各力平行，则方程 $\sum X = 0$ 自然满足，因此，平面平行力系的平衡方程也只有两个，即

$$\left.\begin{array}{r}\sum Y = 0 \\ \sum m_O(\vec{F}) = 0\end{array}\right\} \quad (2.19)$$

3.2.3 平面力偶系的平衡方程

对于平面力偶系，如图 2.8（c）所示，方程 $\sum X = 0$，$\sum Y = 0$ 自然满足，因此，平面力偶系的平衡方程只有一个，即

$$\sum m_O(\vec{F}) = \sum m = 0 \quad (2.20)$$

注意：在此情况下，可以不注明矩心。

3.3 单个物体的平衡问题

求解作用在单个物体上的平面力系平衡问题时，一般按如下步骤进行：

（1）选取研究对象，先画出计算简图，然后画出受力图。

（2）取适当的投影轴和矩心，列平衡方程。对于平面力系平衡问题，选取适当的坐标轴和矩心，可以减少每个平衡方程中的未知量的数目。一般说来，矩心应取在两未知力的交点上，而坐标轴应当与尽可能多的未知力相垂直。

（3）求解未知量。

【例题 2.2】 如图 2.9（a）所示的支架计算简图，在杆 AB 的 B 端作用有一集中载荷 $\vec{F}$，A、C、D 处均为铰链连接，忽略杆 AB 和撑杆 CD 的自重，试求铰链 A 的约束反力和撑杆 CD 所受的力。

解：（1）选取研究对象，画受力图。

取杆 AB 为研究对象。将 A 铰反力用两个正交分量 $\vec{X}_A$ 和 $\vec{Y}_A$ 表示，用力 $\vec{F}_C$ 表示杆 CD 对杆 AB 的作用力，受力图如图 2.9（b）所示。则力 $\vec{F}$、$\vec{F}_C$、$\vec{X}_A$、$\vec{Y}_A$ 组成平面任意力系。选取平面直角坐标系 xAy。

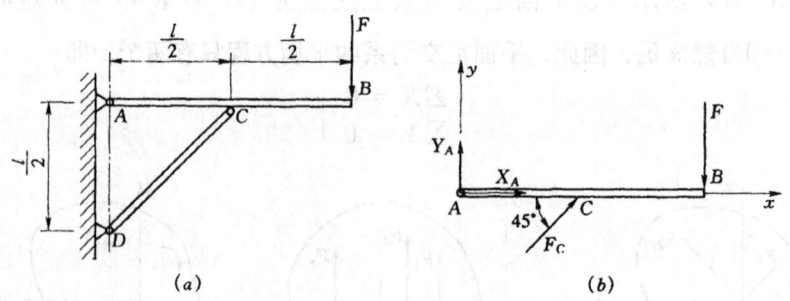

图 2.9

（2）取适当的投影轴和矩心，列出平衡方程并求解。

$$\sum m_A = 0, \qquad F_C \sin 45° \frac{l}{2} - Fl = 0$$

第 2 章 平面任意力系

$$F_C = \frac{2F}{\sin 45°} = 2\sqrt{2}F$$

$\sum X = 0$, $\qquad X_A + F_C\cos 45° = 0$

$\qquad X_A = -F_C\cos 45° = -2F$

$\sum Y = 0$, $\qquad Y_A + F_C\sin 45° - F = 0$

$\qquad Y_A = F - F_C\sin 45° = -F$

式中负号表明,实际的约束反力 $\vec{X}_A$、$\vec{Y}_A$ 的方向与图 2.9 (b) 中所设的方向相反。若将 $\vec{X}_A$、$\vec{Y}_A$ 合成,得

$$F_A = \sqrt{X_A^2 + Y_A^2} = \sqrt{5}F$$

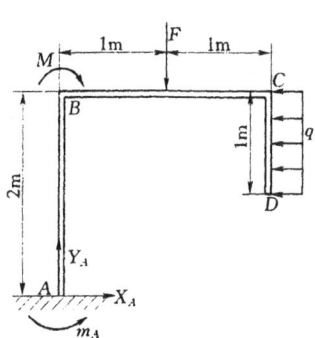

【**例题 2.3**】 平面刚架的计算简图如图 2.10 所示,已知 $F=50\text{kN}$,$q=10\text{kN/m}$,$M=30\text{kN}\cdot\text{m}$,试求固定端 A 处的约束反力。

解:(1) 选取研究对象,画受力图。

取刚架为研究对象,其上除受荷载外,还受固定端 A 处的约束反力 $\vec{X}_A$、$\vec{Y}_A$ 和 m_A,刚架受力图如图 2.10 所示。

图 2.10

(2) 取适当的投影轴和矩心,列平衡方程并求解。

$\sum X = 0$, $\qquad X_A - 10 \times 1 = 0$; $X_A = 10\text{ kN}$

$\sum Y = 0$, $\qquad Y_A - 50 = 0$; $Y_A = 50\text{ kN}$

$\sum m_A = 0$, $\quad m_A - 30 + 10 \times 1 \times 1.5 - 50 \times 1 = 0$; $m_A = 65\text{ kN}\cdot\text{m}$

【**例题 2.4**】 杆 AC 用三根支杆支承,如图 2.11 (a) 所示。已知 $F_1=20\text{kN}$,$F_2=40\text{kN}$,试求各支杆的约束力。

解:方法一:基本形式

(1) 选取研究对象,画受力图。

取杆为研究对象。它所受的力有荷载 $\vec{F}_1$、$\vec{F}_2$ 和三根支杆的约束反力 $\vec{F}_A$、$\vec{F}_B$、$\vec{F}_C$,如图 2.11 (b) 所示。

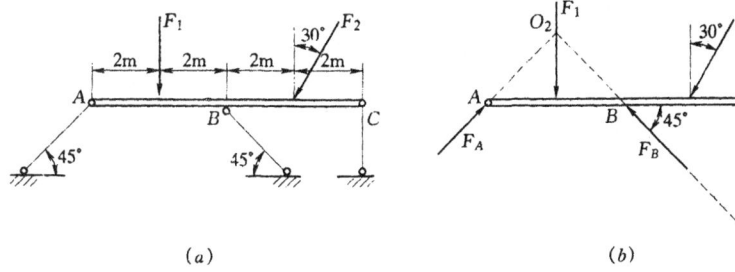

图 2.11

(2) 取适当的投影轴和矩心,列平衡方程并求解。

$\sum X = 0$, $\qquad F_A\cos 45° - F_B\cos 45° - F_2\sin 30° = 0$ $\qquad$ (a)

35

$$\sum Y = 0, \qquad F_A\sin45° - F_1 + F_B\sin45° - F_2\cos30° + F_C = 0 \qquad (b)$$

$$\sum m_{O_1} = 0, \quad 6F_1 + 2F_2\cos30° + 4F_2\sin30° - 4F_A\sin45° - 8F_A\cos45° = 0 \qquad (c)$$

联立式（a）、（b）、（c）解得

$$F_B = 3.46 \text{ kN}, \quad F_A = 31.74 \text{ kN}, \quad F_C = 29.76 \text{ kN}$$

方法二：二力矩形式

(1) 选取研究对象，画受力图。如图 2.11（b）所示。

(2) 取适当的投影轴和矩心，列平衡方程并求解。

$$\sum m_{O_1} = 0, \quad 6F_1 + 2F_2\cos30° + 4F_2\sin30° - 4F_A\sin45° - 8F_A\cos45° = 0$$

$$F_A = \frac{120 + 80\cos30° + 160\sin30°}{4\sin45° + 8\cos45°} = 31.74 \text{ kN}$$

$$\sum m_{O_2} = 0, \qquad -4F_2\cos30° - 2F_2\sin30° + 6F_C = 0$$

$$F_C = \frac{4F_2\cos30° + 2F_2\sin30°}{6} = 29.76 \text{ kN}$$

$$\sum X = 0, \qquad F_A\cos45° - F_B\cos45° - F_2\sin30° = 0$$

$$F_B = \frac{F_A\cos45° - F_2\sin30°}{\cos45°} = 3.46 \text{ kN}$$

方法三：三力矩形式

(1) 选取研究对象，画受力图。如图 2.11（b）所示。

(2) 取适当的投影轴和矩心，列平衡方程并求解。

$$\sum m_{O_1} = 0, \quad 6F_1 + 2F_2\cos30° + 4F_2\sin30° - 4F_A\sin45° - 8F_A\cos45° = 0$$

$$\sum m_{O_2} = 0, \qquad -4F_2\cos30° - 2F_2\sin30° + 6F_C = 0$$

$$\sum m_A = 0, \qquad -2F_1 + 4F_B\sin45° - 6F_2\cos30° + 8F_C = 0$$

解得

$$F_B = 3.46 \text{ kN}, \quad F_A = 31.74 \text{ kN}, \quad F_C = 29.76 \text{ kN}$$

【例题 2.5】 塔式起重机如图 2.12 所示。机架重 $W_1 = 700$kN，作用线通过塔架的中心。最大起重量 $W_2 = 200$kN，最大悬臂长为 12m，轨道 AB 的间距为 4m。平衡重 W_3 到机身中心线距离为 6m。试问：

(1) 保证起重机在满载和空载时都不致翻倒，平衡重 W_3 应为多少？

(2) 当平衡重 $W_3 = 180$kN 时，求满载时轨道 A、B 的约束反力。

解：(1) 起重机受力如图 2.12 所示，在起重机不翻倒的情况下，这些力组成的力系应满足平面力系的平衡条件。

满载时，在起重机即将绕 B 点翻倒的临界情况

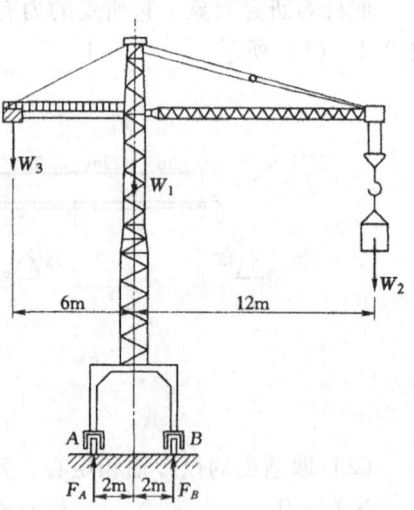

图 2.12

下，有 $F_A = 0$。由此可求出平衡重 W_3 的最小值。

$$\sum m_B = 0, \qquad W_{3\min}(6+2) + 2W_1 - W_2(12-2) = 0$$

$$W_{3\min} = \frac{1}{8}(10W_2 - 2W_1) = 75 \text{ kN}$$

空载时，载荷 $W_2 = 0$。在起重机即将绕 A 点翻倒的临界情况，有 $F_B = 0$。由此可求出平衡重 W_3 的最大值。

$$\sum m_A = 0, \qquad W_{3\max}(6-2) - 2W_1 = 0$$

$$W_{3\max} = 0.5W_1 = 350 \text{ kN}$$

实际工作时，起重机不允许处于临界平衡状态，因此，起重机不致翻倒的平衡重取值范围为

$$75 \text{ kN} < W_3 < 350 \text{ kN}$$

（2）当 $W_3 = 180\text{kN}$ 时，由平面平行力系的平衡方程。

$$\sum m_A = 0, \quad W_3(6-2) - W_1 \times 2 - W_2(12+2) + F_B \times 4 = 0$$

$$\sum Y = 0, \qquad F_A + F_B - W_1 - W_2 - W_3 = 0$$

解得 $\qquad F_A = 210 \text{ kN}, F_B = 870 \text{ kN}$

结果校核：由不独立的平衡方程 $\sum m_B = 0$，可校核以上计算结果的正确性。

$$\sum m_B = 0, \quad W_3(6+2) + W_1 \times 2 - W_2(12-2) - F_A \times 4 = 0$$

代入 F_A、W_1、W_2、W_3 的值，满足该方程，说明计算无误。

4 物体系统的平衡问题

4.1 静定与超静定问题的概念

在静力平衡问题中，若未知量数目等于独立平衡方程的数目时，则全部未知量都能由静力平衡方程求出，这类问题称为"静定问题"。显然上节中所举各例题都是静定问题。

如果未知量的数目多于独立平衡方程的数目，则由静力平衡方程就不能求出全部未知量，这类问题称为"超静定问题"，又称"静不定问题"。在超静定问题中，未知量数目减去独立平衡方程数目称为超静定次数。

在工程实际中，有时为了提高结构的刚度和坚固性，经常在结构上增加多余约束，这样原来的静定结构就变成了超静定结构。如图 2.13（a）所示的简支梁 AB，有三个未知量 $\vec{X}_A$、$\vec{Y}_A$、$\vec{F}_B$ 作为平面力系，可列出三个独立的平衡方程，是一个静定问题；如在梁中间增加一个支座 C，如图 2.13（b）所示，则有四个未知量 $\vec{X}_A$、$\vec{Y}_A$、$\vec{F}_B$、$\vec{F}_C$，独立

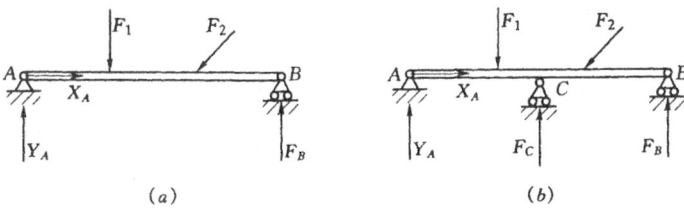

图 2.13

的平衡方程数仍为三个,未知量数比方程数多一个,故为一次超静定问题。

又如图2.14（a）所示,用两根钢丝吊起一重物,有两个未知量$\vec{F}_A$、$\vec{F}_B$,作为平面汇交力系独立的平衡方程数也是两个,因此是静定的。如用三根钢丝吊起重物,如图2.14（b）所示,则未知量有三个$\vec{F}_A$、$\vec{F}_B$、$\vec{F}_C$,而独立平衡方程仍只有两个,因此是一次超静定问题。

求解超静定问题时,必须考虑物体在受力后产生的变形,根据物体的变形协调条件,列出足够的补充方程后,才能求出全部未知量。这类问题将在后面的章节中讨论,在本篇中只研究静定问题。

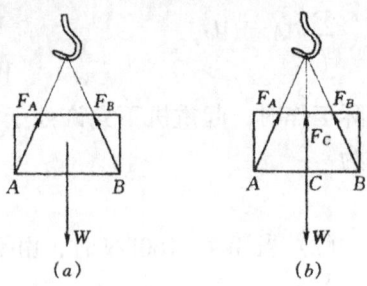

图 2.14

4.2 物体系统的平衡问题

前面我们分析了单个物体的平衡问题,本节研究物体系统的平衡问题。

由若干个物体通过适当的联接方式（约束）组成的系统称为物体系统,简称物系。工程实际中的结构或机构,如多跨梁、三铰拱、组合构架、曲柄滑块机构等都可看作物体系统。

在研究物体系统的平衡问题时,必须注意：

（1）应根据问题的具体情况,恰当地选取研究对象,这是对问题求解过程的繁简起决定性作用的一步。

（2）必须综合考察整体与局部的平衡。当物体系统平衡时,组成该系统的任何一个局部系统或任何一个物体也必然处于平衡状态。不仅要研究整个系统的平衡,而且要研究系统内某个局部或单个物体的平衡。

（3）在画物体系统、局部系统、单个物体的受力图时,特别要注意施力体与受力体、作用力与反作用力的关系,由于力是物体之间相互的机械作用,因此,对于受力图上的任何一个力,必须明确它是哪个物体所施加的,决不能凭空臆造。

（4）在列平衡方程时,适当地选取矩心和投影轴,选择的原则是尽量做到一个平衡方程中只有一个未知量,以避免求解联立方程。

常遇到的物体系统有：①组合梁系统；②刚架系统；③机械运动平衡机构；④桁架系统；⑤组合结构。对于前三种结构,一般都有固定的解题步骤。

4.2.1 组合梁系统

对于这类物体系统,解题步骤一般为：①确定附属部分和基本部分,系统内部杆件本身（不依赖于其他杆件）就可以承受荷载的杆件称为基本部分,必须依靠基本部分的支承才能承受荷载并保持平衡的杆件称为附属部分；②先分析附属部分；③再分析基本部分或结构整体。

【例题 2.6】 组合梁由杆 AC 和杆 CE 用铰链联接而成,结构尺寸和载荷如图2.15（a）所示,已知 $F=5kN$, $q=4kN/m$, $m=10kN\cdot m$,试求梁的支座反力。

解：方法一：

（1）确定附属部分和基本部分。

杆 CE 为组合梁的附属部分，杆 AC 为组合梁的基本部分。

(2) 分析附属部分。

取梁的 CE 段为研究对象，受力如图 2.15（c）所示，列平衡方程，求出 C、E 处的反力。

$$\sum m_C = 0, \quad F_E \times 4 - m - q \times 2 \times 1 = 0$$

得

$$F_E = \frac{m + q \times 2 \times 1}{4} = \frac{10 + 4 \times 2}{4} = 4.5 \text{ kN}$$

$$\sum X = 0, X_C = 0$$

$$\sum Y = 0, \quad Y_C + F_E - q \times 2 = 0$$

得

$$Y_C = 2q - F_E = 2 \times 4 - 4.5 = 3.5 \text{ kN}$$

(3) 分析基本部分。

取梁的 AC 段为研究对象，受力如图 2.15（b）所示，在铰链 C 处，根据作用力和反作用力定理有 $X_C = X'_C$、$Y_C = Y'_C$。列平衡方程

$$\sum m_A = 0, \quad -F \times 1 + F_B \times 2 - q \times 2 \times 3 - Y_C \times 4 = 0$$

得

$$F_B = \frac{F \times 1 + q \times 2 \times 3 + Y_C \times 4}{2} = 21.5 \text{ kN}$$

$$\sum X = 0, X_A = 0$$

$$\sum Y = 0, \quad Y_A + F_B - F - q \times 2 - Y_C = 0$$

得

$$Y_A = -F_B + F + q \times 2 + Y_C = -5 \text{ kN}$$

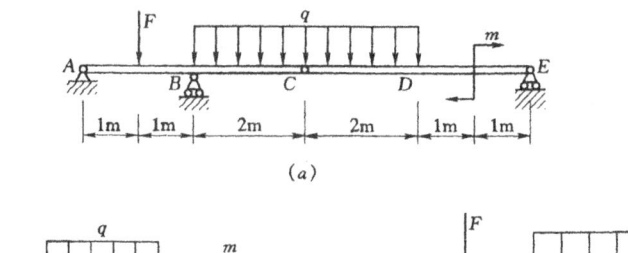

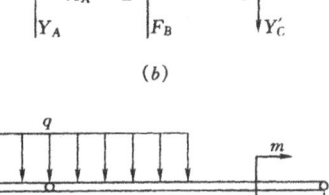

图 2.15

方法二：

(1) 确定附属部分和基本部分。

杆 CE 为组合梁的附属部分，杆 AC 为组合梁的基本部分。

(2) 分析附属部分。

取梁的 CE 段为研究对象，受力如图 2.15（c）所示，列平衡方程。

$$\sum m_C = 0, F_E \times 4 - m - q \times 2 \times 1 = 0$$

$$F_E = 4.5 \text{ kN}$$

（3）分析整体结构系统。

取整体为研究对象，受力如图 2.15（d）所示，列平衡方程。

$\sum X = 0$, $\qquad X_A = 0$

$\sum Y = 0$, $\qquad Y_A - F + F_B - q \times 4 + F_E = 0$

$\sum m_A = 0$, $\quad -F \times 1 + F_B \times 2 - q \times 4 \times 4 - m + F_E \times 8 = 0$

解得
$$X_A = 0, Y_A = -5 \text{ kN}, F_B = 21.5 \text{ kN}$$

4.2.2 刚架系统

对于这类物体系统，解题步骤一般为：①分析结构整体；②分析结构的一部分。或①分析结构的一部分；②分析结构的剩余部分。

【例题 2.7】 三铰拱架如图 2.16（a）所示，已知每个半拱重 $W = 300 \text{kN}$，跨度 $l = 32\text{m}$，$h = 10\text{m}$。试求支座 A、B 的反力。

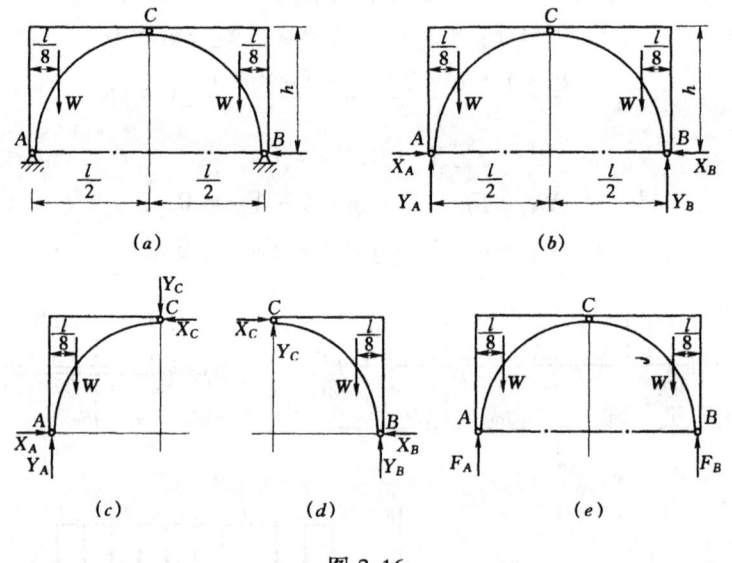

图 2.16

解：方法一：

（1）分析结构整体。

取整体为研究对象。整体受力图如图 2.16（b）所示。可见此时 A、B 两处共有四个未知力，而独立的平衡方程只有三个，显然不能解出全部未知力。但其中的三个约束力的作用线通过 A 点或 B 点，可列出对 A 点或 B 点的力矩方程，求出部分未知力。

$\sum m_A = 0$, $\qquad Y_B l - W \dfrac{l}{8} - W \left(l - \dfrac{l}{8}\right) = 0; Y_B = W$

$\sum Y = 0$, $\qquad Y_A + Y_B - W - W = 0; Y_A = W$

$\sum X = 0$, $\qquad X_A - X_B = 0; X_A = X_B$

（2）分析结构的一部分。

以右半拱（或左半拱）为研究对象，例如，取右半拱为研究对象，其受力图如图

2.16 (d) 所示。列出对 C 点的力矩平衡方程，并求出 $\vec{X}_B$。

$$\sum m_C = 0, \qquad -W\left(\frac{l}{2}-\frac{l}{8}\right)-X_B h + Y_B \frac{l}{2} = 0$$

得

$$X_B = \frac{Wl}{8h} = \frac{300 \times 32}{8 \times 10} = 120 \text{ kN}$$

故

$$X_A = X_B = 120 \text{ kN}$$

方法二：

(1) 分析结构的一部分：可以以右半拱（或左半拱）为研究对象。

(2) 分析结构的剩余部分：可以以左半拱（或右半拱）为研究对象。

工程中，经常遇到对称结构上作用对称载荷的情况，在这种情形下，结构的支座反力也对称。有时，可以根据这种对称性直接判断出某些约束力的大小，但这些结果及关系都包含在平衡方程中。例如，本例题中，根据对称性，可得 $X_A = X_B$，$Y_A = Y_B$，再根据铅垂方向的平衡方程，容易得到 $Y_A = Y_B = W$。

从本例题还可看出，所谓"某一方向的主动力只会引起该方向的约束力"的说法是完全错误的。本题中，在研究整体的平衡时，图 2.16 (e) 所示的受力图是错误的，根据这种受力分析，整体虽然是平衡的，但局部（左半拱或右半拱）却是不平衡的。

4.2.3 机械运动平衡机构

对于这类物体系统，解题步骤一般为：由已知参数到未知参数按传动顺序选取研究对象，逐个分析构件的平衡，找出已知参数和未知参数的关系，最终可求出未知量。

【例题 2.8】 卧式刮刀离心机的耙料装置如图 2.17 (a) 所示。耙齿 D 对物料的作用力是借助于物块 E 的重量产生的。耙齿装在耙杆 OD 上。已知 OA = 50mm，OD = 200mm，AB = 300mm，BC = CE = 150mm，物块 E 重 W = 360N，试求在图示位置作用在耙齿上的力 $\vec{F}$ 的大小。

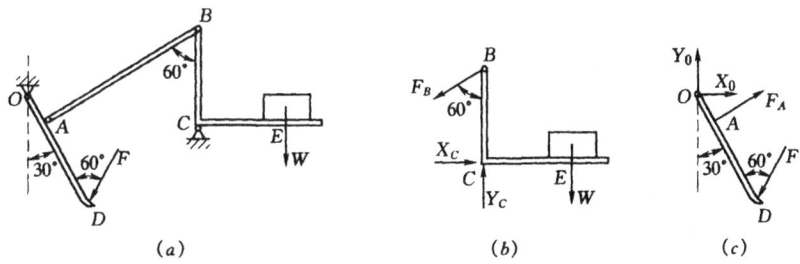

图 2.17

解： (1) 分析曲杆 BCE 及物块。

其受力图如图 2.17 (b) 所示，列出对 C 点的力矩方程。

$$\sum m_C = 0, \qquad F_B \sin 60° \times 150 - W \times 150 = 0$$

得

$$F_B = \frac{W}{\sin 60°} = \frac{2}{\sqrt{3}} W$$

(2) 分析连杆 AB。

因为连杆 AB 为二力杆，则

$$F_A = F_B$$

(3) 分析耙杆 OD。

其受力图如图 2.17（c）所示。以 O 点为矩心，列出力矩方程。

$\sum m_O = 0$, $\quad F_A \times 50 - F\sin 60° \times 200 = 0$

得

$$F = \frac{50 F_A}{200\sin 60°} = \frac{F_A}{2\sqrt{3}} = \frac{F_B}{2\sqrt{3}} = \frac{W}{3} = 120 \text{ N}$$

4.2.4 桁架系统

工程中，桥梁、起重机、电视塔、输电塔架等结构物常采用桁架结构。桁架是一种由若干直杆彼此在两端用光滑铰链联接而成的结构。各杆的铰接点称为节点。其特点是：①各杆都用光滑铰链连接；②荷载都作用在节点上，且位于轴线所在的平面内；③各杆自重略去不计，或平均分配在杆件两端的节点上，故各杆均为二力杆；④所有杆件均为直杆，其轴线位于同一平面内，且通过铰链中心。图 2.19（a）为一典型的桁架结构。

(1) 求解方法。

平面静定桁架的内力计算常采用节点法和截面法。

节点法一般应用于结构的设计计算，以求桁架中所有杆件的受力。节点法是基于平面汇交力系的平衡理论建立起来的，是以节点为研究对象，逐个研究其受力和平衡，从而求得全部未知力（杆件的受力）的方法。

截面法一般应用于结构的校核计算，以求桁架中指定杆件的受力。截面法是基于平面任意力系的平衡理论建立起来的。截面法是用一假想截面将桁架截开，考虑其中任一部分的平衡，从而求出被截杆件受力的方法。

截面法的解题步骤一般为：①以整体为研究对象，求解结构整体约束力；②用恰当的截面把结构分开，取其中一部分为研究对象，分析结构的平衡。计算过程中应注意：①截面可以是平面，也可以是曲面；②平面任意力系只有三个独立的平衡方程，因而，作截面时每次最多只能截断三根受力未知的杆件，如截断受力未知的杆件多于三根时，一般说来，它们的受力还需联合由其他截面列出的方程一起求解；③采用截面法时，选择适当的力矩方程，常可较快地求得某些指定杆件的受力。

对于较为复杂的桁架结构，往往需要综合应用节点法与截面法。

(2) 零杆的判别。

桁架结构中，受力为零的杆件称为零杆。常见的零杆有以下几种情况，如图 2.18 所示。

1) 节点上无外荷载的作用，则 $N_1 = 0$、$N_2 = 0$ [图 2.18（a）]。

2) 节点上有外荷载 $\vec{F}$ 的作用，且其作用线与 $\vec{N}_1$ 作用线共线，则 $N_2 = 0$ [图 2.18（b）]。

3) 节点上无外荷载的作用，且 2 号杆与 3 号杆共线，则 $N_1 = 0$ [图 2.18（c）]。

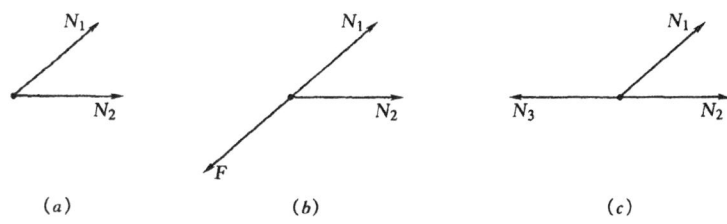

图 2.18

【例题 2.9】 平面静定桁架如图 2.19（a）所示，已知 $F = 20$ kN，试求各杆的受力。

解：（1）求桁架的支座反力，为此，取桁架整体为研究对象。其受力图如图 2.19（a）所示，列平衡方程，可求出支座反力。

$\sum X = 0$, $\quad X_A = 0$

$\sum Y = 0$, $\quad Y_A - 3F + F_H = 0$

$\sum m_A = 0$, $\quad -3 \times F - 6XF - 9 \times F + F_H \times 12 = 0$

得

$$Y_A = F_H = 1.5F = 30 \text{ kN}$$

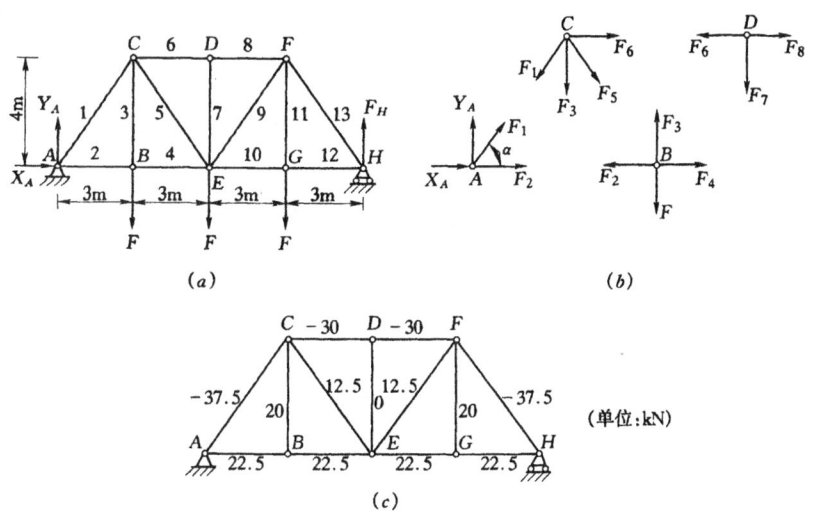

图 2.19

（2）依次取各个节点为研究对象，计算各杆的受力。

假定各杆均受拉力，A、B、C、D 各节点的受力如图 2.19（b）所示，为计算方便，最好逐次列出只含两个未知力的节点的平衡方程。

节点 A：$\sum Y = 0$, $\quad Y_A + F_1 \sin\alpha = 0$

$$F_1 = -\frac{Y_A}{\sin\alpha} = -\frac{30}{0.8} = -37.5 \text{ kN}$$

$$\sum X = 0, \qquad F_1\cos\alpha + F_2 + X_A = 0$$

$$F_2 = -X_A - F_1\cos\alpha = -(-37.5) \times 0.6 = 22.5 \text{ kN}$$

节点 B：$\sum X = 0, \qquad F_4 - F_2 = 0; F_4 = F_2 = 22.5 \text{ kN}$

$\sum Y = 0, \qquad F_3 - F = 0; F_3 = F = 20 \text{ kN}$

同样列出节点 C 的平衡方程，解得 $F_5 = 12.5 \text{kN}$，$F_6 = -30 \text{kN}$；
列出节点 D 的平衡方程，解得 $F_7 = 0$。

求出左半部分各杆件的受力后，可根据对称性得到右半部分各杆件的受力，即

$$F_8 = F_6 = -30 \text{ kN}; F_9 = F_5 = 12.5 \text{ kN}; F_{10} = F_4 = 22.5 \text{ kN};$$

$$F_{11} = F_3 = 20 \text{ kN}; F_{12} = F_2 = 22.5 \text{ kN}; F_{13} = F_1 = -37.5 \text{ kN}; F_7 = 0$$

（3）最后判断各杆件受拉或受压。由于原来假设各杆均受拉力，因此，由计算结果可见，杆件受力为正值时受拉，杆件受力为负值时受压。

工程上，计算出各杆件的内力后，常将受力值写在杆件旁边，如图 2.19（c）所示，便于直观地判断哪些杆件受拉或受压，以及受力的变化情况，为结构的最终设计提供计算依据。

【**例题 2.10**】 平面静定桁架如例题 2.9 图中 2.19（a）所示，已知 $F = 20\text{kN}$，试求杆件 4、5、6 的受力。

解：（1）其整体为研究对象，求解桁架整体约束力。

其受力图如图 2.20（a）所示。列平衡方程。支座反力已由例题 2.9 求出为

$$X_A = 0, Y_A = F_H = 1.5F = 30 \text{ kN}$$

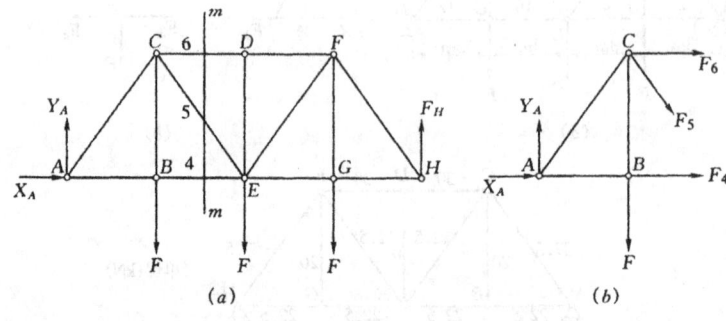

图 2.20

（2）截面法计算。

作一截面 $m-m$，将 4、5、6 三杆截断，如图 2.20（a）所示。选取桁架左半部分为研究对象（也可选取桁架右半部分为研究对象）。假定所截断的三杆都受拉力，受力如图 2.20（b）所示，为一平面任意力系。列平衡方程，并求解

$$\sum m_C = 0, \qquad X_A \times 4 + F_4 \times 4 - Y_A \times 3 = 0$$

$$F_4 = \frac{3Y_A - 4X_A}{4} = \frac{3 \times 30}{4} = 22.5 \text{ kN}$$

$$\sum Y = 0, \qquad Y_A - F - F_5\sin\alpha = 0$$

$$F_5 = \frac{Y_A - F}{\sin\alpha} = \frac{30 - 20}{0.8} = 12.5 \text{ kN}$$

$$\sum X = 0, \qquad F_4 + F_5\cos\alpha + F_6 + X_A = 0$$

$$F_6 = -F_4 - F_5\cos\alpha - X_A = -22.5 - 12.5 \times 0.6 = -30 \text{ kN}$$

4.2.5 组合结构

若干构件根据设计需要通过铰链联系成组合结构。解题时分别取整体和取部分结构为研究对象进行平衡分析与计算。

【例题 2.11】 平面构架如图 2.21 (a) 所示。已知物块重为 W，$DC = CE = AC = CB = 2l$，$R = 2r = l$，$\theta = 45°$。试求支座 A、E 处的约束力及 BD 杆所受的力。

解：(1) 取整体为研究对象，其受力如图 2.21 (a) 所示。

列平衡方程，可求出 A、E 处的约束反力。

$$\sum m_E = 0, \qquad -F_A \times 2\sqrt{2}l - W \times \frac{5}{2}l = 0; F_A = -\frac{5\sqrt{2}}{8}W$$

$$\sum X = 0, \qquad F_A\cos45° + X_E = 0; X_E = \frac{5}{8}W$$

$$\sum Y = 0, \qquad F_A\sin45° + Y_E - W = 0; Y_E = \frac{13}{8}W$$

(2) 取杆 DE 为研究对象。

为求 BD 杆所受的力，应取包含此力的物体或局部系统为研究对象，可取杆 DE 或杆 AB 连滑轮、重物为研究对象进行分析。为求解方便，在此，取杆 DE 为研究对象，其受力如图 2.21 (b) 所示。列平衡方程

$$\sum m_C = 0,$$
$$-F_{DB}\cos45° \times 2l - F_K l + X_E \times 2l = 0$$

其中，$F_K = W/2$，$X_E = 5W/8$ 代入上式，解得

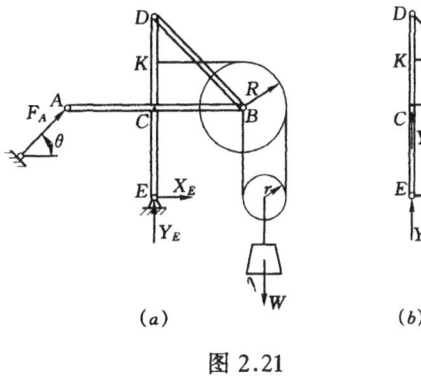

图 2.21

$$F_{DB} = \frac{3\sqrt{2}}{8}W$$

5 有摩擦时物体的平衡问题

在前面的研究中，我们把两物体之间的接触面视为完全光滑。但在实际工程中，完全光滑的接触面是不存在的。当两物体相互接触，并具有相对运动或相对运动趋势时，在接触面上便产生一定程度的阻碍，这种现象称为摩擦。

在工程实际中，摩擦常起重要的作用，例如，我们常见的火车、汽车利用摩擦进行起

动和制动、皮带轮和摩擦轮的传动、尖劈顶重等，这时，就必须考虑摩擦力的作用。

按照接触物体之间可能发生的相对运动分类，摩擦可分为滑动摩擦和滚动阻碍。滑动摩擦是指当两物体有相对滑动或相对滑动趋势时的摩擦；滚动阻碍是指当两物体有相对滚动或相对滚动趋势时的摩擦。

按照接触物体之间有无相对运动分类，摩擦可分为静摩擦和动摩擦。静摩擦是指当两物体有相对运动趋势时的摩擦；动摩擦是指当两物体有相对运动时的摩擦。

5.1 滑动摩擦

两个表面粗糙相互接触的物体，当发生相对滑动或有相对滑动趋势时，在接触面上产生阻碍相对滑动的力，这种阻力称为滑动摩擦力，简称摩擦力，一般以 $\vec{F}$ 表示。在两物体开始相对滑动之前的摩擦力，称为静摩擦力；滑动之后的摩擦力，称为动摩擦力。

由于摩擦力是阻碍两物体间的相对滑动，因此物体所受摩擦力的方向总是与物体的相对滑动或相对滑动的趋势方向相反，它的大小则需根据主动力作用的不同来分析，可以分为三种情况，即静摩擦力 $\vec{F}_s$，最大静摩擦力 $\vec{F}_{s\max}$（简写为 $\vec{F}_{\max}$）和动摩擦力 $\vec{F}_d$。

5.1.1 静滑动摩擦力

在粗糙的水平面上放置一重为 W 的物块，如图 2.22（a）所示，该物块在重力 $\vec{W}$ 和法向反力 $\vec{F}_N$ 的作用下处于静止状态。今在该物块上施加一水平力 $\vec{F}_T$，如图 2.22（b）所示，当拉力 $\vec{F}_T$ 由零值逐渐增加但不是很大时，物体仍保持静止，可见支承面对物块的约束力除法向反力 $\vec{F}_N$ 外，还有切向的静摩擦力 $\vec{F}_s$，它的大小可用静力平衡方程确定，即

$$\sum X = 0, \qquad F_s = F_T \qquad (2.21)$$

可见，当水平力 $\vec{F}_T$ 增大时，静摩擦力 $\vec{F}_s$ 亦随之增大，这是静摩擦力和一般约束反力共有的性质。

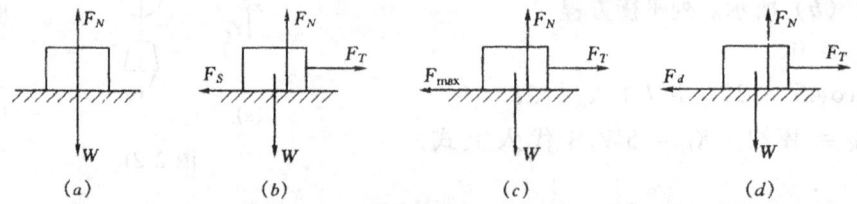

图 2.22

静摩擦力又与一般约束反力不同，它并不随力 $\vec{F}_T$ 的增大而无限度地增大。当力 $\vec{F}_T$ 的大小达到一定数值时，物块处于将要滑动、但尚未开始滑动的临界状态，此时静摩擦力达到最大值，即为最大静摩擦力，$\vec{F} = \vec{F}_{\max}$，如图 2.22（c）所示。此后，如果 $\vec{F}_T$ 再继续增大，但静摩擦力不能再随之增大，物块将失去平衡而开始滑动。这就是静摩擦力的特点。

在物块开始滑动时，摩擦力从 $\vec{F}_{\max}$ 突变至动摩擦力 $\vec{F}_d$（F_d 略低于 $F_{\max}$），如图 2.22（d）所示，此后，如 $\vec{F}_T$ 继续增加，摩擦力 $\vec{F}$ 基本上保持常值 F_d。若速度更高，则 F_d

值下降。以上过程中 F_T-F 关系曲线图如图 2.23 所示。

5.1.2 最大静摩擦力-静摩擦定律

根据上述实验曲线可知,当物块平衡时,静摩擦力的数值在零与最大静摩擦力 $F_{\max}$ 之间,即

$$0 \leqslant F_s \leqslant F_{\max} \quad (2.22)$$

大量实验表明:最大静摩擦力的大小与两物体间的正压力(即法向反力)成正比,而与接触面积的大小无关,即

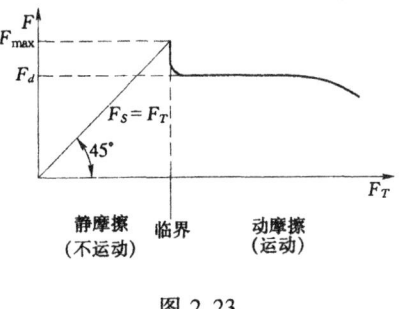

图 2.23

$$F_{\max} = f_s F_N \quad (2.23)$$

式中:f_s 为静摩擦系数,它是无量纲数。式(2.23)称为静摩擦定律,又称库仑定律。

静摩擦系数 f_s 主要与接触物体的材料和表面状况(如粗糙度、温度、湿度和润滑情况等)有关,可由实验测定,也可在工程手册中查到。

注意:式(2.23)只是一个近似公式,它远不能完全反映出静摩擦的复杂现象。但是,由于它比较简单,计算方便,并且所得结果又有足够的准确性,故在工程实际中仍被广泛应用。

5.1.3 动滑动摩擦力

实验表明:动摩擦力的大小与接触体间的正压力成正比,即

$$F_d = f F_N \quad (2.24)$$

式中:f 为动摩擦系数,它是无量纲数。式(2.24)称为动摩擦定律。

动摩擦系数除与接触物体的材料和表面情况有关外,还与接触物体间相对滑动的速度大小有关。一般说来,动摩擦系数随相对速度的增大而减小。当相对速度不大时,f 可近似地认为是个常数,动摩擦系数 f 也可在机械工程手册中查到。一般动摩擦系数小于静摩擦系数,即 $f < f_s$。动摩擦力与静摩擦力不同,基本没有变化范围。

5.1.4 有摩擦的平衡问题

有摩擦的平衡问题和忽略摩擦的平衡问题其解法基本上是相同的,不同的是,在进行受力分析时,应画上摩擦力,求解此类问题时,最重要的一点是判断摩擦力的方向和计算摩擦力的大小。由于摩擦力与一般的未知约束力不完全相同,因此,此类问题有如下一些特点:

(1)分析物体受力时,摩擦力 $\vec{F}$ 的方向一般不能任意假设,要根据相关物体接触面的相对滑动趋势预先判断确定。必须记住:摩擦力的方向总是与物体的相对滑动趋势方向相反。

(2)作用于物体上的力系,包括摩擦力 $\vec{F}$ 在内,除应满足平衡条件外,摩擦力 $\vec{F}$ 还必须满足摩擦的物理条件(补充方程),即 $F_s \leqslant F_{\max}$,补充方程的数目与摩擦力的数目相同。

(3)由于物体平衡时摩擦力有一定的范围($0 \leqslant F_s \leqslant F_{\max}$),故有摩擦的平衡问题的解也有一定的范围,而不是一个确定的值。但为了计算方便,一般先在临界状态下计算,求

得结果后再分析、讨论其解的范围。

【例题 2.12】 长为 l 的梯子 AB，一端靠在墙上，另一端搁在地面上，如图 2.24 所示。假设梯子与墙面间为光滑接触，梯子与地面间有摩擦，静摩擦系数为 f。不计梯子重量。今有一重为 P 的人沿梯子登高，为保证人登至顶端而梯子不致下滑，求梯子与地面间的最小夹角 α。

解：(1) 选取研究对象。

选取梯子为研究对象，人在梯子上的位置用距离 a 表示。受力图如图 2.24 所示。

(2) 列平衡方程及补充方程。

为保证梯子静止，必须满足下列平衡方程

$$\sum X = 0, \qquad N_B - F = 0$$

$$\sum Y = 0, \qquad N_A - P = 0$$

$$\sum m_A = 0, \qquad Pa\cos\alpha - N_B l\sin\alpha = 0$$

此外，还必须满足物理条件（补充方程）

$$F \leqslant fN_A$$

联立求解可得

$$\tan\alpha \geqslant \frac{a}{fl}$$

为保证人登至顶端而梯子不致下滑，只需令 $a = l$ 即可。则

$$\tan\alpha \geqslant \frac{1}{f}$$

即

$$\alpha \geqslant \arctan\frac{1}{f}$$

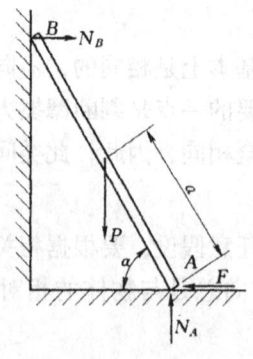

图 2.24

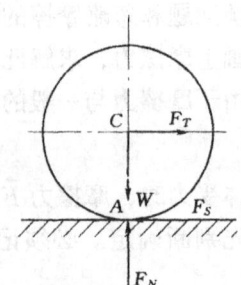

图 2.25

5.2 滚动摩擦（滚动阻碍）

由实践知道，用滚动代替滑动，可以明显地提高效率，减轻劳动强度，因而被广泛地采用。例如，搬运笨重物体时，常在物体下面垫上一排钢管，这样要比将重物直接放在地

面上推动起来要省力得多。用滚动代替滑动为什么会省力？这是由于滚动阻碍与滑动摩擦的物理本质根本不同的缘故，下面用一个简单的实例来分析滚动阻碍的特性及其产生的原因。

设有一圆轮，重量为 $\vec{W}$，半径为 r，放在路轨（地面）上，如将轮子与轨道间接触视为绝对刚性约束，则二者仅在 A 点接触，如图 2.25 所示。现在轮心施加一水平拉力 $\vec{F}_T$。

分析轮子的受力情况可知，在轮子与轨道接触的 A 点有法向反力 $\vec{F}_N$ 和静摩擦力 $\vec{F}_S$，其中 $\vec{F}_N$ 与 $\vec{W}$ 等值反向共线；$\vec{F}_S$ 阻止滚子滑动，它与 $\vec{F}_T$ 等值反向。不难看出，轮上的力系等效于一力偶 $(\vec{F}_T, \vec{F}_S)$，即不管轮重 $\vec{W}$ 多大，只要施加一微小的拉力 $\vec{F}_T$，轮子都不可能保持平衡，而将在力偶 $(\vec{F}_T, \vec{F}_S)$ 作用下发生滚动。

然而，实际上，当拉力 $\vec{F}_T$ 较小时，轮子仍保持静止，只有当 $\vec{F}_T$ 达到一定数值时，轮子才开始滚动。产生这一矛盾的原因是，轮-轨间的接触并不是绝对刚性的，它们在重力 $\vec{W}$ 作用下都会发生微小的接触变形，从而影响约束力的分布。因此，在这种情况下，不能将轮-轨约束看成是绝对刚性的，而必须考虑变形的影响。

作为一种简化，仍将轮子视为绝对刚体，而将轨道视为具有接触变形的变形固体，当轮受到较小的水平拉力 $\vec{F}_T$ 作用时，轮-轨间的约束力将不均匀地分布在一个接触面上，如图 2.26（a）所示，该分布约束力系必汇交于 C 点，求得其合力 $\vec{F}_R$，如图 2.26（b）所示，将 $\vec{F}_R$ 分解为法向反力 $\vec{F}_N$ 和静摩擦力 $\vec{F}_S$，$\vec{F}_R = \vec{F}_N + \vec{F}_S$，此时 $\vec{F}_N$ 已偏离 AC 一微小距离 δ_1，当增加拉力 $\vec{F}_T$ 时，δ_1 随之增大，将 $\vec{F}_N$、$\vec{F}_S$ 向 A 点简化，则除 $\vec{F}_R = \vec{F}_N + \vec{F}_S$ 外，还有一力偶 M_f，如图 2.26（c）所示，M_f 称为滚动阻力偶。

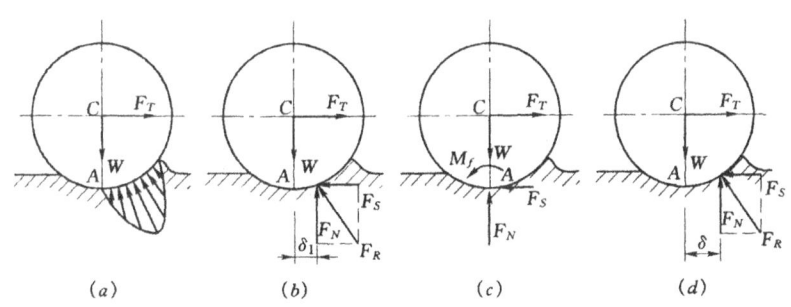

图 2.26

与滑动摩擦相似，当力 $\vec{F}_T$ 增加到某个值时，δ_1 达到其最大值 δ，如图 2.26（d）所示，此时，轮子处于将滚未滚的临界平衡状态，滚动阻力偶达到最大值，称为最大滚动阻力偶，用 $M_{\max}$ 表示。若力 $\vec{F}_T$ 再增大一点，轮子即开始滚动。

由此可知，滚动阻力偶 M_f 的大小在零与最大值之间，即

$$0 \leqslant M_f \leqslant M_{\max} \tag{2.25}$$

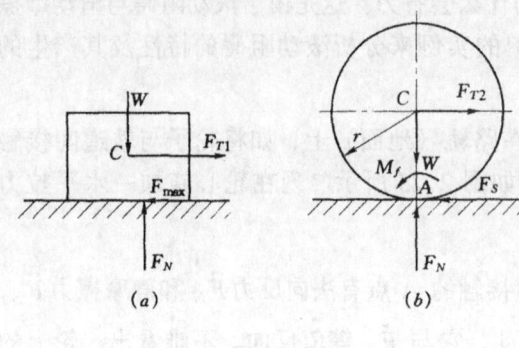

图 2.27

由图 2.26（d）可得

$$M_{\max} = \delta F_N \qquad (2.26)$$

式中：δ 为滚动阻碍系数，简称滚阻系数。

式（2.26）说明最大滚动阻力偶 $M_{\max}$ 与支承面的法向反力 F_N 的大小成正比，而与轮子半径无关。这就是滚动阻碍定律。

容易看出，滚动阻碍系数具有长度的量纲，单位一般用 mm。滚动阻碍系数与接触物体材料的硬度和湿度等有关，可由实验测定，有些也可在工程手册中查到，如钢质车轮在钢轨上滚动时，$\delta \approx 0.05$mm，而橡胶轮胎在地面上滚动时的 $\delta = 2 \sim 10$mm。由于滚动阻碍系数较小，因此，在大多数情况下滚动阻碍是可以忽略不计的。

下面分析滚动比滑动省力的道理。

如图 2.27（a）所示，欲使重 $\vec{W}$ 的物块滑动所需的拉力 F_{T1} 为

$$F_{T1} = F_{\max} = f_S F_N = f_S W$$

而在图 2.27（b）中，由平衡方程 $\sum m_A = 0$ 可求得使同样重 $\vec{W}$ 的轮子滚动所需的拉力 F_{T2}，由 $F_{T2} r = M_f = F_N \delta$ 得

$$F_{T2} = F_s = \frac{F_N \delta}{r} = W \frac{\delta}{r}$$

一般情况下，$\delta/r \ll f_S$，故 $F_{T2} \ll F_{T1}$，因此使轮子滚动要比滑动省力得多。

例如，半径为 450mm 的充气橡胶轮胎在混凝土路面上滚动时，$\delta \approx 3.15$mm，$f_S = 0.7$，则

$$\frac{F_{T1}}{F_{T2}} = \frac{f_S}{\delta/r} \approx 100$$

这说明使轮子滑动的力是使轮子滚动的力的 100 倍。

6 杆件在平面力系作用下的内力

6.1 内力

实际构件具有一般变形固体的属性，即使不受任何外力作用，其结构内部各部分之间也存在着相互作用力。当对构件施加荷载时，构件在荷载的作用下就会发生变形，这导致构件相邻各部分的相对位置发生变化，从而产生"附加内力"，简称内力。也就是说内力是构件因受力作用而变形，其内部各部分（各点）之间因相对位置改变而引起的相互作用力。这是一种由于变形体的宏观变形引起的内力。

当考察宏观变形时，需要对变形体作适当的抽象。由本书《绪论》可知，假设材料是连续的，也就是假设物质密实地充满物体所占有的空间。根据该假设作出的理论分析，与

大多数工程材料制成的构件的实际情况相吻合。据此假设，可以认为内力在构件内是连续分布的。

6.2 截面法

为显示内力并确定其大小和方向，通常采用"截面法"进行研究。为求某个截面上的内力，采用一个假想截面从该处将构件截成两部分，如图 2.28（a）所示，并将其中任一部分分离出来，成为"脱离体"，在截开的截面上用内力代替另一部分对它的作用，如图 2.28（b）所示；因为构件整体是平衡的，所以它的任何一部分，即"脱离体"，也必须是平衡的。将此力系向截面上某点进行简化，可得一个力和一个力偶或单独一个力或单独一个力偶，如图 2.28（c）所示。据此，考察截开后任一部分脱离体的平衡，通过列写并求解平衡方程即可得到截面上的内力的大小和方向。这就是截面法。

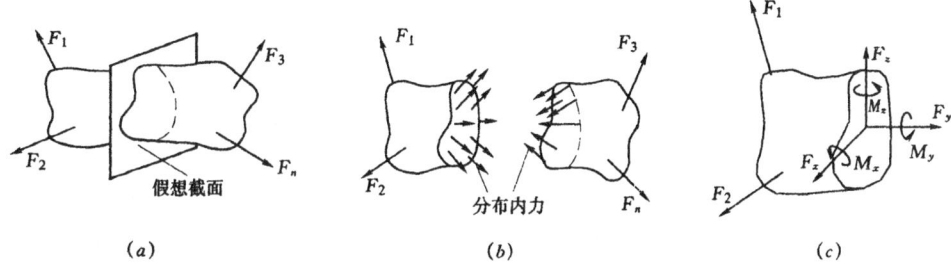

图 2.28

根据以上分析，可以知道，应用截面法确定杆件横截面上内力的一般步骤如下：

（1）在欲求内力处用假想截面将杆件截成两部分。

（2）任取其中一部分脱离体作为研究对象，并用欲求的内力代替另一部分对它的作用。

（3）考察作为研究对象脱离体的平衡，由静力平衡方程确定横截面上内力的大小和方向。

由此不难发现，求解内力的大小和方向的过程实质上仍是考察物体平衡条件的过程。下面举出杆件在平面力系作用下内力计算的例题说明截面法的应用。

【例题 2.13】 求图 2.29（a）所示杆件 $m-m$ 截面上的内力。

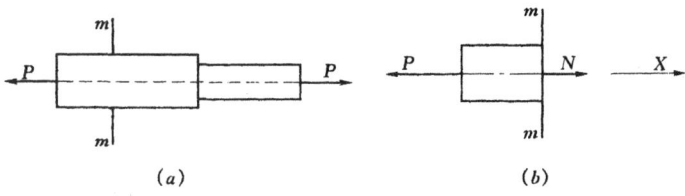

图 2.29

解：（1）用假想截面 $m-m$ 将杆件截成左、右两部分。

（2）任取其中一部分脱离体（此处取左侧）作为研究对象，由于杆件所受外力的作用线与 x 轴线一致，故截面内力的合力的作用线也与 x 轴线一致，即与杆的轴线相一致。如图 2.29（b）所示。

(3) 考察研究对象的平衡,由平衡方程可得

$$\sum X = 0, \qquad N - P = 0$$

则
$$N = P$$

即该杆件 $m-m$ 截面上内力的合力 N 为轴线方向内力。

【例题 2.14】 求图 2.30（a）所示杆件 $m-m$、$n-n$ 截面上的内力。

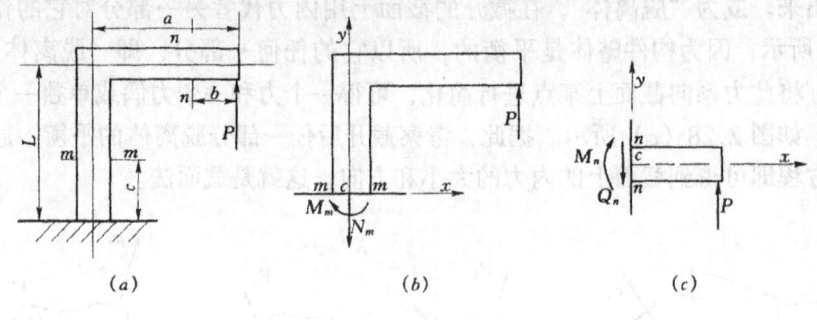

图 2.30

解：(1) $m-m$ 截面上的内力。

用假想截面 $m-m$ 将杆件截成两部分,取 $m-m$ 截面以上部分脱离体作为研究对象,将截面内力向 C 点进行简化,得到一个与轴线相一致的力 N_m 和一个绕着 Z 轴转动的力偶 M_m,如图 2.30（b）所示。N_m 和 M_m 为 $m-m$ 截面上的内力。考察脱离体的平衡,由平衡方程可得

$$\sum Y = 0, \qquad P - N_m = 0$$

$$\sum m_C = 0, \qquad Pa - M_m = 0$$

解得
$$N_1 = P, M_m = Pa$$

(2) $n-n$ 截面上的内力。

用假想截面 $n-n$ 将杆件截成两部分,取 $n-n$ 截面以右部分脱离体作为研究对象,将截面内力向 C 点进行简化,得到一个与轴线相一致的主矢 Q_n 和一个绕着 Z 轴转动的力偶 M_n,如图 2.30（c）所示。Q_n 和 M_n 为 $n-n$ 截面上的内力。考察脱离体的平衡,由平衡方程可得

$$\sum Y = 0, \qquad P - Q_n = 0$$

$$\sum m_C = 0, \qquad Pb - M_n = 0$$

解得
$$Q_n = P, M_n = Pb$$

习 题

2.1 平面力系中各力大小分别为 $F_1 = 60\sqrt{2}$ kN,$F_2 = F_3 = 60$ kN,作用位置如图所示,图中尺寸的单位为 mm。试求力系向 O 点和 O_1 点简化的结果。

2.2 电动机重 $W = 5$ kN,放在水平杆 AC 的中央,如图所示。忽略水平杆和撑杆的重量,试求铰支座 A 处的反力和撑杆 BC 所受压力。

2.3 起重机的铅直支柱 AB 由 A 处的径向轴承和 B 处的止推轴承支持。起重机重 W

=3.5kN，在 C 处吊有重 $W_1 = 10$kN 的物体，结构尺寸如图所示，试求轴承 A、B 两处的支座反力。

2.4 在如图所示的刚架中，已知 $F = 10$kN，$q = 3$kN/m，$M = 8$kN·m，不计刚架自重。求固定端 A 处的反力。

2.5 如图所示，对称屋架 ABC 的 A 处用铰链固定，B 处为可动铰支座。屋架重 100kN，AC 边承受垂直于 AC 的风压，风力平均分布，其合力等于 8kN。试求支座 A、B 处的反力。

2.6 水平杆的支承和载荷如图所示。已知集中力 $F = 2$kN，力偶矩 $M = 2.5$kN·m，均布载荷 $q = 1$kN/m。不计杆重，试求杆的支座反力。

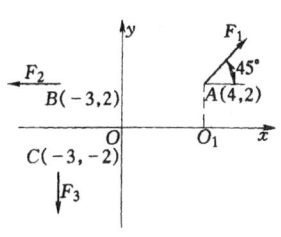

题 2.1 图

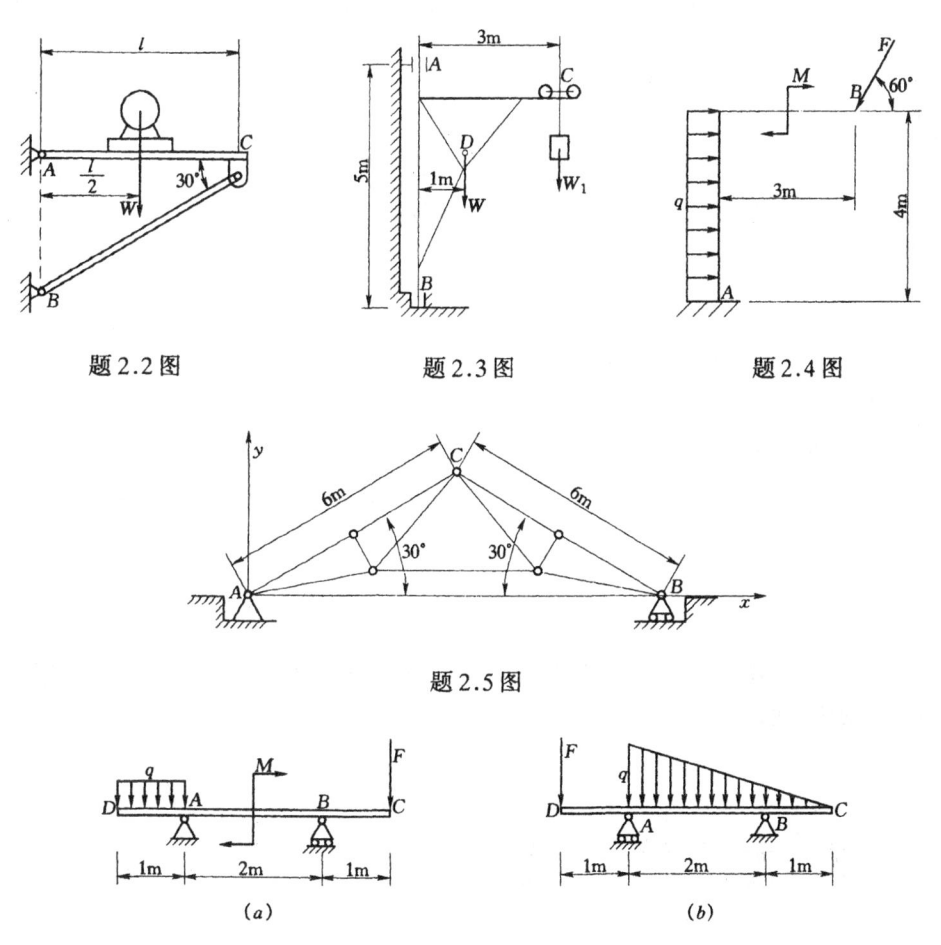

题 2.2 图　　题 2.3 图　　题 2.4 图

题 2.5 图

(a)　　(b)

题 2.6 图

2.7 汽车起重机如图所示，汽车自重 $W_1 = 60$kN，平衡配重 $W_2 = 30$kN，各部分尺寸如图所示。试求：① 当起吊重量 $W_3 = 25$kN，两轮距离为 4m 时，地面对车轮的反力；② 最大起吊重量及两轮间的最小距离。

2.8 水平杆 AB 重 $W = 160$N，用三根支杆支承，如图所示。已知 $F = 70$N，$q = 20$N/m，$M = 60$N·m，试求三根支杆的约束反力。

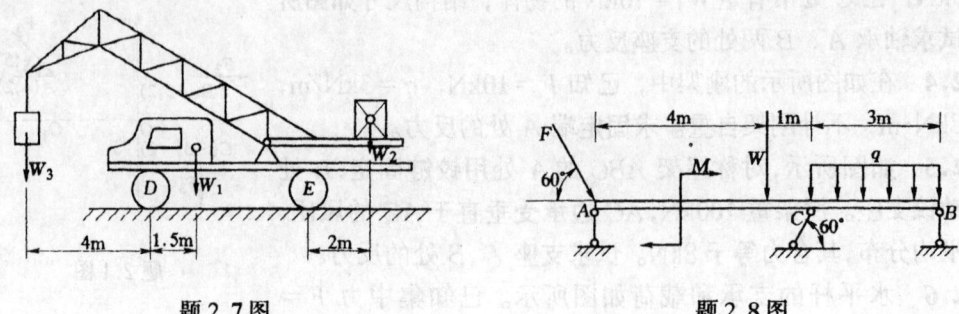

题2.7图　　　　　　　　　　题2.8图

2.9 水平杆 AB 由铰链 A 和斜杆 BC 所支持，如图所示。在水平杆上 D 处用销子安装一半径为 $r=0.1\text{m}$ 的滑轮。跨过滑轮的绳子一端水平地系于墙上，另一端悬挂有重 $W=1800\text{N}$ 的重物。如 $AD=0.2\text{m}$，$BD=0.4\text{m}$，$\alpha=45°$，且不计水平杆、斜杆、滑轮和绳子的重量。试求铰链 A 和杆 BC 对水平杆的反力。

2.10 组合梁由 AC 和 DC 两段铰接构成，起重机放在梁上，如图所示。已知起重机重 $W_1=50\text{kN}$，重心在铅直线 EC 上，起重载荷 $W_2=10\text{kN}$。不计梁重，求支座 A、B 和 D 三处的约束力。

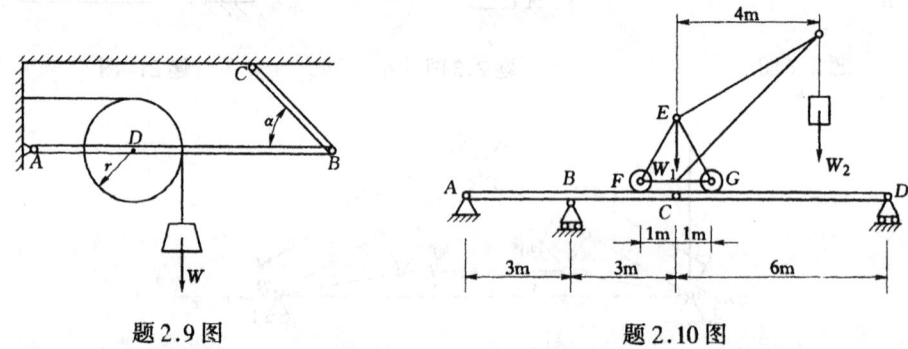

题2.9图　　　　　　　　　　题2.10图

2.11 组合梁如图所示，已知集中力 F，分布载荷集度 q，力偶矩 M，求梁的支座反力和铰 C 处所受的力。

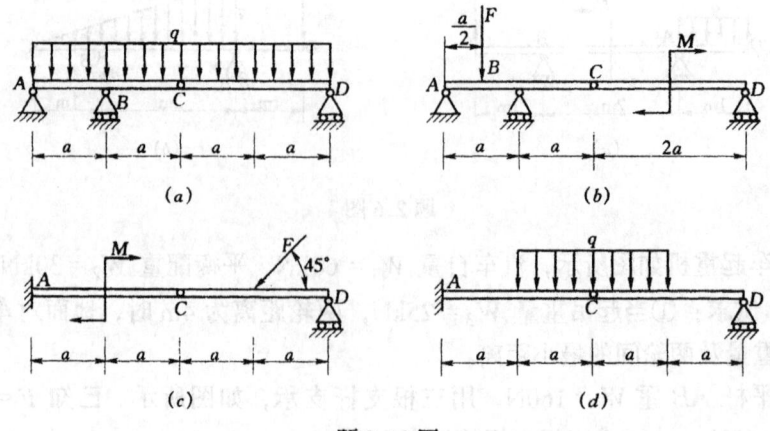

题2.11图

第 2 章 平面任意力系

2.12 四连杆机构如图所示，今在铰链 A 上作用一力 F_1，铰链 B 上作用一力 F_2，方向如图所示。机构在图示位置处于平衡。不计杆重，试求 F_1 与 F_2 的关系。

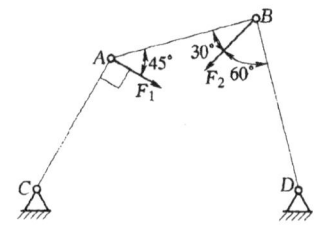

题 2.12 图

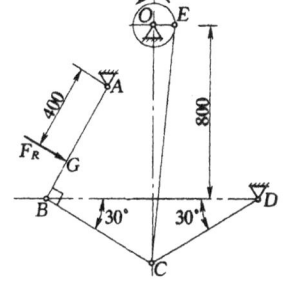

题 2.13 图

2.13 曲柄滑块机构在如图所示位置平衡，已知滑块上所受的力 $F=400\text{N}$，如不计所有构件的重量，试求作用在曲柄 OA 上的力偶的力偶矩 M。

2.14 如图所示的颚式破碎机机构，已知工作阻力 $F_R=3\text{kN}$，$OE=100\text{mm}$，$BC=CD=AG=400\text{mm}$，$AB=600\text{mm}$，在图示位置时 $\angle BDC=\angle DBC=30°$，$\angle EOC=\angle ABC=90°$，求在此位置时能克服工作阻力所需的力偶矩 M。

2.15 三铰拱如图所示，跨度 $l=8\text{m}$，$h=4\text{m}$。试求支座 A、B 的反力。

题 2.14 图

（1）在图（a）中，拱顶部受均布载荷 $q=20\text{kN/m}$ 作用，拱的自重忽略不计。

（2）在图（b）中，拱顶部受集中力载荷 $F=20\text{kN}$ 作用，拱每一部分的重量 $W=40\text{kN}$。

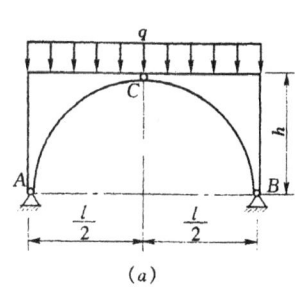
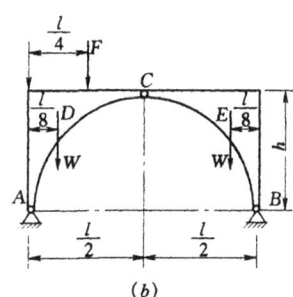

题 2.15 图

2.16 在如图所示的构架中，物体重 $W=1200\text{N}$，由细绳跨过滑轮 E 而水平系于墙上，尺寸如图。不计杆和滑轮的重量，求支承 A、B 处的反力和杆 BC 的内力。

2.17 在如图所示的构架中，BD 杆上的销钉 B 置于 AC 杆的光滑槽内，力 $F=200\text{N}$，力偶矩 $M=100\text{N}\cdot\text{m}$，不计各构件重量，求 A、B、C 处的约束力。

2.18 如图所示的构架，重量 $W=1\text{kN}$ 的重物 B 通过滑轮 A 用绳系于杆 CD 上。忽略各杆及滑轮的重量，试求铰链 E 处的约束反力和销子 C 的受力。

2.19 屋架桁架如图所示，已知载荷 $F=10\text{kN}$。试求杆 1、2、3、4、5 和 6 的内力。

55

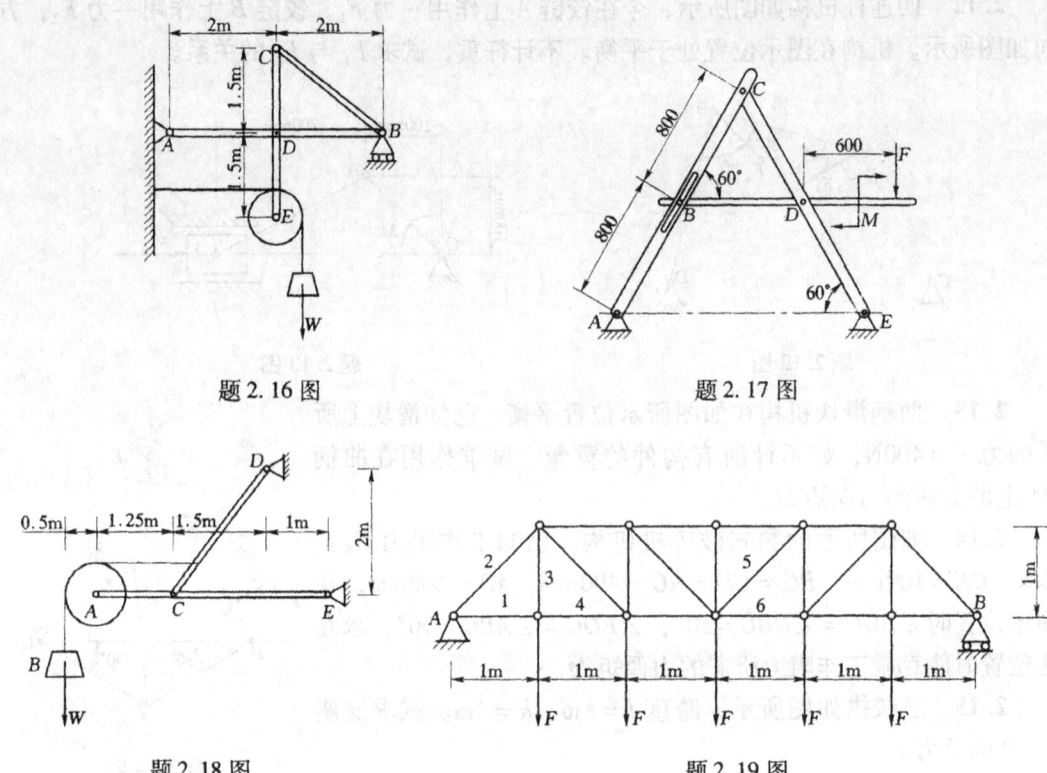

题2.16图　　　　　　　　　题2.17图

题2.18图　　　　　　　　　题2.19图

2.20 桁架受力如图所示，已知 $F_1 = F_2 = 10\text{kN}$，$F_3 = 20\text{kN}$。试求桁架6、7、8、9各杆的内力。

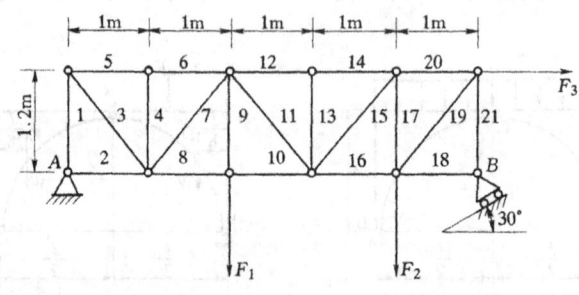

题2.20图

2.21 桁架如图所示，已知 $F_1 = 10\text{kN}$，$F_2 = F_3 = 20\text{kN}$。试求桁架4、6、7、10各杆的内力。

2.22 桁架如图所示，已知 $F = 20\text{kN}$，$a = 3\text{m}$，$b = 2\text{m}$。试求桁架1、2、3各杆的内力。

2.23 尖劈起重装置如图所示。尖劈 A 的顶角为 α，在 A、B 上分别作用力 F_1 和 F_2，已知 A 块和 B 块之间的静摩擦系数为 f_s（有滚珠处摩擦力忽略不计）。不计 A、B 两块的重量，试求能保持两者平衡的力 F_1 的范围。

2.24 砖夹的宽度为250mm，曲杆 AGB 与 $GCED$ 在 G 点铰接，如图所示。设砖重 $W = 120\text{N}$，提起砖的力 $\vec{F}$ 作用在砖夹的中心线上，砖夹与砖间的摩擦系数 $f_s = 0.5$，试求

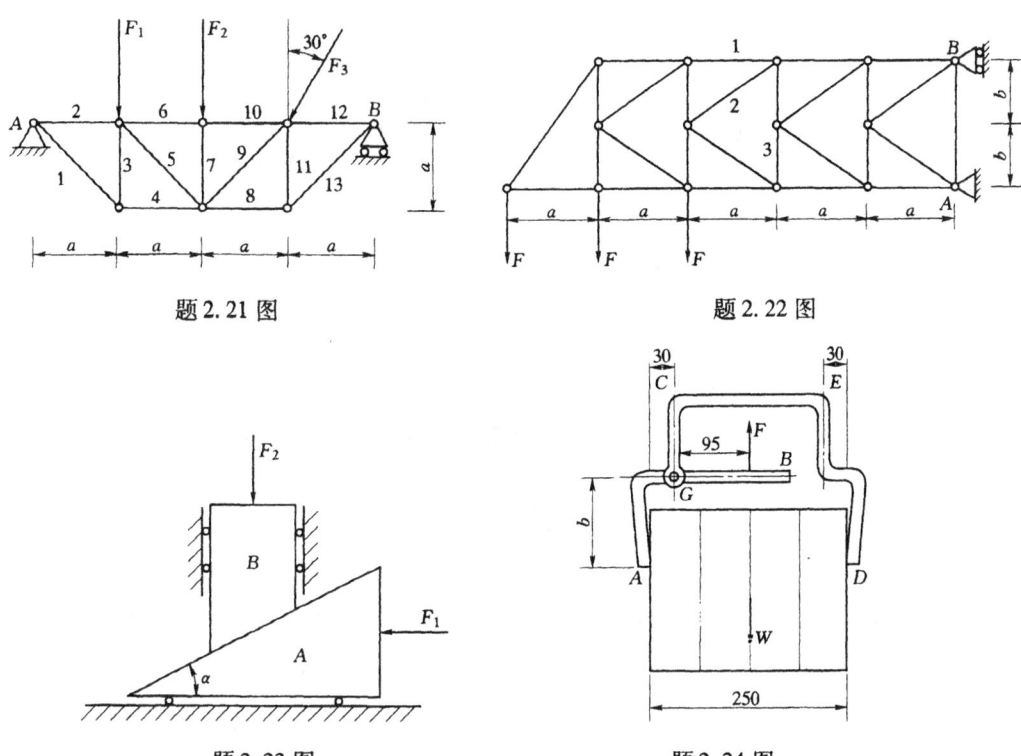

题2.21图　　　　　　　　　题2.22图

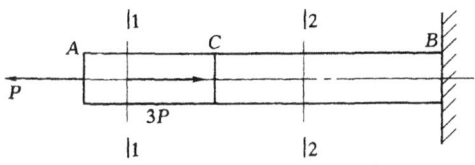

题2.23图　　　　　　　　　题2.24图

距离 b 为多大才能把砖夹起。

2.25 如图所示的 AB 杆在 A、C 两处受力。求此杆上 1-1、2-2 截面上的轴力。

题2.25图

2.26 试求如图所示各杆中指定截面（图中虚线所示，它们分别在加力点两侧）上的剪力、弯矩值。

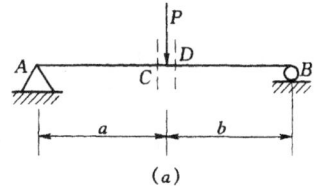

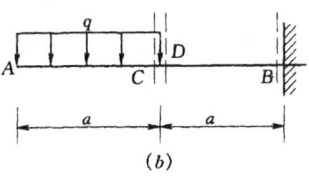

(a)　　　　　　　　　(b)

题2.26图

第3章 空间力系

1 空间力沿坐标轴的分解与投影

空间力系就是指力系的作用线不在同一平面内的力系。空间力系的研究方法与平面力系基本相同,只是要将平面问题里一些理论和方法加以推广和引申。下面我们先研究空间力沿坐标轴的分解和投影。

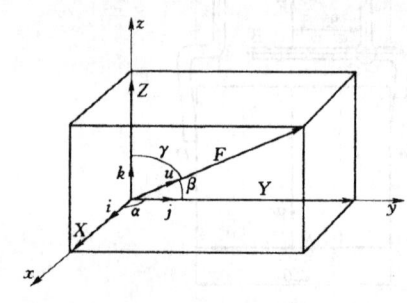

图 3.1

设有力 $\vec{F}$,建立如图 3.1 所示空间直角坐标系,运用力的平行四边形法则,可将力分解为沿坐标轴的三个正交分力为 $\vec{X}$、$\vec{Y}$、$\vec{Z}$。

力 $\vec{F}$ 在空间直角坐标轴上的投影的计算,一般有两种方法:

(1) 直接投影法。

已知力 $\vec{F}$ 与坐标轴间夹角 α、β、γ (图 3.2a),则力 $\vec{F}$ 在坐标轴上的投影为

$$\left. \begin{array}{l} X = F\cos\alpha \\ Y = F\cos\beta \\ Z = F\cos\gamma \end{array} \right\} \quad (3.1)$$

(2) 二次投影法。

已知力 $\vec{F}$ 与坐标轴 x 间的夹角 φ 与仰角 θ [图 3.2 (b)],则先将力 $\vec{F}$ 投影在平面 xy 和轴 z 上,然后将平面 xy 上的投影 $\vec{F}_{xy} = F\cos\theta$ 再投影到轴 x 和 y 上,得

$$\left. \begin{array}{l} X = F_{xy}\cos\varphi = F\cos\theta\cos\varphi \\ Y = F_{xy}\sin\varphi = F\cos\theta\sin\varphi \\ Z = F\sin\theta \end{array} \right\} \quad (3.2)$$

应该注意:力在轴上的投影是代数量,而力在平面上的投影是矢量。这是因为 $\vec{F}_{xy}$ 的方向不能像在轴上的投影那样可简单地用正负号来表明,而必须用矢量来表示。

反之,若已知力 $\vec{F}$ 在坐标轴上的投影 X、Y、Z,则该力的大小及方向余弦为

$$\left. \begin{array}{l} F = \sqrt{X^2 + Y^2 + Z^2} \\ \cos\alpha = \dfrac{X}{F} \\ \cos\beta = \dfrac{Y}{F} \\ \cos\gamma = \dfrac{Z}{F} \end{array} \right\} \quad (3.3)$$

第3章 空间力系

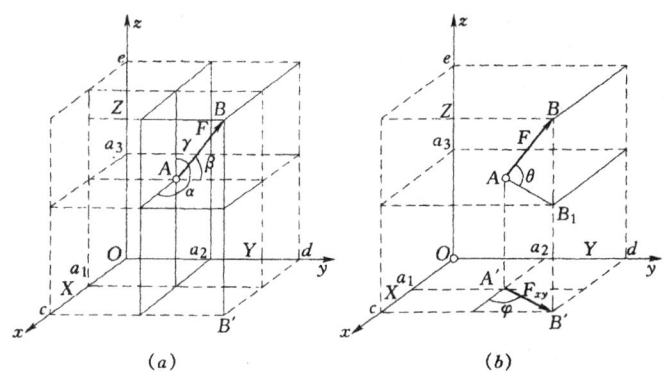

图 3.2

由直角坐标系中矢量的沿轴分量与其在该轴上投影的关系,可知力 $\vec{F}$ 沿空间直角坐标轴分解的表达式为

$$\vec{F} = \vec{F}_x + \vec{F}_y + \vec{F}_z = X\vec{i} + Y\vec{j} + Z\vec{k} \tag{3.4}$$

式中:$\vec{i}$、$\vec{j}$、$\vec{k}$ 为沿各坐标轴正向的单位矢量。

【例题 3.1】 图 3.3 表示一斜齿圆柱齿轮传动时,受到啮合力 $\vec{F}_n$ 的作用,$\vec{F}_n$ 作用于与齿向垂直的平面内(法面),且与过接触点 J 的切面成 α 角,轮齿与轴线成 β 角。试求此力 $\vec{F}_n$ 在齿轮半径、轴线和圆周方向的分力。

解: 过接触点 J 按半径方向、轴线方向和圆周方向取坐标轴 r、a、t。以 $\vec{F}_n$ 为对角线按 $\vec{r}$、$\vec{a}$、$\vec{t}$ 的方向为边作出一个直角六面体。用二次投影法,可得

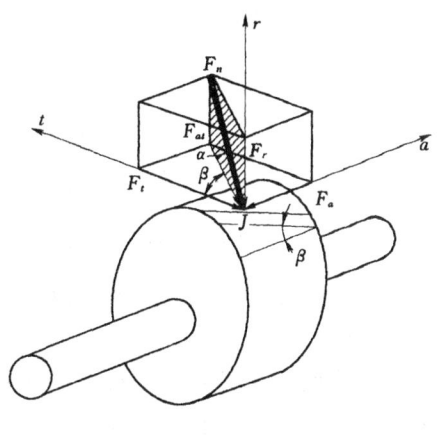

径向力 $\quad F_r = F_n \sin\alpha$

轴向力 $\quad F_a = F_n \cos\alpha \sin\beta$

圆周力 $\quad F_t = F_n \cos\alpha \cos\beta$

图 3.3

2 空间汇交力系的合成与平衡

与平面汇交力系相同,对空间汇交力系也可分别用几何法和解析法进行研究。空间汇交力系合成的几何法是应用力的多边形法则。但所作出的力多边形不在同一平面内,而是空间的力多边形。因此空间汇交力系的合力可用空间的力多边形的封闭边来表示,其作用线过力系的汇交点,以矢量式表示为

$$\vec{R} = \vec{F}_1 + \vec{F}_2 + \cdots + \vec{F}_n = \sum \vec{F}$$

由于用空间的力多边形法则求合力并不方便,因此在实际问题中一般都用解析法。

设作用于刚体的空间力系 $\vec{F}_1$、$\vec{F}_2$、…、$\vec{F}_n$ 汇交于同一点 O（图 3.4），选力系汇交点 O 为原点，作坐标系 $Oxyz$，把各力用分解表达式表示，即

$$\vec{F}_i = X_i\vec{i} + Y_i\vec{j} + Z_i\vec{k} \qquad (i = 1, 2, \cdots, n)$$

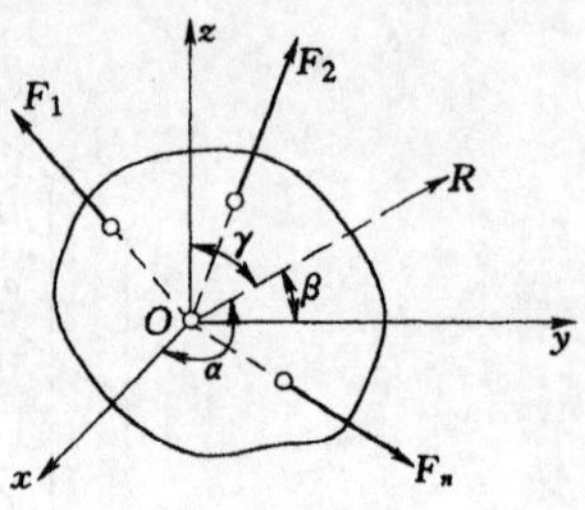

式中：X_i、Y_i、Z_i 为 $\vec{F}_i$ 在 X、Y、Z 轴上的投影。

代入上式后得

$$\vec{R} = \sum\vec{F} = \sum X\vec{i} + \sum Y\vec{j} + \sum Z\vec{k}$$

图 3.4

式中：$\vec{i}$、$\vec{j}$、$\vec{k}$ 的系数应分别为合力 $\vec{R}$ 在各坐标轴上的投影

$$\left.\begin{array}{l} R_x = \sum X \\ R_y = \sum Y \\ R_z = \sum Z \end{array}\right\} \tag{3.5}$$

即合力在某一轴上的投影，等于力系中所有各分力在同一轴上的投影的代数和，这就是空间的合力投影定理。

求得合力的投影 R_x、R_y、R_z 后，则合力 $\vec{R}$ 的大小及方向余弦为

$$\left.\begin{array}{l} R = \sqrt{R_x^2 + R_y^2 + R_z^2} = \sqrt{(\sum X)^2 + (\sum Y)^2 + (\sum Z)^2} \\ \cos\alpha = \dfrac{R_x}{R} = \dfrac{\sum X}{R} \\ \cos\beta = \dfrac{R_y}{R} = \dfrac{\sum Y}{R} \\ \cos\gamma = \dfrac{R_z}{R} = \dfrac{\sum Z}{R} \end{array}\right\} \tag{3.6}$$

式中：α、β、γ 分别为合力 $\vec{R}$ 与轴 x、y、z 正向间的夹角，而合力 $\vec{R}$ 的作用线过力系的汇交点 O。

由于空间汇交力系合成的结果是一合力，因此空间汇交力系平衡的必要与充分条件是：该力系的合力等于零，即

$$\vec{R} = \sum\vec{F} = 0$$

由此可知空间汇交力系几何法平衡的必要与充分条件是：该力系的力多边形自行封闭。

如以解析形式表示平衡条件，则为

$$\left.\begin{array}{l} \sum X = 0 \\ \sum Y = 0 \\ \sum Z = 0 \end{array}\right\} \tag{3.7}$$

即空间汇交力系解析法平衡的必要与充分条件是：该力系中所有各力在 3 个坐标轴的每一个坐标轴上投影的代数和等于零。式（3.7）称为空间汇交力系的平衡方程。

应用空间汇交力系的平衡方程可以求解三个未知量。在解决实际问题时，注意弄清各力在空间的几何关系，选取适当的投影以简化计算。

【例题 3.2】 如图 3.5 (a) 所示，用起重杆吊起重物。起重杆的 A 端用球铰支座固

定在地面上，而 B 端则用绳 CB 和 DB 拉住，两绳分别固定系在墙上的点 C 和 D，连线 CD 平行于 x 轴。已知：CE＝EB＝DE，α＝30°，CDB 平面与水平面间的夹角∠EBF＝30°［参见图 3.5（b）］，物重 P＝10kN。如起重杆的重量不计，试求起重杆所受的压力和绳子的拉力。

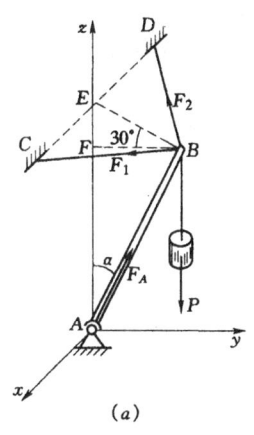 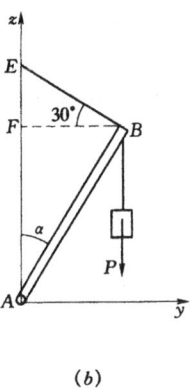

(a)　　　　　　　　　　(b)

图 3.5

解：取起重杆 AB 与重物为研究对象，杆 AB 上的 B 处受有主动力 $\vec{P}$ 和绳索拉力 $\vec{F}_1$ 与 $\vec{F}_2$；球铰支座 A 的约束反力 $\vec{F}_A$ 方向一般不能预先确定，但本题中，由于杆重不计，又只在 A、B 两端受力，所以起重杆 AB 为二力构件，球铰 A 对 AB 杆的反力 $\vec{F}_A$ 必沿 A、B 连线。$\vec{P}$、$\vec{F}_1$、$\vec{F}_2$ 和 $\vec{F}_A$ 四个力汇交于点 B，为一空间汇交力系。

取坐标轴如图所示。由已知条件知：∠CBE＝∠DBE＝45°，列平衡方程

$\Sigma X = 0,\quad F_1\sin45° - F_2\sin45° = 0$

$\Sigma Y = 0,\quad F_A\sin30° - F_1\cos45°\cos30° - F_2\cos45°\cos30° = 0$

$\Sigma Z = 0,\quad F_1\cos45°\sin30° + F_2\cos45°\sin30° + F_A\cos30° - P = 0$

求解上面的三个平衡方程，得

$$F_1 = F_2 = 3.54 \text{ kN}$$
$$F_A = 8.66 \text{ kN}$$

F_A 为正值，说明图中所设 $\vec{F}_A$ 的方向正确，杆 AB 受压力。

3　空间力偶理论

3.1　空间力偶的等效定理，力偶矩的矢量表示

由平面力偶理论知道，对于刚体只要不改变力偶矩的大小和力偶的转向，力偶可以在它的作用面内任意移动而不改变其作用。现在进一步研究力偶作用面的改变对于刚体作用的影响。实践经验使我们知道，力偶的作用面也可以平移。例如：力偶作用于汽车方向盘或丝攻扳手上时，只要力偶矩大小转向不变，则力偶的转动效应是与方向盘的转轴或丝锥

柄的长短无关的。可见,空间力偶的作用面可以平行移动,而不改变力偶对刚体的作用效果。而如果两个力偶的作用面不互相平行,即使它们的力偶矩相等,其对刚体的作用效果显然是不一样的。

如图 3.6 所示的三个力偶,分别作用在同一个物块上,虽然它们的力偶矩都等于 200N·m,但是因为前两个力偶的转向相同,作用面相互平行,因此这两个力偶对物块的运动效应相同 [图 3.6 (a)、(b)]。第三个力偶作用面与前两个力偶的作用面不平行,虽然力偶矩的大小相同,但是它与前两个力偶对物块的运动效应不同。前者使物块绕平行于 X 轴的轴转动,而后者则使物块绕平行于 y 轴的轴转动。

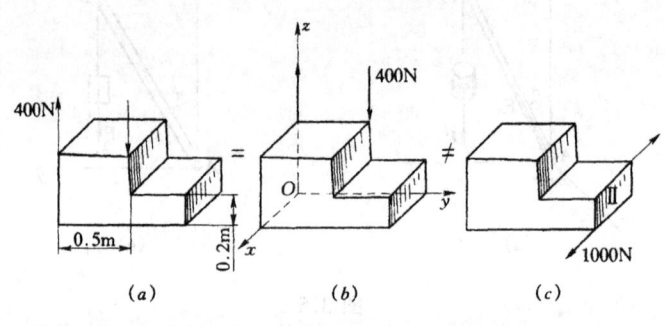

图 3.6

综上所述,空间力偶对刚体的作用效应决定于下列三个因素:①力偶矩的大小;②力偶作用面的方位;③力偶的转向。

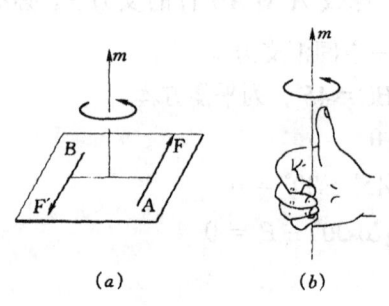

图 3.7

这三个因素称为力偶的三要素。我们可以用一个矢量来表示 [图 3.7 (a)]。矢量的长度表示力偶矩的大小,矢量的方位与力偶作用面的法线方位相同,矢量的指向与力偶转向的关系服从右手螺旋规则。即如以力偶的转向为右手螺旋的转动方向,则大拇指的指向即为矢量的指向 [图 3.7 (b)];或从矢量的末端看去,应看到力偶的转向是逆时针转向 [图 3.7 (a)]。这样,这个矢量就完全包括了上述力偶的三个要素,称为力偶矩矢量,用 $\vec{m}$ 表示。可见,力偶对刚体的作用完全由力偶矩矢量决定。可以证明,力偶矩矢量的合成符合平行四边形法则。

由于力偶可以在同一平面内和平行平面内任意转移,而不改变它对刚体的作用效果,所以表示力偶矩的矢量 $\vec{m}$ 可以平行移动,而不需要确定其初端位置。这种矢量称为自由矢量。

综上所述,空间力偶的等效定理是:凡力偶矩矢量相等的力偶均为等效力偶。

3.2 空间力偶系的合成与平衡

空间力偶系的合成结果为一力偶,其矢 $\vec{M}$ 等于力偶系中所有力偶矩矢量的矢量和,即

$$\vec{M} = \vec{m}_1 + \vec{m}_2 + \cdots + \vec{m}_n = \sum \vec{m} \tag{3.8}$$

由此可知，空间力偶系的平衡条件为：此力偶系的合力偶等于零，即：$\sum \vec{m} = 0$，写成投影式

$$\left.\begin{array}{l}\sum m_x = 0 \\ \sum m_y = 0 \\ \sum m_z = 0\end{array}\right\} \quad (3.9)$$

式中：m_x、m_y、m_z 为力偶系中各力偶矩矢量分别在 x、y、z 轴的投影。

式（3.9）称为空间力偶系的平衡方程。

4 力对点的矩与力对轴的矩

4.1 力对点的矩

在平面力系中，力对点的矩用代数量表示。这是因为各力与矩心所在的平面（力矩作用面）是同一平面。但是空间力系中，各力与矩心不在同一平面内。一般情况下，力对点的矩取决于下列三个要素：①力矩大小；②力矩作用面的方位；③力矩在作用面内的转向。

与力偶矩一样，我们也用一个矢量来表示力矩，称为力矩矢量，如图 3.8 所示的 $\vec{m}_O(\vec{F})$。该矢量通过矩心 O，垂直于力矩作用面；指向按右手螺旋规则决定，即右手四指表示力矩转向，大拇指表示力矩矢量的指向。矢量的大小表示力矩大小，即

$$m_O(\vec{F}) = Fd = 2A_{\triangle OAB}$$

式中：$A_{\triangle OAB}$ 为 $\triangle OAB$ 的面积。

当矩心 O 位置改变时，$\vec{m}_O(\vec{F})$ 的大小及方向也随之改变，所以力矩矢为一定位矢量。

若以 $\vec{r}$ 表示矩心 O 至力 $\vec{F}$ 的作用点 A 的矢径，则力矩矢可用下式表示

$$\vec{m}_O(\vec{F}) = \vec{r} \times \vec{F} \quad (3.10)$$

4.2 力对轴的矩

设力 $\vec{F}$ 作用于可绕 z 轴转动的刚体上的 A 点，如图 3.9 所示。

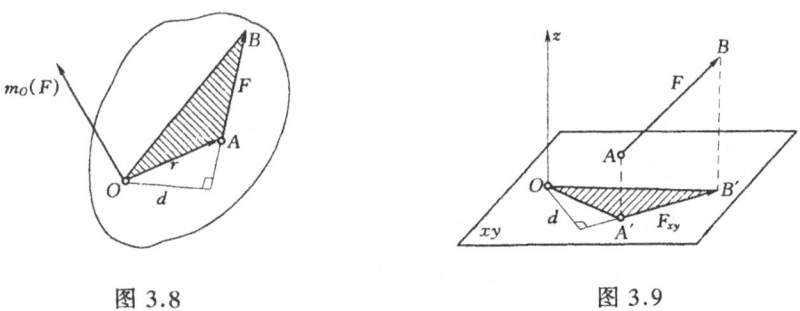

图 3.8　　　　　　图 3.9

今取一平面 xy 垂直于 z 轴，并与 z 轴交于 O 点。以 $\vec{F}_{xy}$ 表示 $\vec{F}$ 在该平面上的投影，

而以 d 表示从 O 点至力 $\vec{F}_{xy}$ 作用线的垂直距离，则力 $\vec{F}$ 对于 z 轴的矩定义为

$$m_z(\vec{F}) = \pm F_{xy}d \tag{3.11}$$

它是力 $\vec{F}$ 使刚体绕该轴转动效应的度量。式中的正负号规定如下：

设从 z 轴的正向观看，若力 $\vec{F}$ 绕 z 轴的转向为逆时针方向时取正号，反之取负号。其单位为 N·m。

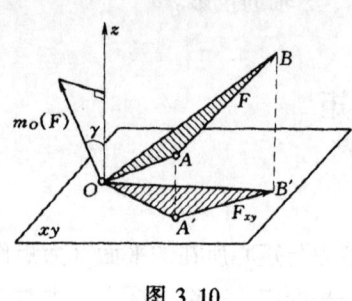

图 3.10

由图 3.9 可知，乘积 $F_{xy}d$ 也是力 $\vec{F}_{xy}$ 对于 O 点的矩，这与平面力系中力对于点的矩相同。因此力对于轴的矩可作为代数量来处理，其大小也可用 $\triangle OA'B'$ 面积的 2 倍来表示。这就表明，力对于任一轴的矩，等于力在垂直于该轴平面上的投影对于轴与平面的交点的矩。

由力对于轴的矩的定义可知：①当力的作用线与轴平行或相交时，力对于该轴的矩等于零；②当力沿其作用线滑动时，它对于轴的矩不变。

与力对于点的矩一样，力对于轴的矩也有合力矩定理，即合力对于任一轴的矩等于各分力对于同一轴的矩的代数和。

4.3 力对于点的矩与力对于通过该点的轴的矩间的关系

设力 $\vec{F}$ 作用于刚体上的 A 点，任取一点 O，由图 3.10 可见，力 $\vec{F}$ 对于 O 点的矩矢的大小为

$$|\vec{m}_O(\vec{F})| = 2A_{\triangle OAB}$$

式中：$A_{\triangle OAB}$ 为 $\triangle OAB$ 的面积。

而力 $\vec{F}$ 对于通过 O 点的任意轴 z 轴的矩的大小为

$$|\vec{m}_z(\vec{F})| = 2A_{\triangle OA'B'}$$

式中：$A_{\triangle OA'B'}$ 为 $\triangle OA'B'$ 的面积。

显然 $\triangle OA'B'$ 为 $\triangle OAB$ 在平面 xy 上的投影，根据几何关系可知

$$A_{\triangle OAB} |\cos\gamma| = A_{\triangle OA'B'}$$

式中 γ 为两个三角形平面间的夹角，即矢量 $\vec{m}_O(\vec{F})$ 与 z 轴的夹角。将上式的两边均乘以 2，得

$$|\vec{m}_O(\vec{F})|\cos\gamma = m_z(\vec{F}) = [\vec{m}_O(\vec{F})]_z \tag{3.12}$$

即力对于任一点的矩矢在通过该点的任一轴上的投影等于力对于该轴的矩，式 (3.12) 称为力矩关系定理。

【例题 3.3】 力 $\vec{F}$ 沿长方体的对顶线 BA 作用，长方体的边长为 a、b、c，如图 3.11 (a) 所示。试求力 $\vec{F}$ 对 x、y、z 各轴的矩。

解： 为求力 $\vec{F}$ 对各轴的矩，首先需求出力 $\vec{F}$ 在各轴上的投影 X、Y、Z，如图 3.11 (b) 所示。例如，

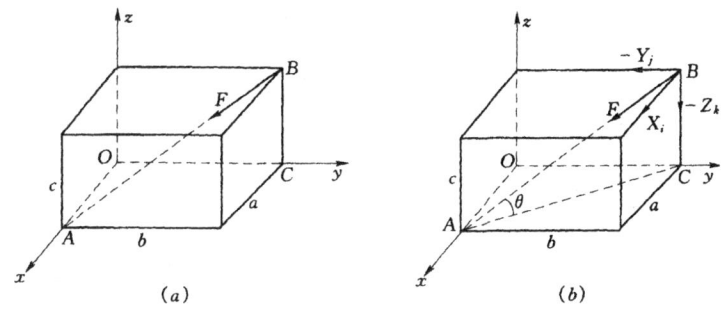

图 3.11

$$Z = -F\sin\theta = -F\frac{BC}{AB} = \frac{-cF}{\sqrt{a^2+b^2+c^2}}$$

同样可求得 X 和 Y 为

$$X = \frac{aF}{\sqrt{a^2+b^2+c^2}}$$

$$Y = \frac{-bF}{\sqrt{a^2+b^2+c^2}}$$

再求出力 $\vec{F}$ 对各轴之矩为

$$m_x = bZ - cY = \frac{-bcF}{\sqrt{a^2+b^2+c^2}} - \frac{c(-b)F}{\sqrt{a^2+b^2+c^2}} = 0$$

$$m_y = cX + 0 \times Z = \frac{acF}{\sqrt{a^2+b^2+c^2}}$$

$$m_z = 0 \times Y - bX = \frac{-abF}{\sqrt{a^2+b^2+c^2}}$$

5 空间任意力系的合成与平衡

5.1 空间任意力系向已知点合成

与平面任意力系一样,我们也可应用力系向已知点合成的方法来研究空间任意力系的合成,合成的理论依据仍然是力线平移定理。只是在空间力系中,应当把力对于点之矩与力偶矩一律用矢量表示。即作用于刚体上的任一力,可平移至刚体的任意指定点,欲不改变该力对于刚体的作用,则必须在该力与指定点所决定的平面内附加一力偶,其力偶矩矢等于该力对于指定点的矩矢 $\vec{m}_O(\vec{F})$,如图 3.12 所示。

$$m = m_O(\vec{F}) = Fd$$

设有空间任意力系 $\vec{F}_1$、$\vec{F}_2$、…、$\vec{F}_n$ 分别作用于刚体上的 A_1、A_2、…、A_n 各点(图 3.13a)。为了合成这个力系,在刚体内任选一点 O 作为简化中心,应用力线平移定理,将各力平移至 O 点,并各附加一力偶,这样原力系变换为作用于 O 点的空间汇交力

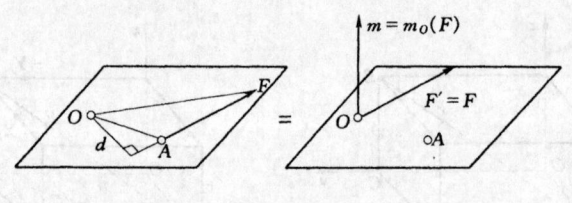

图 3.12

系 $\vec{F}'_1$、$\vec{F}'_2$、…、$\vec{F}'_n$ 及力偶矩矢为 $\vec{m}_1$、$\vec{m}_2$、…、$\vec{m}_n$ 的空间附加力偶系，如图 3.13（b）所示，其中

$$\vec{F}'_1 = \vec{F}_1, \vec{F}'_2 = \vec{F}_2, \cdots, \vec{F}'_n = \vec{F}_n$$

$$\vec{m}_1 = \vec{m}_O(\vec{F}_1), \vec{m}_2 = \vec{m}_O(\vec{F}_2), \cdots, \vec{m}_n = \vec{m}_O(\vec{F}_n)$$

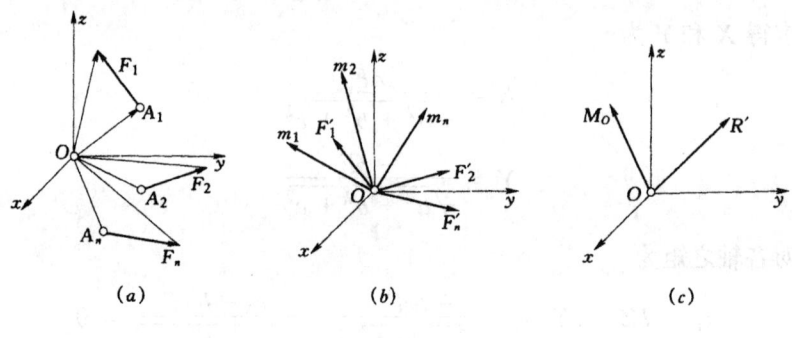

图 3.13

作用于 O 点的空间汇交力系可合成为作用于 O 点的一个力 $\vec{R}'$，且

$$\vec{R}' = \sum \vec{F}' = \sum \vec{F} \tag{3.13}$$

上式表明力矢 $\vec{R}'$ 等于原力系中各力的矢量和。称力矢 $\vec{R}'$ 为力系的主矢量，简称主矢。

空间附加力偶系可合成为一力偶 $\vec{M}_O$，且

$$\vec{M}_O = \sum \vec{m} = \sum \vec{m}_O(\vec{F}) \tag{3.14}$$

上式表明力偶矩矢 $\vec{M}_O$ 为原力系中各力对于简化中心 O 点之矩的矢量和。称力偶矩矢 $\vec{M}_O$ 为原力系对于 O 点的主矩，简称主矩。

由此可知，空间任意力系向任一点合成的结果，一般可得到一力和一力偶，该力作用于简化中心，其力矢等于力系的主矢，该力偶的力偶矩矢等于力系对于简化中心的主矩［图 3.13（c）］。

与平面力系一样，空间力系的主矢与简化中心的位置无关，而主矩一般将随着简化中心的位置不同而改变。

5.2 空间力系合成结果的分析

现在根据空间力系的主矢 $\vec{R}'$ 与对于简化中心的主矩 $\vec{M}_O$ 来进一步讨论力系合成的最终结果。

(1) 若 $\vec{R}' = 0$，$\vec{M}_O \neq 0$，则力系的最终合成结果为一力偶，其力偶矩等于主矩 $\vec{M}_O$。在这种情况下，力系的主矩与简化中心的位置无关。

(2) 若 $\vec{R}' \neq 0$，$\vec{M}_O = 0$，则力系可合成为一力，其作用线通过简化中心，其力矢等于力系的主矢 $\vec{R}'$。

(3) 若 $\vec{R}' \neq 0$，$\vec{M}_O \neq 0$，则又可分为三种情况：

1) $\vec{R}' \perp \vec{M}_O$，则力系可进一步合成为一合力 $\vec{R}$，如图 3.14 所示。

其力矢 $\vec{R}$ 等于力系的主矢 $\vec{R}'$，位于包含 $\vec{R}'$ 并垂直于 $\vec{M}_O$ 的平面内，合力作用线与简化中心的距离 $d = M_O/R'$。

对于空间平行力系，当主矢和主矩都不等于零时，它们总是相互垂直的，所以必能合成为一力。

2) $\vec{R}' // \vec{M}_O$，这时力系已无法进一步简化（图 3.15），这样的一个力及与之垂直的平面内的一个力偶的组合称为力螺旋。

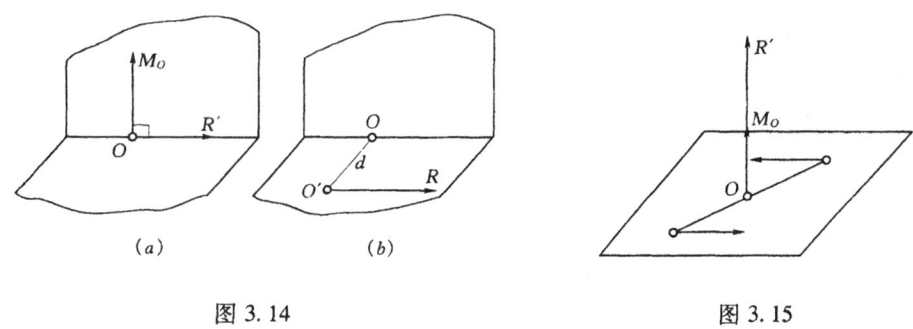

图 3.14　　　　　　　　　　图 3.15

3) $\vec{R}'$ 与 $\vec{M}_O$ 成任意角 α，这是力系合成的最一般的情况。

这时可将力偶矩矢 $\vec{M}_O$ 沿着与力 $\vec{R}'$ 平行及垂直的两个方向分解为 $\vec{M}_{O1}$ 及 $\vec{M}_{O2}$（图 3.16a），显然力 $\vec{R}'$ 和矩为 M_{O2} 的力偶可合成为作用线过 O' 点的一力 $\vec{R}_{O'}$，其力矢等于力系的主矢 $\vec{R}'$，其作用线与简化中心的距离 $d = M_{O2}/R'$，再将 $\vec{M}_{O1}$ 平移至 O' 点，则得如图 3.16(b) 所示的结果，即力系同样合成为力螺旋。

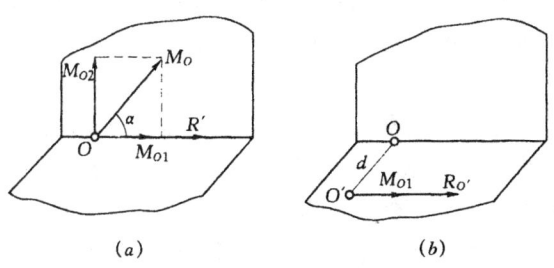

图 3.16

(4) $\vec{R}' = 0$，$\vec{M}_O = 0$，则力系平衡，这种情况我们后面再作讨论。

5.3 合力矩定理

在空间力系合成为合力的推导过程中，与平面任意力系一样，我们也能证明力学中的一个重要定理，即空间力系的合力矩定理。

当 $\vec{R}'\neq 0, \vec{M}_O\neq 0$，且 $\vec{R}'\perp\vec{M}_O$ 时（图 3.14），已知空间任意力系可合成为作用线过 O' 点的一个合力 $\vec{R}$，显然，$\vec{M}_O=\vec{m}_O(\vec{R})$

而主矩 $\vec{M}_O=\sum \vec{m}_O(\vec{F})$

于是得

$$\vec{m}_O(\vec{R}) = \sum \vec{m}_O(\vec{F}) \tag{3.15}$$

将上式向通过 O 点的任一轴 z 上投影，并运用力矩关系定理，于是得

$$m_z(\vec{R}) = \sum m_z(\vec{F}) \tag{3.16}$$

式（3.15）及式（3.16）表明：若空间任意力系可以合成为一个合力时，则其合力对于任一点（或轴）之矩等于力系中各力对于同一点（或轴）之矩的矢量和（或代数和），这就是空间力系的合力矩定理。

5.4 空间任意力系的平衡

从前面空间任意力系合成的结果可知，空间任意力系平衡的充分和必要的条件是：力系的主矢和力系对任一点的主矩都等于零。即

$$\left.\begin{array}{l}\vec{R}'=\sum\vec{F}=0\\ \vec{M}_O=\sum\vec{m}_O(\vec{F})=0\end{array}\right\} \tag{3.17}$$

写成投影式，得

$$\left.\begin{array}{l}\sum X=0\\ \sum Y=0\\ \sum Z=0\\ \sum m_x(\vec{F})=0\\ \sum m_y(\vec{F})=0\\ \sum m_z(\vec{F})=0\end{array}\right\} \tag{3.18}$$

由此可知，空间任意力系平衡的充分与必要条件是：力系中所有各力在任意相互垂直的三个坐标轴的每一个轴上之投影的代数和分别等于零，以及力系对于这三个坐标轴之矩的代数和分别等于零。式（3.18）称为空间任意力系的平衡方程。

在分析空间平衡问题时，首先要选取研究对象，确定计算简图，然后作受力图。作受力图时要注意空间常见约束的类型，简化符号及其约束反力或反力偶的表示方法（见表 1.1）。其次，在列写平衡方程时，要注意投影轴和力矩轴的选取，弄清力与坐标轴间的空间关系，恰当选取坐标轴可使计算简化。应用空间任意力系的六个平衡方程可以求解六个未知量。

顺便指出：①当空间任意力系平衡时，它在任何平面上的投影力系（平面任意力系）也平衡；②空间任意力系的平衡方程除三投影式和三力矩式的基本形式式（3.18）外，还

有四力矩形式，五力矩形式和六力矩形式，与平面任意力系一样，对投影轴和力矩轴都有一定的限制条件。

【例题 3.4】 如图 3.17（a）所示，为了求飞机重心的位置，将飞机的三个轮子放在地秤上［图 3.17（b）］，记录秤的读数为 $N_A = 22.0 \text{kN}$, $N_B = 22.4 \text{kN}$, $N_C = 3.43 \text{kN}$。并知 $a = 2.4 \text{m}$, $b = 3 \text{m}$，试计算飞机重心 C' 的坐标 $x_{C'}$ 和 $y_{C'}$。

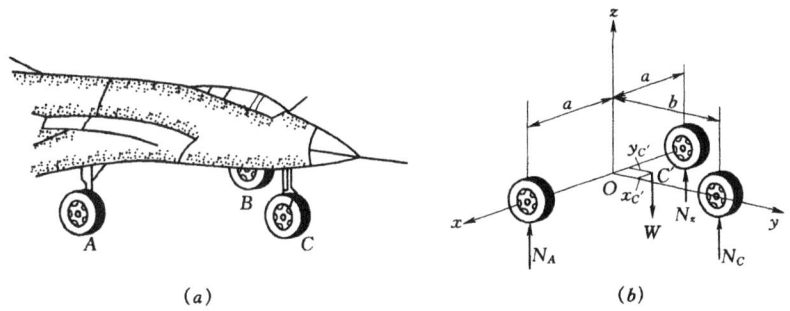

图 3.17

解： 以飞机为研究对象，其受力简图如图 3.17（b）所示。由于各力的作用线互相平行，这是空间任意力系的特殊情况，称为空间平行力系。建立 $Oxyz$ 坐标系，列出平衡方程式

$\sum Z = 0$, $\qquad N_A + N_B + N_C - W = 0 \qquad (a)$

$\sum m_y = 0$, $\qquad N_B a - W x_{C'} - N_A a = 0 \qquad (b)$

$\sum m_x = 0$, $\qquad N_C b - W y_{C'} = 0 \qquad (c)$

由（a）式解出 $W = 47.83 \text{kN}$，代入（b）式和（c）式，求得飞机重心 C' 的坐标

$$x_{C'} = \frac{(N_B - N_A)a}{W} = 2.01 \times 10^{-2} \text{ m}$$

$$y_{C'} = \frac{bN_c}{W} = 0.215 \text{ m}$$

【例题 3.5】 图 3.18（a）所示之传动轴中，作用于齿轮上的啮合力 $\vec{P}$ 推动 AB 轴作匀速转动。已知皮带轮上皮带紧边的拉力 $T_1 = 200 \text{N}$，松边的拉力 $T_2 = 100 \text{N}$，皮带轮直径 $D = 160 \text{mm}$；力 $\vec{P}$ 的作用点 Q 到 AB 轴线的距离为 120mm，且 $\vec{P}$ 与 CQ 的夹角为 70°。其他尺寸均示于图中。试确定力 $\vec{P}$ 的大小和轴承 A、B 处的约束力。

解： 传动轴 AB 匀速转动时，可以认为处于平衡状态。以 AB 轴及其上的齿轮和皮带轮所组成的系统为研究对象，其受力图如图 3.18（b）所示。建立 $Axyz$ 坐标系。为计算简单起见，先将力 $\vec{P}$ 沿 y 和 z 轴分解，得 $P_y = P\cos 20°$, $P_z = P\sin 20°$, P_z 为作用在齿轮上的径向力，P_y 为切向力，A、B 处约束力的分力分别为 Y_A、Z_A 和 Y_B、Z_B。于是，可以列写出以下平衡方程

$\sum m_x = 0$, $\qquad -P_y \cdot 120 + (T_1 - T_2)\dfrac{D}{2} = 0$

$\sum m_y = 0$, $\qquad -P_z \cdot 150 + Z_B \cdot 350 + (T_1 + T_2) \cdot 500 = 0$

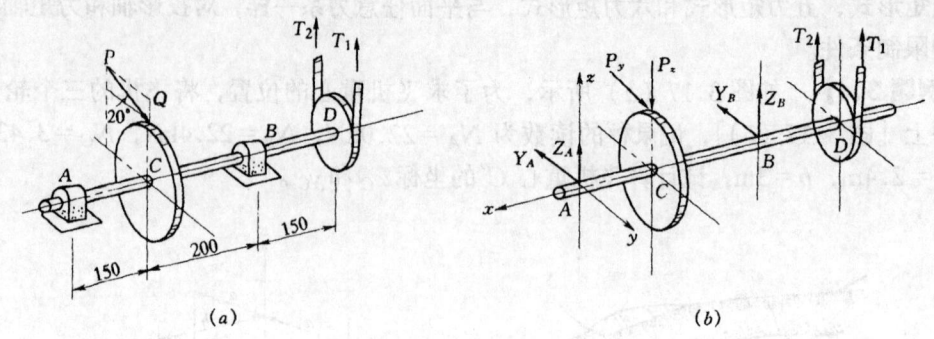

(a)   (b)

图 3.18

$\sum m_z = 0,$ $-P_y \cdot 150 + Y_B \cdot 350 = 0$

$\sum Z = 0,$ $Z_A + Z_B + T_1 + T_2 - P_Z = 0$

$\sum Y = 0,$ $P_y - Y_B - Y_A = 0$

将已知数据代入后解得

$$P = 71 \text{ N}, \quad Y_A = 38.1 \text{ N}$$
$$Z_A = 142 \text{ N}, Y_B = 28.6 \text{ N}$$
$$Z_B = -418 \text{ N} \quad (\text{负号说明实际方向与图设方向相反})$$

【例题 3.6】 图 3.19（a）所示的均质矩形板 ABCD，两边的长度分别为 a 和 b，重 $P = 800$N，重心为 G 点。矩形板用球形铰 A 和圆柱形铰 B 与墙相连接，C、E 之间为绳索约束，使板在水平位置保持静止。已知 $\angle ECA = \angle BAC = \alpha = 30°$。求绳索所受的拉力及铰 A 与 B 的约束力。

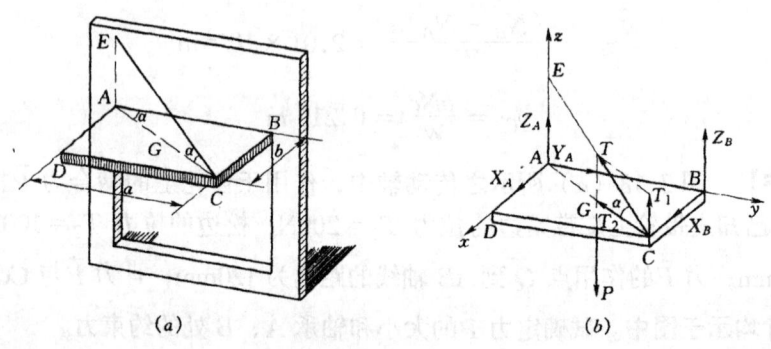

(a)   (b)

图 3.19

解：以矩形板 ABCD 为研究对象。根据球铰的约束性质，A 处约束力可用三个分力 $\vec{X}_A$、$\vec{Y}_A$、$\vec{Z}_A$ 表示。圆柱铰 B 处约束力分解为两个分力 $\vec{X}_B$、$\vec{Z}_B$。于是，矩形板 ABCD 的受力图如图 3.19（b）所示。

建立平衡方程时，为便于计算将绳子的张力 $\vec{T}$ 分解为 $\vec{T}_1$ 和 $\vec{T}_2$。其中 $\vec{T}_1$ 与 Oz 轴平行，$\vec{T}_2$ 位于 Axy 平面内。$T_1 = T\sin 30°$，$T_2 = T\cos 30°$。根据合力矩定理，力 $\vec{T}$ 对某轴之矩等于其分力 $\vec{T}_1$ 和 $\vec{T}_2$ 对同轴之矩的代数和。可以列写出以下平衡方程：

$\sum m_y = 0,$ $\qquad P \cdot \dfrac{b}{2} - T_1 \cdot b = 0$

$\sum m_x = 0,$ $\qquad Z_B \cdot a - P \cdot \dfrac{a}{2} + T_1 \cdot a = 0$

$\sum m_z = 0,$ $\qquad -X_B \cdot a = 0$

$\sum X = 0,$ $\qquad X_A + X_B - T_2 \sin 30° = 0$

$\sum Y = 0,$ $\qquad Y_A - T_2 \cos 30° = 0$

$\sum Z = 0,$ $\qquad Z_A + Z_B - P + T_1 = 0$

据此解得

$$T = 800 \text{ N}$$
$$X_A = 346 \text{ N}, Y_A = 600 \text{ N}, Z_A = 400 \text{ N}$$
$$X_B = Z_B = 0$$

建议读者思考以下问题：①为什么铰链 B 处不受力；②既然铰链 B 处不受力，能否将铰链 B 除去。

6 杆件在空间力系作用下的内力

杆件在空间力系作用下，任一横截面上同样存在内力，仍然可用第2章第6节介绍的截面法计算出杆件横截面上的内力。例如图 3.20（a）所示的折杆，作用在折杆上的外力 P_1、P_2、P_3 形成空间力系。若要求 K-K 截面的内力，按下列步骤进行：

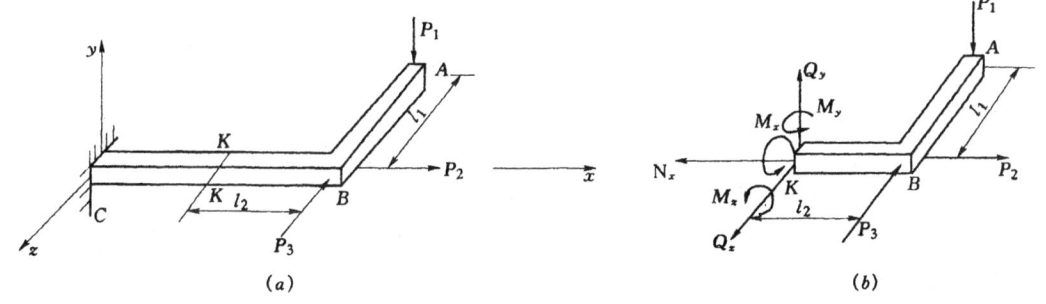

图 3.20

(1) 取 ABK 杆段为脱离体如图 3.20（b）所示。
(2) 在 K 截面处加上未知的内力分量 N_x、Q_y、Q_z、M_x、M_y、M_z。
(3) 列出作用在 ABK 杆段上的已知外力与未知内力分量形成的空间力系平衡条件。

$\sum X = 0,$ $\qquad P_2 - N_x = 0$ $\qquad (a)$

$\sum Y = 0,$ $\qquad -P_1 + Q_y = 0$ $\qquad (b)$

$\sum Z = 0,$ $\qquad -P_3 + Q_z = 0$ $\qquad (c)$

$$\sum m_x = 0, \qquad -P_1 l_1 + M_x = 0 \tag{d}$$

$$\sum m_y = 0, \qquad +P_3 l_2 + M_y = 0 \tag{e}$$

$$\sum m_z = 0, \qquad -P_1 l_2 + M_z = 0 \tag{f}$$

(4) 联立式 (a)、(b)、(c)、(d)、(e)、(f) 求得 K 截面各内力分量。

$$N_x = P_2; \quad Q_y = P_1; \quad Q_z = P_3; \quad M_x = P_1 l_1;$$
$$M_y = -P_3 l_2 (负号表示实际转向与图设转向相反); M_z = P_1 l_2$$

当杆件受到和其轴线垂直的力偶作用而处于平衡时，这些力偶也构成一组空间力系。同样运用截面法，可以求出杆件横截面上的内力。显然，此时横截面上的内力也是力偶。

【例题 3.7】 如图 3.21 (a) 所示杆件，求 Ⅰ-Ⅰ，Ⅱ-Ⅱ 截面上的内力。

解：先求 Ⅰ-Ⅰ 截面上的内力：

(1) 假想地在 Ⅰ-Ⅰ 截面处将杆截成两部分，任选一部分作研究。此处我们选左部分研究。

(2) 假设横截面上的力偶为 T_1，并且方向如图 3.21 (b) 所示。

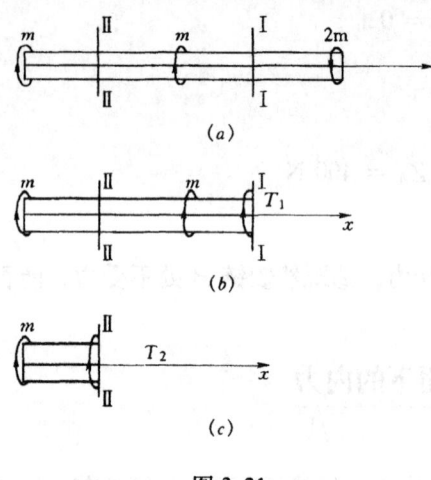

图 3.21

(3) 根据杆件处于平衡状态，建立平衡方程 $\sum m_x = 0$，$-m - m - T_1 = 0$，解得 $T_1 = -2m$，T_1 为负值表示其方向与图中方向相反。

同样地，我们可以求出 Ⅱ-Ⅱ 截面上的内力，如图 3.21 (c) 所示。

Ⅱ-Ⅱ 截面上的内力 $T_2 = -m$，负号表示和图中方向相反。

习 题

3.1 设有一力 F，试问在何种情况下有 $F_x = 0$，$m_x(\vec{F}) = 0$？在什么情况下 $F_x = 0$，$m_x(\vec{F}) \neq 0$？又在何种情况下有 $F_x \neq 0$，$m_x(\vec{F}) = 0$？

3.2 已知力 F 与 x 轴的夹角 α，与 y 轴的夹角 β，以及力 F 的大小，能否计算出力 F 在 z 轴上的投影 F_z。

3.3 直角平行六面体，边长 $AB = 4m$，$AD = 3m$，$AE = 2m$。力 $F = 5kN$，作用于 AC 方向。设直角坐标系之原点 O 位于平行六面体的中心，轴 Ox、Oy、Oz 分别平行于 AD、AB 及 AE，试求力 $\vec{F}$ 对坐标轴之矩各为若干？

3.4 有一力 F 作用在坐标为 (b, c, a) 的 A 点上，位于与 xOz 平面平行的平面内，并与 z 轴负方向夹角为 $45°$。求它对各坐标轴之矩。

3.5 试求图示之力对点 A 之矩和对轴 AB 之矩。图中尺寸为 mm。

3.6 水平轴上装有两个凸轮，凸轮上分别作用已知力 $F_1 = 800N$ 和未知力 F_2。若轴处于平衡状态，求 F_2 的大小和轴承的反力。

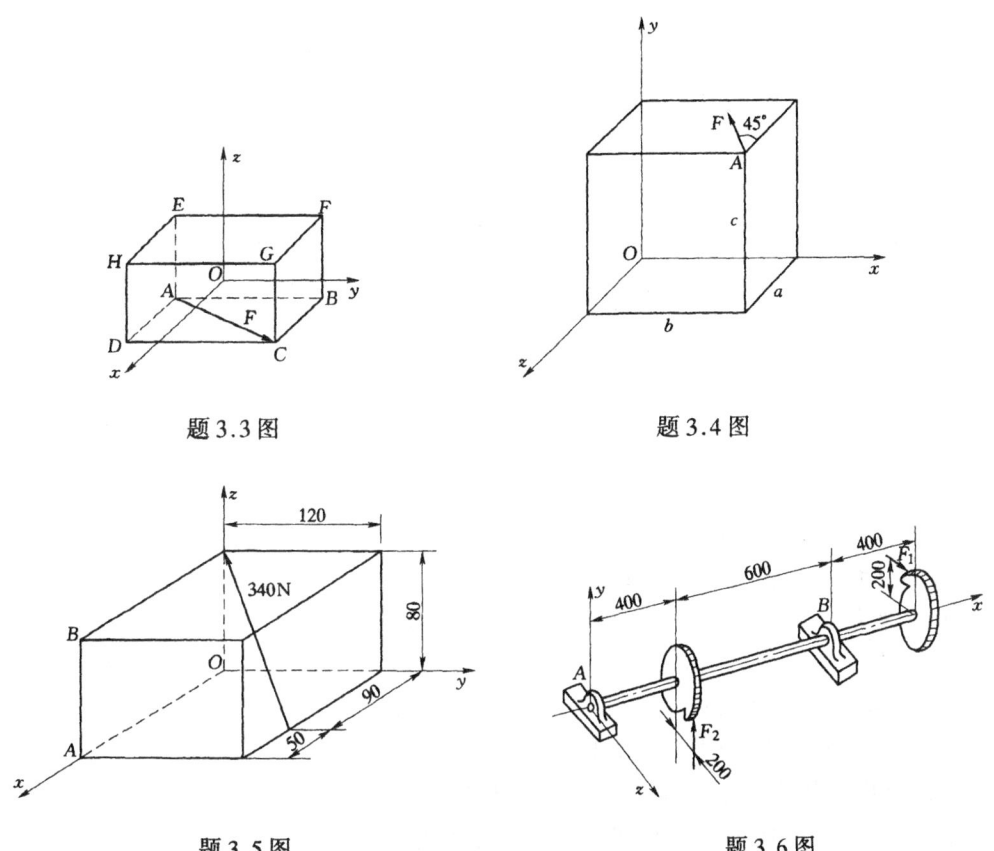

题 3.3 图

题 3.4 图

题 3.5 图

题 3.6 图

3.7 重量 $G=10\text{kN}$ 的重物，借皮带轮传动而匀速上升。皮带轮半径 $R=200\text{mm}$，鼓轮半径 $r=100\text{mm}$，皮带紧边张力 T_1 与松边张力 T_2 大小之比为 $T_1/T_2=2$。两张力的方向如图所示。试求皮带张力及 A、B 轴承的约束反力。

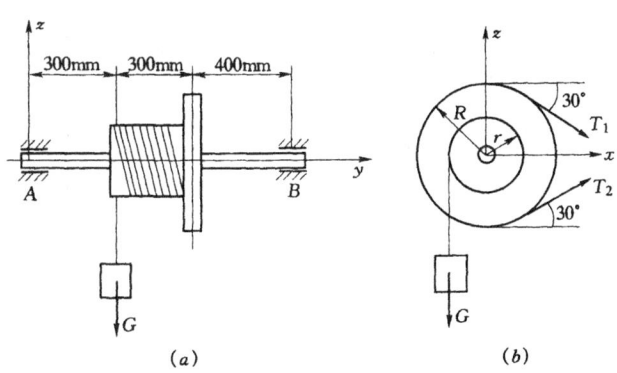

题 3.7 图

3.8 矩形搁板 $ABCD$ 可绕轴线 AB 转动，用 DE 杆支撑于水平位置，撑杆 DE 两端均为铰链连接。搁板连同其上重物共重 $G=800\text{N}$，重力作用线通过矩形板的几何中心。已知 $AB=1.5\text{m}$，$AD=0.6\text{m}$，$AK=BM=0.25\text{m}$，$DE=0.75\text{m}$，不计杆重。求撑杆 DE

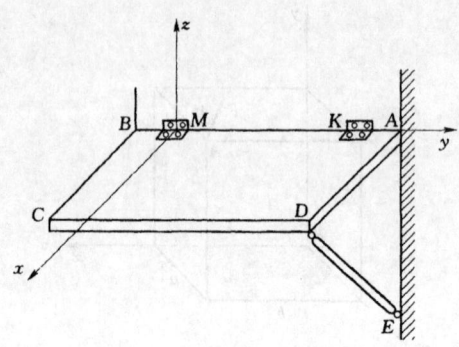

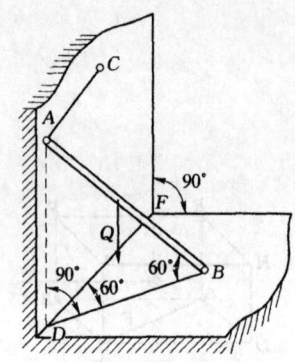

题 3.8 图　　　　　　　　　题 3.9 图

所受的力 S 及铰链 K 和 M 的均束反力。

3.9 杆 AB 重 Q，长 l，两端分别支于光滑的墙面及水平地板上，并以两水平绳 AC 及 BD 维持其平衡。试求墙及地板的反力 N_A 及 N_B 以及两绳索所受的拉力。

3.10 重为 P 的球用绳子挂在墙角上，绳子与铅直线成 γ 角。求绳子的拉力 T 和墙对于球的约束反力 N_1 与 N_2（设墙与球面都是光滑的）。

3.11 在水平轨道上置有三轮起重行车。行车三轮 A、B、C 形成边长为 a 的等边三角形。行车重量为 Q，其作用线通过 △ABC 的形心。行车摆杆上吊起重量为 G 的重物。设尺寸 a 及 l 为已知。欲使行车不致绕 AC 轴翻倒，问在图示位置时所起重量 G 最大为若干？当 a 为何值时最易翻倒？

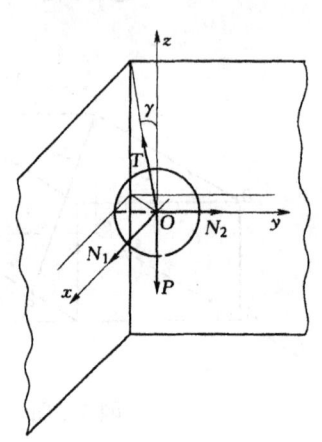

题 3.10 图

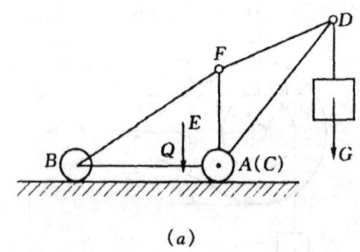

题 3.11 图

第4章 杆件的内力与内力图

1 杆件内力的分析方法

在前面第2章、第3章已经介绍用截面法求杆件指定截面上的内力。但由于杆件的受力情况不同,其变形形式也不同,因此其内力也不一样。总的说来,可归结为三种最基本的情况:轴向拉伸(压缩),扭转和弯曲。其他更复杂的情况可看成是某几种基本情况的组合。本章将集中对杆件在基本受力与变形情况下的内力计算和内力图求法进行讨论。

1.1 轴向拉伸(压缩)

如图 4.1 所示,在一对作用线与杆轴线重合的外力 P 作用下,杆件承受轴向拉伸[图 4.1 (a)]或轴向压缩[图 4.1 (b)]。

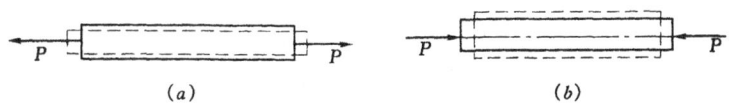

图 4.1

当我们用截面法求杆件任一横截面 $m-m$ 上的内力时,应用第2章第6节所介绍的步骤,取脱离体,如图 4.2 所示,对脱离体建立平衡方程并求解,可求得 $m-m$ 截面上的内力,该内力为作用线与杆轴线重合的力,我们称这种内力为"轴力",用符号 N 表示。

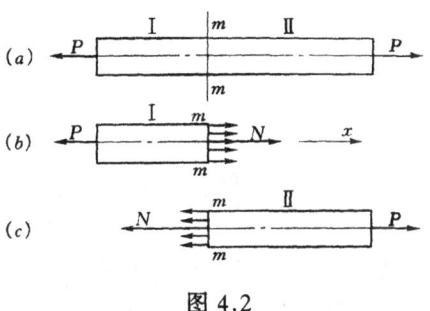

图 4.2

轴力 N 为一标量,它的正负号根据杆件变形规定如下:当轴力方向与截面外法线方向一致时轴力为正,反之为负。显然,当杆件承受轴向拉伸时轴力为正,杆件承受轴向压缩时轴力为负。

1.2 扭转

如图 4.3 所示,当杆件受到一对转向相反、作用在垂直于杆轴线的两个平面内的力偶作用时,杆件将发生扭转变形。

用截面法求任一横截面 $m-m$ 上的内力时,应用第3章第6节所介绍的步骤取脱离体如图 4.4 所示,对脱离体建立平衡方程,并求解,可求得 $m-m$ 截面上的内力,该内力显然也是一个力偶,我们称此力偶为"扭矩",用符号 T 表示。扭矩是一个标量。它的正负号根据变形规定如下:若按右手螺旋法则把扭矩 T 表示为矢量,当矢量方向与截面外法线方向一致时,扭矩为正;反之,为负。

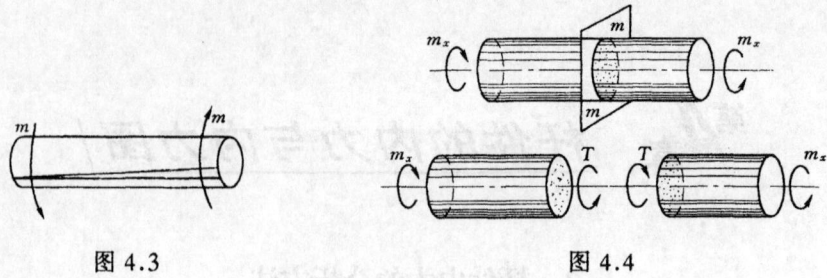

图4.3　　　　　　　　　图4.4

1.3　弯曲

如图4.5所示当杆件在垂直于其轴线的外力[图4.5(a)]或位于其轴线所在平面内的外力偶[图4.5(b)]作用下,杆件将发生弯曲变形。

用截面法求弯曲杆件任一横截面$m-m$上的内力时,应用第2章第6节所介绍的步骤取脱离体如图4.6所示,对脱离体建立平衡方程,并求解可求得$m-m$截面上的内力。根据平衡条件,截面上的内力既有力,又有力偶。该力与截面相切称为"剪力",用符号Q表示。剪力是一个标量。

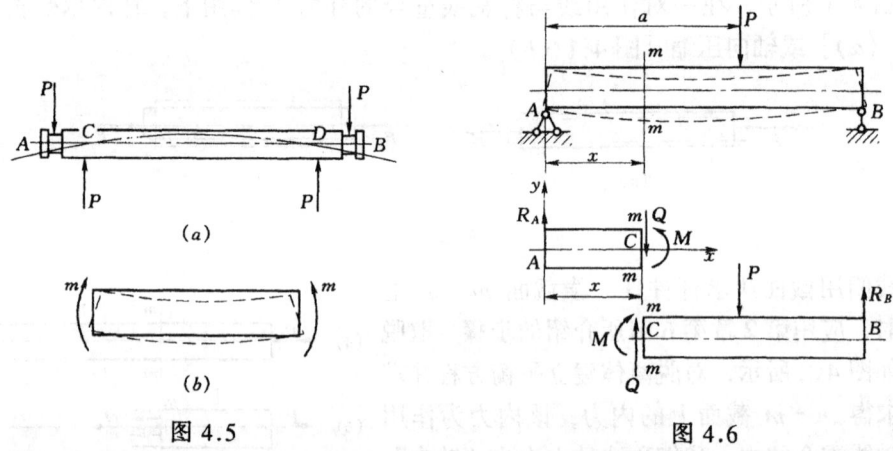

图4.5　　　　　　　　　图4.6

该力偶称为"弯矩",用符号M表示。弯矩也是一个标量。剪力和弯矩的正负号根据变形规定如下:考察作用于一微段两相邻截面上的剪力和弯矩所引起的变形,若剪切变形如图4.7(a)所示,即梁段发生左侧截面向上,右侧截面向下的相对错动时,剪力Q为正,反之为负[图4.7(b)];对于剪力Q的正负号也可以理解为:当Q对脱离体内任一点顺时针转动时为正[图4.7(a)],逆时针转动时为负[图4.7(b)]。若弯曲变形与图4.8(a)所示相同,即梁段发生上凹下凸变形时,弯矩M为正,反之为负[图4.8(b)]。

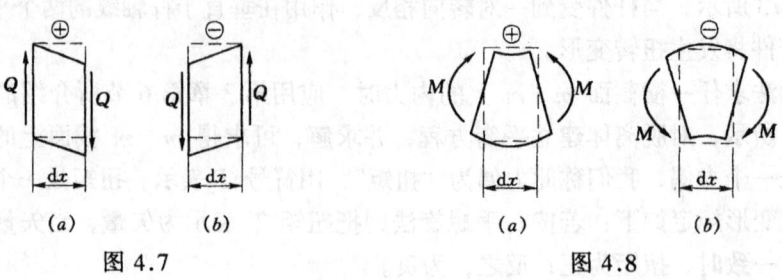

图4.7　　　　　　　　　图4.8

2 轴力与轴力图

前面已经介绍用截面法可求得轴向拉伸（压缩）杆件指定横截面上的轴力 N。而当杆件受到两个以上轴向外力的作用时，杆的不同横截面上的轴力将会不相同。在对杆进行强度计算时，我们需要知道杆件的最大轴力 N_{max}，为此就必须知道杆件各处横截面上的轴力以找出其最大值。为了形象地显示杆内轴力随横截面位置而变化的情况，我们根据算得的各横截面上的轴力，按规定的比例尺，用平行于杆轴线的横坐标 x 表示横截面的位置，用垂直于杆轴线的纵坐标表示横截面上轴力 N 的数值，绘出表示轴力与横截面位置关系的图线，称为"轴力图"或 N 图。下面举例说明轴力图的作法。

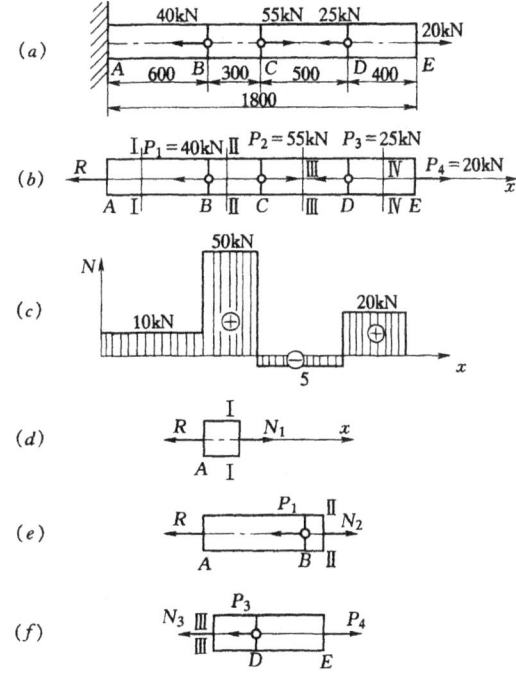

图 4.9

【例题 4.1】 等截面直杆及其受力情况如图 4.9（a）所示，$P_1 = 40kN$，$P_2 = 55kN$，$P_3 = 25kN$，$P_4 = 20kN$。试计算在各杆段的轴力，并作出轴力图。

解：（1）算出支座反力 R，画出整个杆的受力图 [图 4.9（b）]。

由 $\sum X = 0$，

$$-R - P_1 + P_2 - P_3 + P_4 = 0$$

可得

$$R = -40 + 55 - 25 + 20 = 10 \text{ kN}$$

（2）求各杆段的轴力。

AB 杆段：任取一截面Ⅰ-Ⅰ，应用截面法假想截开后，任取左段杆为脱离体。假设截面Ⅰ-Ⅰ上的轴力 N_1 为拉力 [图 4.9（d）]，考虑脱离体的平衡条件

由 $\sum X = 0$，$\quad N_1 - R = 0$

可得 $\quad N_1 = R = 10 \text{ kN}$

计算结果为正值，说明原假设 N_1 为拉力是正确的。

BC 杆段：同理，可求得 BC 段内任一截面Ⅱ-Ⅱ上的轴力 N_2 [图 4.9（e）] 考虑脱离体平衡条件

由 $\sum X = 0$，$\quad N_2 - R - P_1 = 0$

可得 $\quad N_2 = R + P_1 = 10 + 40 = 50 \text{ kN}$

CD 杆段：取右段脱离体进行研究，假设 N_3 为拉力 [图 4.9（f）]

由 $\sum X = 0$，$\quad -N_3 - P_3 + P_4 = 0$

可得 $\quad N_3 = -P_3 + P_4 = -25 + 20 = -5 \text{ kN}$

计算结果为负值，说明原假设 N_3 的指向不对，即它应为压力。

DE 杆段：同理可求得该段任意截面Ⅳ-Ⅳ上的轴力 N_4 为
$$N_4 = P_4 = 20 \text{ kN（拉力）}$$

（3）作轴力图。

按前述作轴力图的方法，作出杆的轴力图如图 4.9（c）所示。需要指出：在绘出的轴力图上应标明⊕号或⊖号，及关键的轴力数值。以后在其他内力图中均有此要求，不再赘述。

由 N 图可见，杆的最大轴力 N_{max} 发生在 BC 段内，其值为 $N_{max}=50\text{kN}$。

【例题 4.2】 图 4.10（a）所示杆件，承受轴向载荷 $P_1=15\text{kN}$、$P_2=10\text{kN}$ 和 $P_3=15\text{kN}$，试绘杆的轴力图。

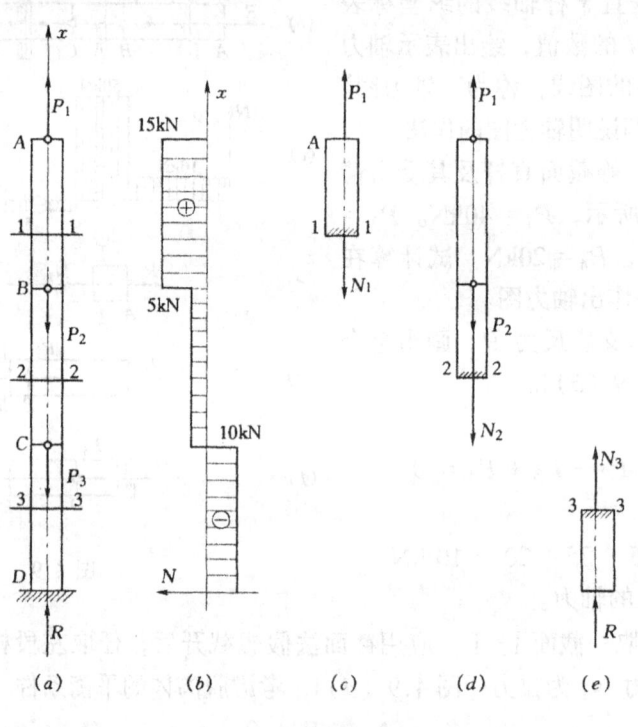

图 4.10

解：（1）计算支座反力。

设支座反力为 R [图 4.10（a）]，由平衡方程
$$\sum X = 0, \quad R - P_3 - P_2 + P_1 = 0$$
得
$$R = P_3 + P_2 - P_1 = 15 + 10 - 15 = 10 \text{ kN}$$

（2）分段计算轴力。

将杆分为 AB、BC 和 CD 三段，逐段计算轴力。设各杆段的轴力均为拉力，并分别用 N_1，N_2 和 N_3 表示，则由图 4.10（c）、（d）、（e）所取的脱离体并分别考虑其平衡条件可求得
$$N_1 = P_1 = 15 \text{ kN}$$

第4章 杆件的内力与内力图

$$N_2 = P_1 - P_2 = 5 \text{ kN}$$

$$N_3 = -R = -10 \text{ kN}$$

N_3 为负值说明 N_3 的实际方向与所设方向相反,即 N_3 应为压力。

(3) 作轴力图。

根据上述各杆段轴力值,作轴力图如图 4.10 (b) 所示。可见杆内最大轴力为

$$N_{\max} = 15 \text{ kN}$$

3 扭矩与扭矩图

前面已经介绍,当杆件受扭转时,用截面法可求得某指定横截面上的扭矩 T。而当杆件上作用有两个以上的外力偶时,其各段横截面上的扭矩一般是不相同的,这时需分段应用截面法才能求出各横截面的扭矩。形象描述扭矩随横截面位置而变化的图形称为"扭矩图"或 T 图,一般取杆轴线方向为横坐标 x 表示横截面位置,用纵坐标表示横截面上扭矩 T 的数值。

画扭矩图的方法和过程与画轴力图相似,下面举例说明。

【例题 4.3】 受扭转杆件如图 4.11 所示,已知外力偶 $m_1 = 11.70 \text{kN} \cdot \text{m}$,$m_2 = m_3 = 3.51 \text{kN} \cdot \text{m}$,$m_4 = 4.68 \text{kN} \cdot \text{m}$,作杆件的扭矩图。

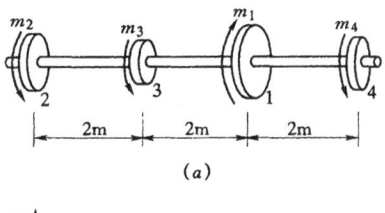

解: 应用截面法,先求出轮 2 与轮 3 之间杆段任一横截面上的扭矩 T'

$$T' = -m_2 = -3.51 \text{ kN} \cdot \text{m}$$

同理可求得轮 3 与轮 1 之间杆段任一横截面上的扭矩 T''

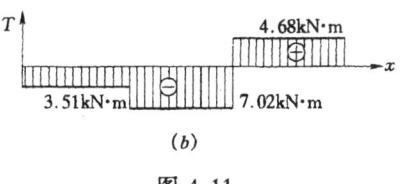

图 4.11

$$T'' = -m_2 - m_3 = -7.02 \text{ kN} \cdot \text{m}$$

轮 1 与轮 4 之间杆段任一横截面上的扭矩 T'''

$$T''' = m_4 = 4.68 \text{ kN} \cdot \text{m}$$

根据上述各杆段扭矩值,作扭矩图如图 4.11 (b) 所示,可见扭矩的最大值为

$$T_{\max} = 7.02 \text{ kN} \cdot \text{m}$$

4 剪力、弯矩与剪力图、弯矩图

前面已经介绍当杆件发生弯曲变形时,可用截面法求得杆件某指定横截面上的内力——剪力 Q 和弯矩 M。在一般情况下杆件横截面上的剪力和弯矩是随横截面位置的不同而变化的。设横截面沿杆件轴线的位置用坐标 x 表示,则杆件的各个横截面上的剪力和弯矩

可以表示为坐标 x 的函数，即

$$Q = Q(x)$$
$$M = M(x)$$

上面的函数表达式分别称为杆件的剪力方程和弯矩方程。

与绘制轴力图或扭矩图一样，我们也用图线表示杆件的各横截面上剪力 Q 与弯矩 M 沿轴线变化的情况，即根据剪力方程和弯矩方程作图，这种图形我们分别称作"剪力图"或 Q 图和"弯矩图"或 M 图。绘图时仍然取杆轴线方向为横坐标 x，表示横截面位置，用纵坐标表示横截面上的剪力 Q 或者弯矩 M 的数值。根据工程界的习惯，取纵坐标 Q 正向朝上，纵坐标 M 正向朝下。

下面用例题说明求剪力方程或弯矩方程以及绘制剪力图和弯矩图的方法。在剪力图和弯矩图上要标明⊕号或⊖号及关键的剪力数值和弯矩数值。

【例题 4.4】 如图 4.12（a）所示杆件 AB 受均布载荷 q 作用，试列出杆 AB 的剪力方程和弯矩方程，并作剪力图和弯矩图。

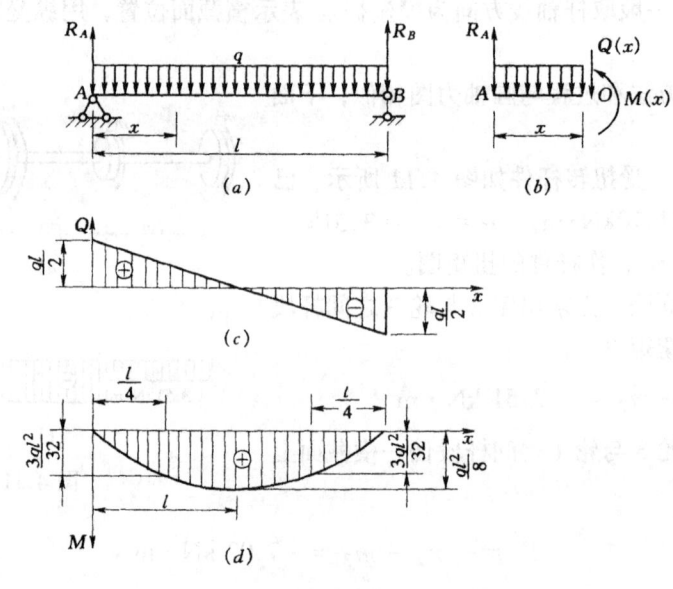

图 4.12

解：先求出支座反力

$$R_A = R_B = \frac{ql}{2}$$

以杆 AB 左端 A 为坐标原点，选取坐标系如图所示。距原点为 x 的任意横截面上的剪力 $Q(x)$ 和弯矩可根据截面法取脱离体如图 4.12（b）所示。对脱离体建立平衡方程，并考虑符号规则可得到

$$\sum Y = 0, \qquad Q(x) = R_A - qx = \frac{ql}{2} - qx \quad (0 < x < l) \tag{a}$$

$$\sum m_0 = 0, \qquad M(x) = R_A x - qx \cdot \frac{x}{2} = \frac{ql}{2}x - \frac{q}{2}x^2 \quad (0 \leqslant x \leqslant l) \tag{b}$$

(a)式表示剪力图是一条斜直线,只要确定其两点,就可定出这条斜直线。剪力图已表示于图 4.12（c）中。(b)式表示弯矩图是一条抛物线,至少要确定曲线上的 3 个点的 M 值,才能画出这条曲线。例如

$$x = 0, M(0) = 0$$
$$x = \frac{l}{2}, M\left(\frac{l}{2}\right) = \frac{ql^2}{8}$$
$$x = l, M(l) = 0$$

最后得弯矩图如图 4.12（d）所示。当然,如果根据弯矩方程式（b）多确定一些点的 M 值,则可使画出的弯矩图更准确。例如,增加

$$x = \frac{l}{4}, M\left(\frac{l}{4}\right) = \frac{3ql^2}{32}$$

由图看出,在支座内侧的横截面上剪力为最大值:

$$|Q|_{\max} = \frac{ql}{2}$$

而在跨度中点横截面上弯矩为最大值:

$$M_{\max} = \frac{ql^2}{8}$$

而在这一截面上剪力 $Q = 0$

【例题 4.5】 如图 4.13（a）所示,杆件 AB 在其 B 端受集中力 P 作用,试列出杆 AB 的剪力方程和弯矩方程并作剪力图和弯矩图。

解：以固定端 A 为坐标原点,选取坐标系如图所示。在距原点为 x 的横截面的左侧有支反力 R_A 及 M_A,但在其右侧则只有集中力 P,所以应用截面法时取截面右侧的外力来计算这一截面上的剪力及弯矩更为方便,即

$$Q(x) = P, \quad (0 < x < l)$$
$$M(x) = -P(l - x), \quad (0 \leqslant x \leqslant l)$$

根据所得上列的剪力方程和弯矩方程,作剪力图［图 4.13（b）］和弯矩图［图 4.13（c）］。在梁的各横截面上,剪力都相同；在固定端的右侧横截面上,弯矩为最大,$|M|_{\max} = Pl$。

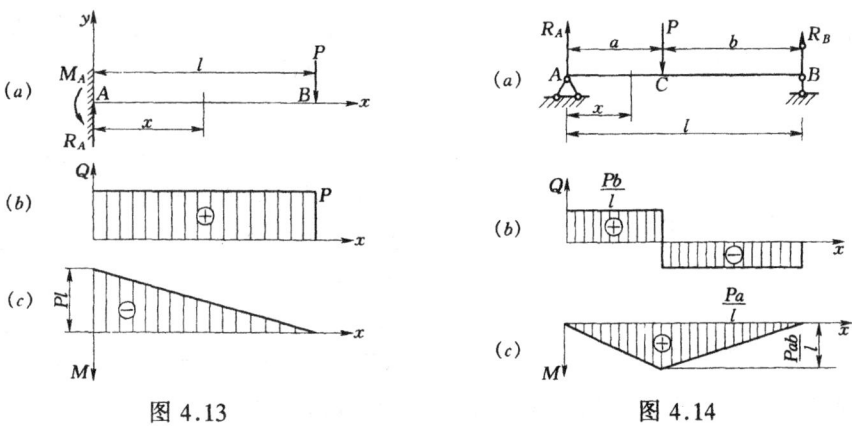

图 4.13   图 4.14

【例题 4.6】 试列出图 4.14（a）所示杆件 AB 的剪力方程和弯矩方程，并作剪力图和弯矩图。

解： 由静力平衡条件计算支座反力，

$\sum m_B = 0$, $\qquad Pb - R_A l = 0$

$\sum m_A = 0$, $\qquad R_B l - Pa = 0$

由此求得

$$R_A = \frac{Pb}{l}$$

$$R_B = \frac{Pa}{l}$$

以 AB 杆的左端为坐标原点，选取坐标系如图 4.14（a）所示。集中力 P 作用于 C 点，在 AC 和 CB 两段内的剪力或弯矩不能用同一方程式来表示，应分段考虑。在 AC 段内取距原点为 x 的任意截面，截面以左只有外力 R_A，根据计算剪力和弯矩的截面法和符号规则，求得这一截面上的 Q 和 M 分别为

$$Q(x) = \frac{Pb}{l}, \qquad (0 < x < a) \qquad (a)$$

$$M(x) = \frac{Pb}{l}x, \qquad (0 \leqslant x \leqslant a) \qquad (b)$$

这就是在 AC 段内的剪力方程和弯矩方程。如在 CB 段内取距左端为 x 的任意截面，则截面以左有 R_A 和 P 两个外力，截面上的剪力和弯矩是

$$Q(x) = \frac{Pb}{l} - P = -\frac{Pa}{l}, \qquad (a < x < l) \qquad (c)$$

$$M(x) = \frac{Pb}{l}x - P(x - a) = \frac{Pa}{l}(l - x), \qquad (a \leqslant x \leqslant l) \qquad (d)$$

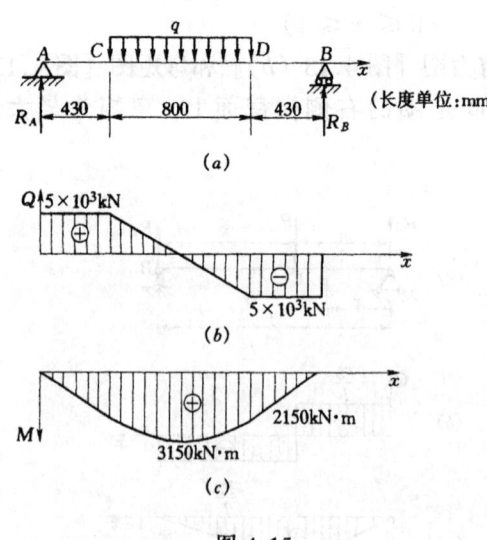

图 4.15

由（a）式可知，在 AC 段内杆的任意横截面上的剪力皆为常数 Pb/l，且符号为正，所以在 AC 段（$0<x<a$）内，剪力图是在 x 轴上方且平行于 x 轴的直线［图 4.14（b）］。同理，可以根据（c）式作 CB 段的剪力图，任意横截面上的剪力皆为常数 $-Pa/l$。从剪力图看出，当 $a<b$ 时，最大剪力为 $|Q|_{max} = Pb/l$。

由（b）式可知，在 AC 段内弯矩是 x 的一次函数，所以弯矩图是一条斜直线。只要确定线上的两点，就可以确定这条直线。例如，$x = 0$ 处，$M = 0$；$x = a$ 处，$M = Pab/l$。连接这两点就得到 AC 段内的弯矩图（图 4.14c）。同理，可以根据（d）式作 CB 段内的弯矩图。从弯矩图看出，最大弯矩发生于截面 C 上，且 $M_{max} = Pab/l$。

【例题 4.7】 如图 4.15（a）所示，杆件 AB 在 CD 段受均布载荷 q 作用，q = 12.5 × 10^3 kN/m，试列出杆 AB 的剪力方程和弯矩方程，并作剪力图和弯矩图。

解：先求支座反力

$$R_A = R_B = 5 \times 10^3 \text{ kN}$$

对杆件 AB，应分成 AC、CD、DB 三段分别列出剪力方程和弯矩方程。以支座 A 为原点，选取坐标系如图 4.15（a）所示。上述三段内的剪力方程和弯矩方程分别为

在 AC 段内

$$Q(x) = R_A = 5 \times 10^3 \text{ kN}$$

$$M(x) = R_A x = 5 \times 10^3 x \text{ kN} \cdot \text{m}$$

在 CD 段内

$$Q(x) = R_A - q(x - 0.43) = 5 \times 10^3 - 12.5 \times 10^3 (x - 0.43) \text{ kN}$$

$$M(x) = R_A x - \frac{q}{2}(x - 0.43)^2 = 5 \times 10^3 x - \frac{12.5 \times 10^3}{2}(x - 0.43)^2 \text{ kN} \cdot \text{m}$$

在 DB 段内

$$Q(x) = -R_B = -5 \times 10^3 \text{ kN}$$

$$M(x) = R_B(1.66 - x) = 5 \times 10^3 (1.66 - x) \text{ kN} \cdot \text{m}$$

分段作剪力图和弯矩图如图 4.15（b）、（c）所示。最大弯矩在跨度中点截面上，且

$$M_{\max} = 3150 \text{ kN} \cdot \text{m}$$

从上面的例题中我们可以看出，由于集中力（或集中力偶）的作用，分别使剪力图（或弯矩图）在力（或力偶）作用处的数值发生突变。事实上，所谓"集中力"（或"集中力偶"）都是作用在一个有限长度 a 上的分布力 [图 4.16（a）] 或分布力偶 [图 4.17（a）]，与之对应的精确的剪力图或弯矩图分别如图 4.16（b）和图 4.17（b）所示。但由于长度 a 极其微小，实用上可不考虑力和力偶的分布作用，在 Q 图和 M 图上采用突变图形。

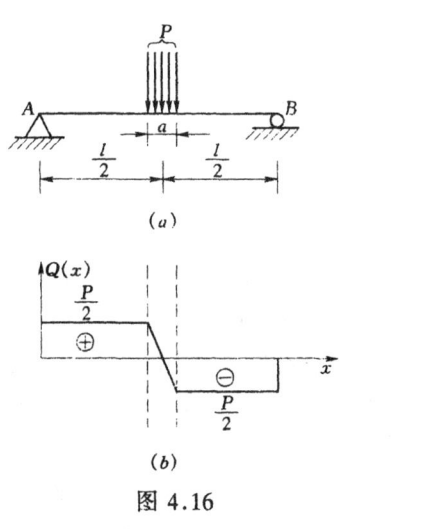

图 4.16

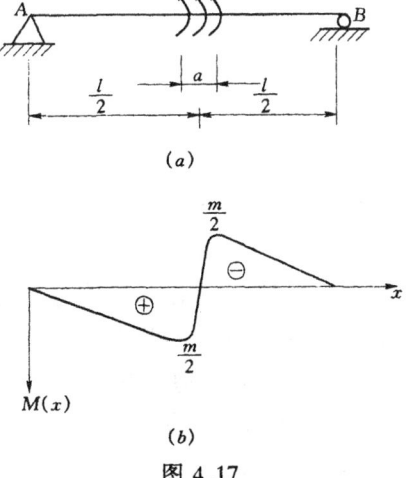

图 4.17

5 剪力、弯矩和分布荷载集度间的关系

在前面第4节的例题中,我们发现,若将 $M(x)$ 的表达式对 x 取导数,就得到剪力 $Q(x)$,而如果有荷载集度 q,则它就等于 $Q(x)$ 对 x 的导数。从荷载、Q 图、M 图的对应关系也可以看出。上述结果不是偶然的,它具有普遍性。下面我们就来导出这些普遍关系。

设图 4.18 (a) 所示为一荷载作用下的杆件,以杆件左端为原点建立坐标系如图所示。杆件上分布载荷的集度 $q(x)$ 是 x 的连续函数。从杆件中取出长为 dx 的一微段,如图 4.18 (b) 所示,微段两侧截面上的内力均设为正值如图所示。因杆件处于平衡状态,故微段也处于平衡状态,应满足平衡条件:

$$\sum Y = 0, \quad Q(x) - [Q(x) + dQ(x)] + q(x)dx = 0$$

$$\sum m_C = 0, \quad M(x) + dM(x) - M(x) - Q(x)dx - q(x)dx\frac{dx}{2} = 0$$

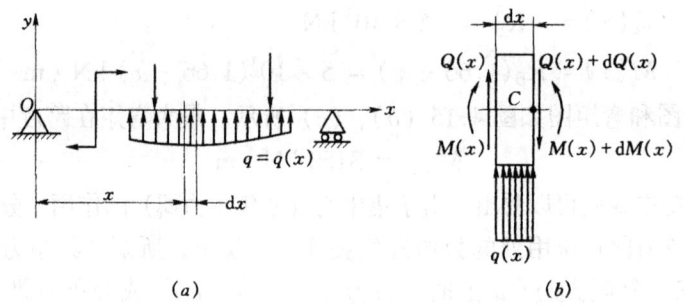

图 4.18

略去高阶微量,得

$$\frac{dQ(x)}{dx} = q(x) \tag{4.1}$$

$$\frac{dM(x)}{dx} = Q(x) \tag{4.2}$$

$$\frac{d^2M(x)}{dx^2} = q(x) \tag{4.3}$$

以上三式就是载荷集度、剪力和弯矩间的导数关系。

根据 $q(x)$、$Q(x)$ 和 $M(x)$ 之间的导数关系,结合导数的几何意义可以得出下面的一些推论,这些推论对正确绘制或校核剪力图和弯矩图是非常有用的。

(1) 若某一段杆件上仅有集中力或集中力偶而无分布载荷作用,即 $q(x) = 0$,则这段杆件的 $Q(x)$ 为常量,剪力图为平行于 x 轴的直线;$M(x)$ 为 x 的一次函数,弯矩图为斜直线,斜率为 Q(常量)。

(2) 若某段杆件承受均布载荷,即 $q(x) = q$(常量),则 $Q(x)$ 为 x 的一次函数,剪力图为斜直线,斜率为 q;$M(x)$ 为 x 的二次函数,弯矩图为二次抛物线。根据规定

剪力图的纵坐标 Q 指向上为正,弯矩图的纵坐标 M 指向下为正。当 q 向下 ($q<0$) 时,剪力图为向下方倾斜的直线,弯矩图为向下凸的抛物线。当 q 向上 ($q>0$) 时,剪力图为向上方倾斜的直线,弯矩图为向上凸的抛物线。

(3) 若在杆的某截面上有 $Q=0$,则由式 (4.2) 有 $\dfrac{\mathrm{d}M(x)}{\mathrm{d}x}=0$,表明该截面处弯矩图斜率为零,即该处弯矩为极大值或极小值。

(4) 在集中力作用处,剪力 Q 有一突然变化(其变化的数值即等于集中力),因而弯矩图的斜率也发生突然变化,成为一个转折点。

(5) 在集中力偶作用处,弯矩图发生突然变化,变化的数值即等于力偶矩的数值。

利用上述推论可以校核已作出的剪力图和弯矩图的正确性,更重要的是可以更简便、快速地直接作图。下面举例说明。

【例题 4.8】 有如图 4.19 (a) 所示受荷载杆件 AE,试作其剪力图和弯矩图。

解: 由静力平衡条件,求得支座反力

$$R_A = 7 \text{ kN}, R_B = 5 \text{ kN}$$

按照以前介绍的方法作剪力图和弯矩图时,应分段列出 Q 及 M 的方程式,然后按方程式作图。现在利用本节所得推论,可以不列方程式而直接作图。

(1) 作 Q 图:在支反力 R_A 的右侧截面上,剪力为 7kN。截面 A 到截面 C 之间的载荷为均布载荷,剪力图为斜直线。算出集中力 P_1 左侧截面上的剪力为 $7-1\times 4 = 3\text{kN}$,即可确定这条斜直线(图 4.19b)。截面 C 处有一集中力 P_1,剪力图发生突然变化,变化的数值即等于 P_1。故 P_1 右侧截面上的剪力为 $3-2=1\text{kN}$。从 C 到 D 剪力图又为斜直线。截面 D 上的剪力为 $1-1\times 4 = -3\text{kN}$。截面 D 及 B 之间杆上无载荷,剪力图为水平线。截面 B 与 E 之间剪力图也为水平线,算出 R_B 右侧截面上的剪力为 $+2\text{kN}$,即可画出这一水平线。Q 图如图 4.19 (b) 所示。

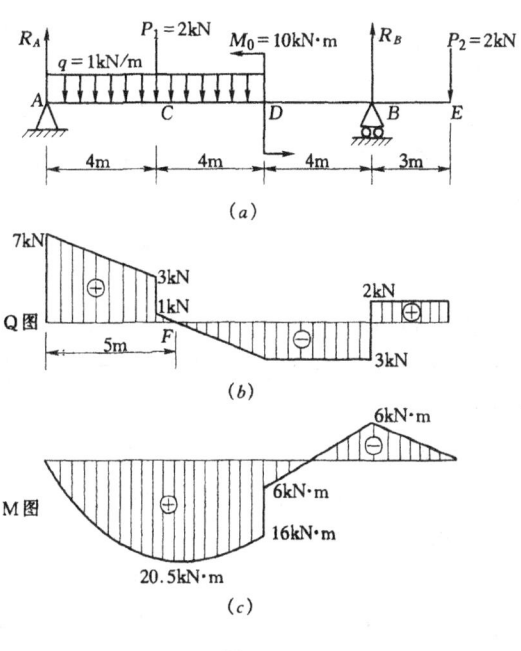

图 4.19

(2) 作 M 图:截面 A 上弯矩为零。从 A 到 C 杆上为均布载荷,弯矩图为抛物线。算出截面 C 的弯矩为 $7\times 4 - \dfrac{1}{2}\times 1\times 4\times 4 = 20\text{kN·m}$。从 C 到 D 弯矩图为另一抛物线。截面 C 的剪力突然变化,故弯矩图在 C 点的斜率也突然变化。在截面 F 上剪力等于零,弯矩为极值。F 至左端的距离为 5m,故可求出截面 F 上弯矩的极值为

$$M_{\max} = 7\times 5 - 2\times 1 - \dfrac{1}{2}\times 1\times 5\times 5 = 20.5 \text{ kN·m}$$

在集中力偶 M_0 左侧截面上弯矩为 16kN·m。已知 C、F 及 D 等三个截面上的弯矩,即可联成 C 到 D 之间的抛物线。截面 D 上有一集中力偶,弯矩图突然变化,而且变化的数值

即等于 M_0。所以在 M_0 右侧截面上，$M = 16 - 10 = 6$ kN·m。从 D 到 B 杆上无载荷，弯矩图为斜直线。算出在截面 B 上，$M_B = -6$ kN·m，于是就决定了这条直线。B 到 E 之间弯矩图也是斜直线，由于 $M_E = 0$，斜直线是容易画出的。M 图如图 4.19（c）所示。

从所得 Q 图和 M 图上，不难确定最大剪力和最大弯矩。

6 组合变形杆件的内力与内力图

前面我们介绍了杆件分别在轴向拉压、扭转、弯曲时的内力与内力图。但有许多杆件往往同时存在上述三种变形中的两种或三种变形都有。此时杆件的内力也不止一种。我们称这种杆件的变形为组合变形。

下面我们通过例题来说明组合变形杆件内力的求法。

【例题 4.9】 如图 4.20 所示之平衡杆件 AB，已知 $P = 8$kN，$T = 42$kN，$\theta = 19.75°$，试作其内力图。

解：把 T 分解为沿 AB 杆轴线的分量 H 和垂直于 AB 杆轴线的分量 V，可见 AB 杆在 AC 段内为压缩与弯曲的组合变形

$$H = T\cos\theta = 40 \text{ kN}$$
$$V = T\sin\theta = 12.8 \text{ kN}$$

则我们可分别作出 AB 杆的弯矩图 [图 4.20（b）]，轴力图 [图 4.20（c）]，剪力图由同学们自己去作。

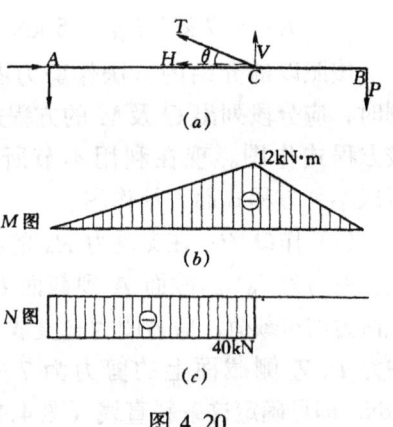

图 4.20

【例题 4.10】 图 4.21（a）所示为下端固定的刚架，在其轴线平面内受集中荷载 P_1 和 P_2 作用，试作此刚架的内力图。

解：计算内力时，一般应先求出刚架的反力。但本题的刚架的 C 点是自由端，故对水平杆可将坐标原点取在 C 点，而竖直杆可将坐标原点取在 B 点，并分别取水平杆的截面右侧杆段和竖直杆的截面以上部分作为脱离体，这样就可以不必求出支座反力而画出轴力图 [图 4.21（b）]。再运用载荷、剪力、弯矩间的导数关系，画出剪力图 [图 4.21（c）] 和弯矩图 [图 4.21（d）]，弯矩图一般画在杆件受拉的一侧。

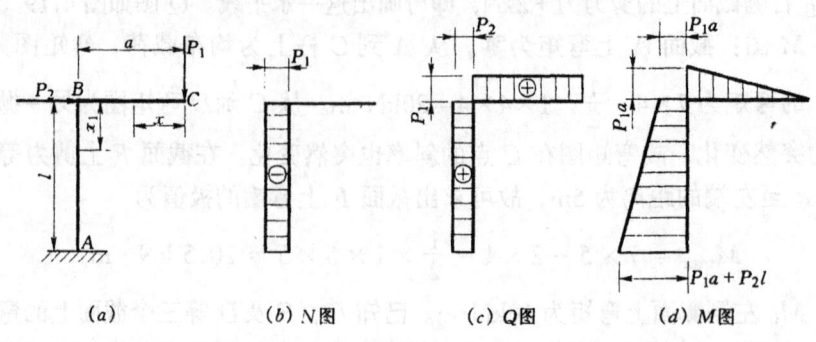

图 4.21

第4章 杆件的内力与内力图

习 题

4.1 试求图示各杆1-1、2-2、3-3截面上的轴力,并作轴力图。

4.2 试作图示各杆的轴力图。杆(d)考虑自重,横截面面积为A,容重为γ。

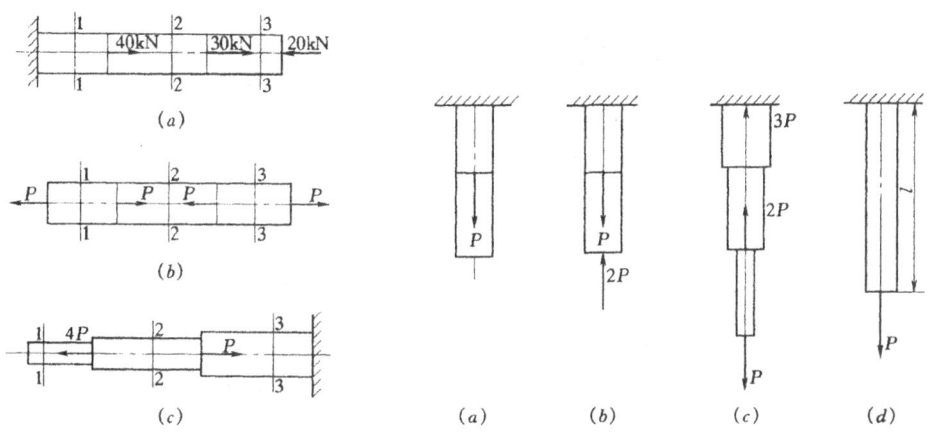

题4.1图   题4.2图

4.3 用截面法求图示各杆在截面1-1、2-2、3-3上的扭矩,并于截面上表示出该截面上扭矩的转向。

4.4 绘制图示各杆的扭矩图。

4.5 试求图示各杆件中指定截面(图中虚线所示,它们分别在加力点两侧)上的剪力、弯矩值。

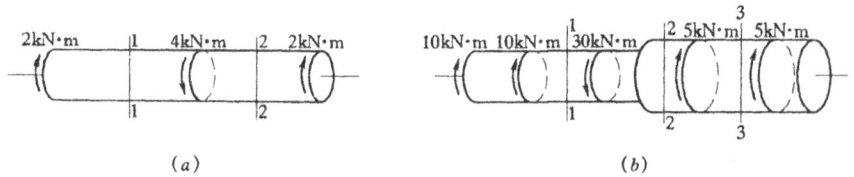

题4.3图

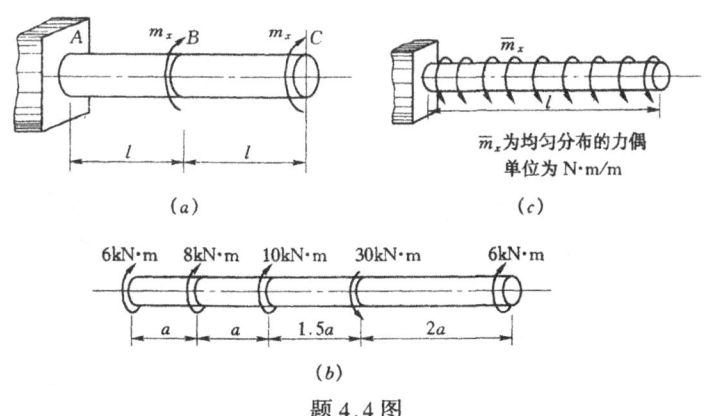

题4.4图

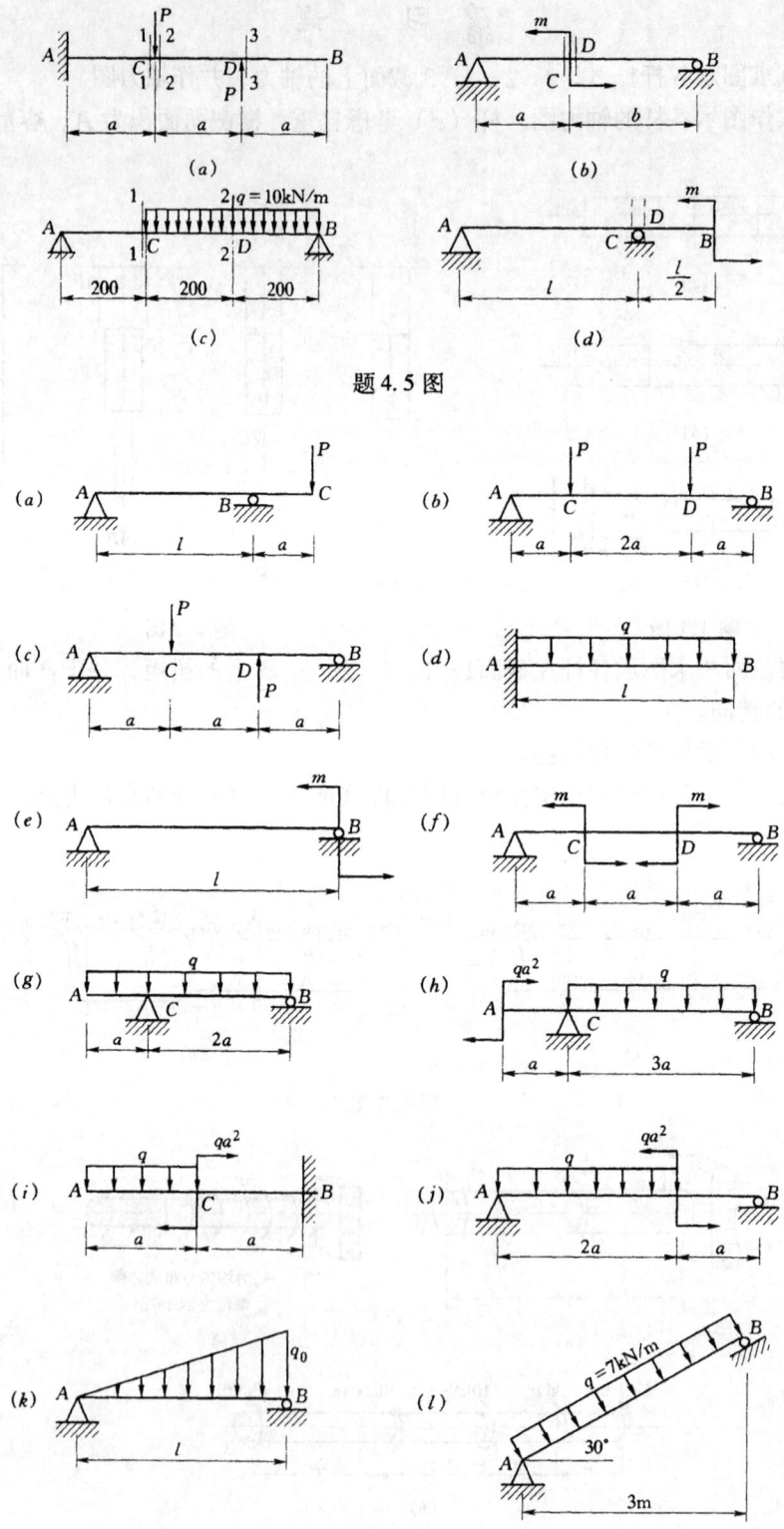

题 4.5 图

题 4.6 图

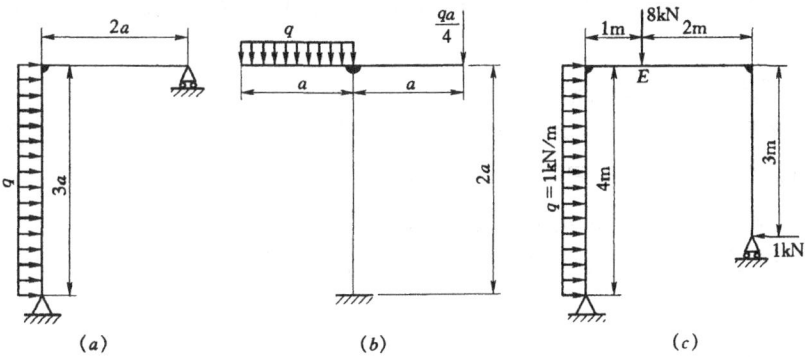

题 4.7 图

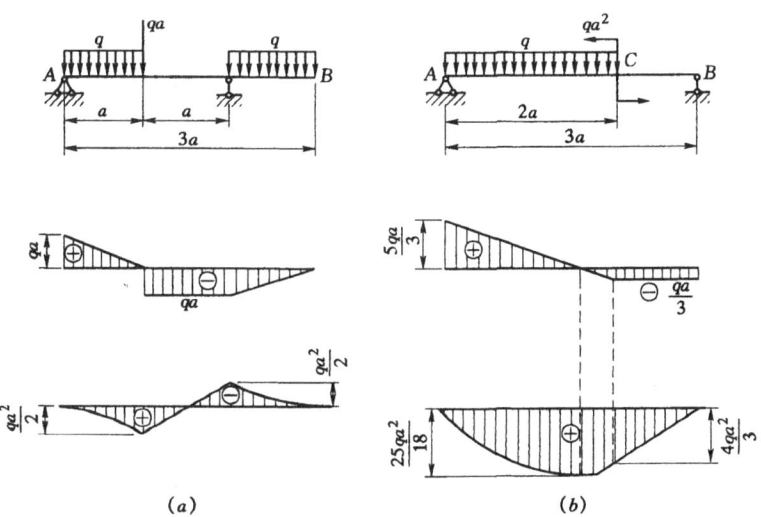

题 4.8 图

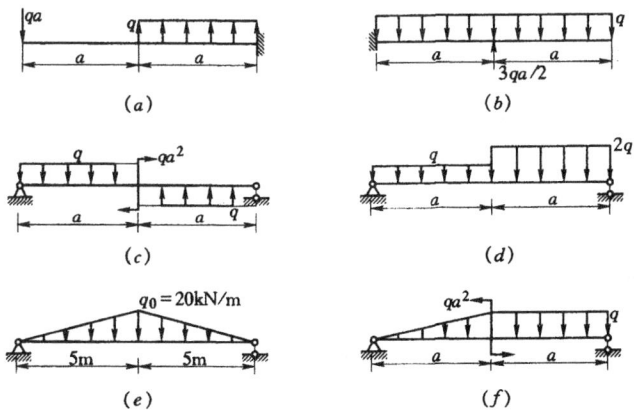

题 4.9 图

4.6 列出图示各杆件的剪力方程和弯矩方程，作剪力图和弯矩图，并确定$|Q|_{max}$及$|M_z|_{max}$。

4.7 作图示刚架的弯矩图。

4.8 试根据弯矩、剪力和载荷集度间的导数关系，改正所示 Q 图和 M 图中的错误。

4.9 试利用 q、Q、M 间的导数关系绘制下列各杆的剪力、弯矩图。

4.10 一端固定的杆件受载荷如图所示，试作其内力图。

4.11 一端固定的杆件受载荷如图所示，试作其内力图。

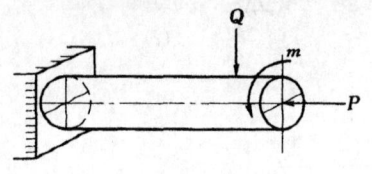
题 4.10 图

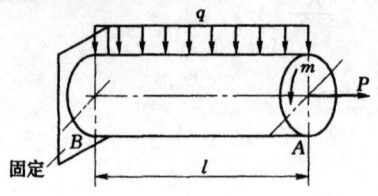
题 4.11 图

第 2 篇 基本变形的杆件计算

杆件作为工程结构中最常见的一种构件，在使用中必须满足强度、刚度和稳定性的要求。杆件在不同的外力作用下将产生不同形式的变形。主要的基本变形形式有以下四种：轴向拉伸或压缩、剪切、扭转和弯曲等。本篇将在上篇基础上，尤其是第 4 章杆件内力计算分析的基础上，分别对杆件在上述四种基本变形时的强度和刚度问题进行研究。对于杆件的弹性稳定问题将在第 3 篇中进行专题研究。

杆件除了上述在本篇要介绍的四种基本变形外，还会遇到更复杂的受力与变形形式，但在一定条件下，都可以将其视为上述基本变形形式的叠加，一般称为"组合变形"。对于组合变形的分析与计算将在第 3 篇中介绍。

本篇虽然是以杆件为对象进行讨论，但是所涉及的许多基本概念与基本理论对于工程力学及其相关学科以及其他型式的构件都具有普遍意义。例如，第 6 章所介绍的材料的力学性能中，给出了有关材料的特性指标、变形的规律和定理、一些重要的概念与定义等在一定范围内对于变形固体和其他型式构件都是适用的。

第 5 章 轴向拉伸与压缩

1 概 述

如果杆件在两端受到一对大小相等、方向相反且沿着杆件轴线的外力作用时，则该杆件将发生轴向拉伸或压缩变形。图 5.1（a）和（b）分别表示轴向拉伸和轴向压缩。其中实线和虚线分别表示变形前、后的形状。

在工程结构中，承受轴向拉伸或压缩的杆件有很多。例如起重机的吊索、桁架结构中

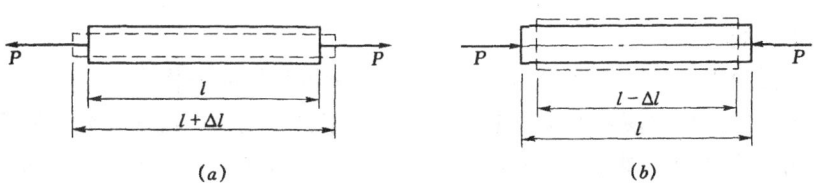

图 5.1

的一些杆件等。工程中也常会遇到杆件承受两个以上外力、沿杆轴线的共线平衡力系作用，杆件同样发生轴向拉伸与压缩。

本章主要讨论轴向拉伸与压缩杆件的应力及强度计算、变形计算等。

2 横截面与斜截面的应力

本书第4章中已详细介绍了利用截面法可以求得轴向拉伸与压缩杆件横截面的内力，还可以通过轴力图了解杆件截面轴力分布的全貌。而杆件的内力是杆件截面上分布内力系的合力。要判断杆在外力作用下是否会破坏，不仅首先要知道内力的情况，而且还要知道截面的情况，并研究内力在截面上的分布状况及其分布的集度。杆件截面上内力的分布集度，就称为"应力"。

2.1 应力的概念

考察受力杆截面 $m-m$ 上点 M 处的应力 [图 5.2 (a)]，则可在 M 点周围取一很小的面积 ΔA，设 ΔA 面积上分布内力的合力为 ΔP，于是在 ΔA 面积上内力的平均集度为

$$P_m = \frac{\Delta P}{\Delta A} \tag{5.1a}$$

式中：P_m 为 ΔA 面积上的平均应力。

由于截面上内力的分布一般是不均匀的，所以平均应力与所取面积 ΔA 的大小有关。为表明分布内力在 M 点处的集度，令微面积 ΔA 无限缩小而趋于零，则其极限值

$$p = \lim_{\Delta A \to 0} \frac{\Delta P}{\Delta A} = \frac{\mathrm{d}P}{\mathrm{d}A} \tag{5.1b}$$

式中：p 为 $m-m$ 截面 M 点处的总应力。

总应力 p 是个矢量，通常可分解为两个分量：与截面垂直的分量称为"正应力"，用符号 σ 表示；与截面相切的分量称为"剪应力"，用符号 τ 表示 [图 5.2 (b)]。应力的单位为 Pa (N/m²) 或 MPa (N/mm²)。

此外，必须指出：要计算横截面上的应力，首先必须计算内力；正应力 σ 趋向于使杆件产生垂直于横截面的断裂破坏，剪应力 τ 趋向于使杆件产生沿着横截面的剪切破坏。因此，这两种应力是工程力学中最基本的也是最重要的应力。

2.2 杆件受轴向拉伸与压缩时横截面上的应力

要了解杆件横截面上的应力，须通过变形观察、分析力与变形间的物理关系和建立静力平衡方程三方面来解决。

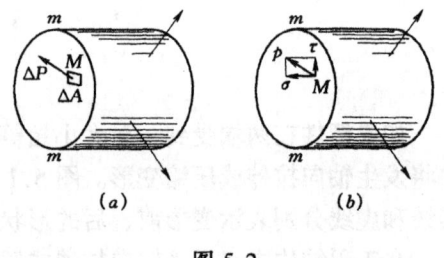

图 5.2

取一根等截面直杆 [图 5.3 (a)]，在其侧面作相邻的两条横向线 ab 和 cd，然后在杆两端施加一对轴向拉力使杆发生变形，此时可观察到该两横向线平移到 $a'b'$ 和 $c'd'$，如图 5.3 (b) 中虚线所示。根据这一现象，可以由表及里对杆件内部作一个重要的假设，即平面假设：原为平面的横截面在杆变形后仍为平面。

杆变形后两横截面沿杆轴线作相对平移，所以，其间的所有纵向线段都伸长了相同的长度。也就是说，拉杆在其任意两个横截面之间的伸长变形是均匀的。这就是变形观察的结论。

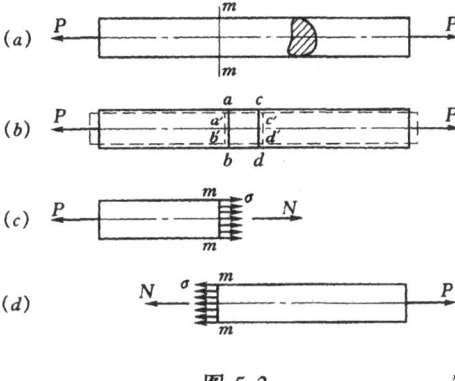

图 5.3

由于假设材料是均匀的，而杆的分布轴力集度又与杆变形有关。根据变形观察结论可以推断，杆件在轴向拉伸时横截面上的轴力是均匀分布的，且由于轴力方向垂直横截面，因此，杆件横截面上剪应力 $\tau = 0$，仅存在正应力 σ。

再根据静力平衡关系，即可得杆件横截面上的正应力 σ 的计算公式

$$N = \int_A \sigma dA = \sigma \int_A dA = \sigma \cdot A$$

得到

$$\sigma = \frac{N}{A} \tag{5.2}$$

式中：N 为杆件横截面轴力；A 为杆的横截面面积。

由于前面已规定了轴力 N 的正负号，因此，正应力的正负号与轴力相同。即以拉伸为正，以压缩为负。式（5.2）可用于等截面直杆在轴向拉伸或压缩变形时的应力计算，对小锥度直杆或小曲率等截面杆也可近似应用。

【例题 5.1】 构架如图 5.4（a）所示，BC 杆为直径 $d = 20\text{mm}$ 的圆钢杆，AB 木杆的横截面积为 540mm^2，已知力 $P = 2\text{kN}$。试求 AB 杆和 BC 杆的横截面上的正应力。

解：(1) 求杆的内力。

作节点 B 的受力图 [图 5.4（b）]，根据静力平衡方程有

$$\sum X = 0, \qquad N_{AB} - N_{BC}\cos 30° = 0 \tag{a}$$
$$\sum Y = 0, \qquad N_{BC}\sin 30° - P = 0 \tag{b}$$

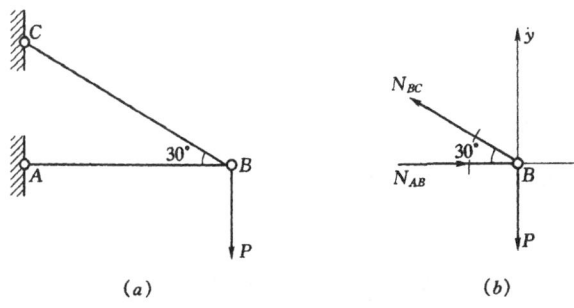

图 5.4

得 BC 杆的内力

$$N_{BC} = \frac{P}{\sin 30°} = \frac{2}{0.5} = 4 \text{ kN}(拉)$$

将 BC 杆的内力代入（a）式，得 AB 杆的内力

$$N_{AB} = N_{BC}\cos 30° = 4 \times \frac{\sqrt{3}}{2} = 3.46 \text{ kN}(压)$$

（2）计算杆横截面的应力。

BC 杆的应力为

$$\sigma = \frac{N_{BC}}{A_{BC}} = \frac{4000}{\frac{\pi}{4} \times 20^2 \times 10^{-6}} = 12.7 \times 10^6 \text{N/m}^2 = 12.7 \text{ MPa}$$

AB 杆的应力为

$$\sigma = \frac{N_{AB}}{A_{AB}} = \frac{-3460}{540 \times 10^{-6}} = -6.4 \times 10^6 \text{ N/m}^2 = -6.4 \text{ MPa}$$

2.3 杆件受轴向拉伸与压缩时斜截面上的应力

图 5.5（a）表示一轴向拉伸的直杆，横截面积为 A，轴力为 N。横截面 m-m 上均匀分布的正应力 $\sigma = N/A$［图 5.5（b）］

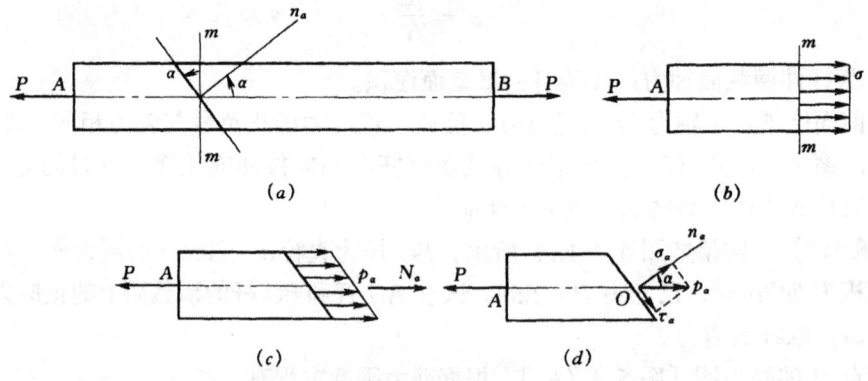

图 5.5

假想用一与横截面 m-m 成 α 角的斜截面将杆件切开分成两部分保留左段［图 5.5（a）、(c)］。N_α 表示 α 截面内力。因为 N_α 在 α 截面上也是均匀分布的，故 α 截面上也有均匀分布的应力

$$p_\alpha = \frac{N_\alpha}{A_\alpha} \tag{5.3a}$$

式中：A_α 为 α 斜截面的面积。

由平衡条件知 $N_\alpha = P$，同时有 $A = A_\alpha \cos\alpha$

因此有

$$p_\alpha = \frac{P}{A}\cos\alpha = \sigma\cos\alpha \tag{5.3b}$$

其中

$$\sigma = P/A$$

式中：σ 为杆件横截面上的应力。

总应力 p_a 可分解为两个分量，即正应力 σ_a 和剪应力 τ_a [图 5.5（d）]
于是有

$$\sigma_a = p_a\cos\alpha = \sigma\cos^2\alpha$$

$$\tau_a = p_a\sin\alpha = \sigma\sin\alpha\cos\alpha = \frac{\sigma}{2}\sin2\alpha \tag{5.4}$$

3 轴向拉伸与压缩杆件的强度计算

为了保证杆件不发生强度破坏，杆件横截面上的正应力 σ 须满足强度条件

$$\sigma = \frac{N}{A} \leqslant [\sigma] \tag{5.5}$$

式中：$[\sigma]$ 为材料的容许应力。

材料的容许应力 $[\sigma]$ 的含意是，当杆件实际承受的应力 σ 大于 $[\sigma]$ 值时，材料可能因强度不够而破坏，因此要求 σ 不大于 $[\sigma]$。关于容许应力 $[\sigma]$ 的讨论与确定将在第 6 章进一步介绍。

根据上述强度条件，可以解决以下三类强度问题。

（1）强度校核。已知载荷、构件的截面尺寸和材料的容许应力，判断构件的强度是否满足要求，由

$$\sigma = \frac{N}{A} \leqslant [\sigma]$$

来检验

（2）截面设计。已知载荷及材料的容许应力，则构件所需的横截面积可由下式计算

$$A \geqslant \frac{N}{[\sigma]}$$

（3）计算容许载荷。已知构件的横截面面积 A 及材料的容许应力，则构件能承受的轴力可由下式计算，即

$$[N] = [\sigma]A$$

从而计算容许载荷。

当横截面的轴力沿杆长有变化时，应该先作杆的轴力图，找出最不利的轴力进行强度计算。

【例题 5.2】 图 5.6（a）所示之阶梯截面杆由两种材料制成，AE 段为铜质，EC 段为钢质。铜的容许应力 $[\sigma]_{铜} = 120\text{MPa}$，钢的容许应力 $[\sigma]_{钢} = 160\text{MPa}$，AB 段横截面面积是 BC 段的 2 倍，$A_{AB} = 1000\text{mm}^2$，外力作用线沿轴线方向，$P = 60\text{kN}$，试对此杆进行强度校核。

解：（1）作轴力图，确定危险截面。

轴力图如图 5.6（b）所示。根据轴力图、横截面面积和容许应力等三方面确定危险截面的位置。比较 EB、BC 两段，轴力数值相同，材料相同，但横截面面积不同，所以 BC 段比 EB 段危险。AD、DE 两段中，显然 AD 段危险。再比较 AD 段与 BC 段，前者轴力较后者大 1 倍，而前者的横截面面积也比后者大 1 倍，因而应力数值相等；但 AD 段

铜材的容许应力 $[\sigma]_{铜}=120\text{MPa}$ 比 BC 段钢材的容许应力 $[\sigma]_{钢}=160\text{MPa}$ 小，所以危险截面在 AD 段。

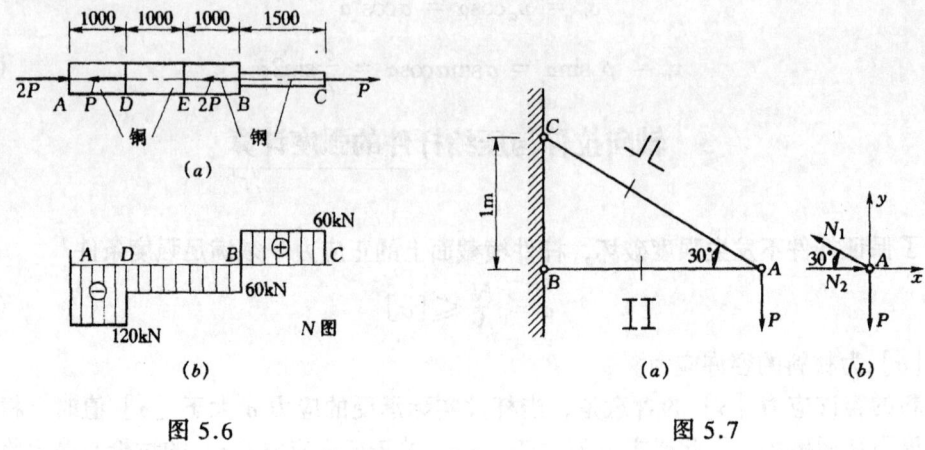

图 5.6　　　　　　　　　　　图 5.7

(2) 强度校核。

对 AD 段进行校核，有

$$\sigma_{\max} = \frac{N_{AD}}{A_{AD}} = \frac{-120\times 10^3}{1000} = -120\text{N/mm}^2 = -120\text{MPa}$$

$$|\sigma_{\max}| = [\sigma]_{铜}$$

计算结果表明强度满足要求。

【例题5.3】　简易起重设备中如图5.7 (a) 所示，AC 杆由两根 $80\times 80\times 7$ 等边角钢组成，AB 杆由两根 10 号工字钢组成。材料为 Q235 钢，容许应力 $[\sigma]=170\text{MPa}$。求容许荷载 $[P]$。

解：(1) 先求 AC 杆和 AB 杆的轴力与荷载 P 的关系。

取结点 A 为研究对象，并假设 N_1 为拉力，N_2 为压力，其受力图如图 5.7 (b) 所示。结点 A 的平衡方程为

$$\sum Y = 0, \qquad N_1\sin 30° - P = 0$$
$$\sum X = 0, \qquad N_2 - N_1\cos 30° = 0$$

解得　　　　　　　　　　　$N_1 = 2P, N_2 = 1.732P$ 　　　　　　　　　(a)

(2) 计算各杆的容许轴力。

由附录 C 型钢表查得 AC 杆的横截面积 $A_1 = 1086\times 2 = 2172\times 10^{-6}\text{m}^2$，$AB$ 杆的横截面面积 $A_2 = 1435\times 2 = 2870\times 10^{-6}\text{m}^2$。根据强度条件

$$[N] = [\sigma]A$$

并将 A_1、A_2 分别代入上式，得到容许轴力为

$$[N_1] = 2172\times 10^{-6}\times 170\times 10^6 = 369.24 \text{ kN} \qquad (b)$$

$$[N_2] = 2870\times 10^{-6}\times 170\times 10^6 = 487.90 \text{ kN} \qquad (c)$$

(3) 将式 (b)、(c) 分别代入式 (a)，便得到按各杆强度要求所算出的容许荷载为

$$[P_1] = \frac{[N_1]}{2} = \frac{369.24}{2} = 184.6 \text{ kN}$$

$$[P_2] = \frac{[N_2]}{1.732} = \frac{487.90}{1.732} = 281.7 \text{ kN}$$

如果把 281.7kN 作为此结构的容许荷载，则 AB 杆的工作应力恰好是容许应力，但 AC 杆的工作应力将超过容许应力。所以该结构的容许荷载应取较小值 [P] = 184.6kN。

4 轴向拉伸与压缩杆件的变形计算

4.1 线变形、线应变和泊松比

直杆受轴向拉力或压力作用时，杆件会产生沿轴线方向的伸长或缩短，如图 5.8 (a)、(b) 所示。杆件在变形前原长为 l，受力变形后长度为 l_1，则该杆长度的变化量

$$\Delta l = l_1 - l \tag{5.6}$$

称为杆件的"线变形"。显然，伸长变形为正，缩短变形为负。

线变形 Δl 与杆件原长 l 之比，表示单位长度内的线变形，称为"线应变"，用符号 ε 表示。即

$$\varepsilon = \frac{\Delta l}{l} \tag{5.7}$$

线应变的正负号与 Δl 一致，拉应变为正，压应变为负。

杆件拉伸或压缩时，横向还有变形 [图 5.8 (a)、(b)]，拉伸时横向缩短，压缩时横向伸长。设横向线应变为 ε' 则

$$\varepsilon' = \frac{b_1 - b}{b} = \frac{\Delta b}{b} \tag{5.8}$$

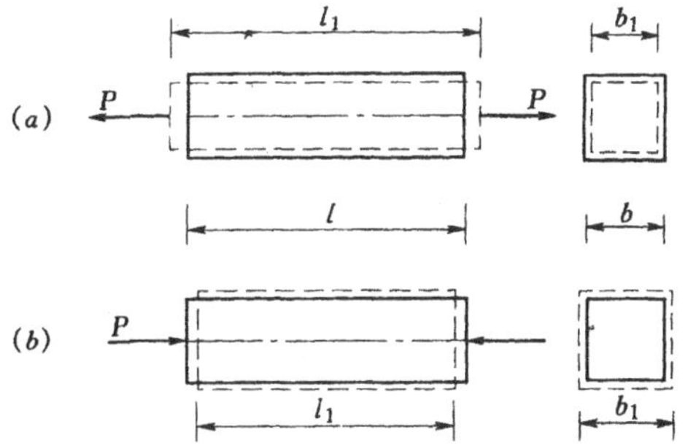

图 5.8

实验证实，在弹性范围内，纵向应变与横向应变存在下列关系

$$\varepsilon' = -\mu\varepsilon \tag{5.9}$$

其中负号表示纵向应变与横向应变反号。μ 称为"泊松比"，是材料的弹性常数之一。其值因材料不同而异，由实验测定。

4.2 胡克定律

实验研究表明，当杆件横截面上的正应力不大于某一极限值时，在弹性范围内，杆件的纵向变形量 Δl 与轴力 N、杆件原长 l 以及横截面面积 A 存在下列关系

$$\Delta l \propto \frac{Nl}{A}$$

引入比例常数 E，则得到

$$\Delta l = \frac{Nl}{EA} \tag{5.10}$$

式中：E 称为材料的"弹性模量"，也是材料的弹性常数之一，其值由实验测定。E 的单位为 Pa 或 GPa，EA 称为杆件的"抗拉或抗压刚度"。

式 (5.10) 表明在弹性范围内，杆件轴力与纵向变形间的线性关系，称为"胡克定律"。

将 $\sigma = N/A$，$\varepsilon = \Delta l/l$ 代入式（5.10）则可得到胡克定律的另一形式

$$\sigma = E\varepsilon \tag{5.11}$$

工程中常用的材料在弹性范围内 E 值和 μ 值列于表5.1，可供参考

表 5.1　　　　　　　　　　　常用材料的弹性模量及泊松比值

材　　料	牌　　号	弹性模量 E（GPa）	泊松比 μ
低碳钢	Q235	200~210	0.24~0.28
中碳钢	45	205	
低合金钢	16Mn	200	0.25~0.30
合金钢	40CrNiMoA	210	
灰口铸铁		60~162	0.23~0.27
球墨铸铁		150~180	
铝合金	LY12	71	0.33
硬质合金		380	
混凝土		15.2~36	0.16~0.18
木材（顺纹）		9~12	

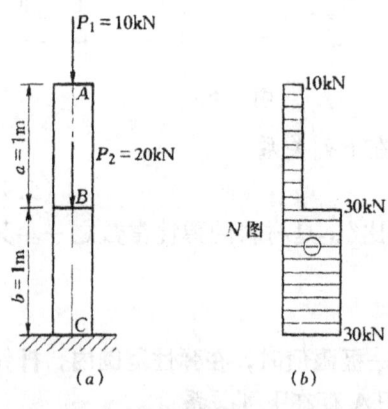

图 5.9

【例题 5.4】　试求图示木柱的长度改变。已知木材（顺纹）的弹性模量 $E = 0.1 \times 10^5 \mathrm{MPa}$，木柱的横截面面积为 $A = 200\mathrm{mm} \times 200\mathrm{mm}$。

解：（1）画轴力图。

由于柱子的 AB 部分和 BC 部分的受力情况不同，所以首先要画出木柱的轴力图。

（2）计算 Δl。

由于木柱的上、下两段的轴力不相同，因此，应先分别计算各段的缩短变形，然后叠加起来就得到木柱的长度改变。

AB 段：$N_1 = P_1 = 10\mathrm{kN}$（压）

$$\Delta l_1 = \frac{N_1 a}{EA} = -\frac{10 \times 10^3 \times 1}{0.1 \times 10^5 \times 10^6 \times 200 \times 200 \times 10^{-6}} = -0.25 \times 10^{-4} \mathrm{m}$$

BC 段：$N_2 = P_1 + P_2 = 10 + 20 = 30\mathrm{kN}$（压）

$$\Delta l_2 = \frac{N_2 b}{EA} = -\frac{30 \times 10^3 \times 1}{0.1 \times 10^5 \times 10^6 \times 200 \times 200 \times 10^{-6}} = -0.75 \times 10^{-4} \mathrm{m}$$

所以木柱的长度改变

$$\Delta l = \Delta l_1 + \Delta l_2 = -0.25 \times 10^{-4} + (-0.75 \times 10^{-4}) = -1 \times 10^{-4} \mathrm{m} = -0.1\mathrm{mm}（缩短）$$

5 应力集中的概念

等截面直杆受轴向拉伸或压缩时,横截面上的应力是均匀分布的。但由于实际需要,有些构件需钻孔、切槽,有些需制成阶梯形杆或螺纹杆,这些都会引起局部区域的截面突变。实验和理论分析表明,在截面突变附近区域,应力分布与正常情形不同,会出现较大的应力峰值。这种现象称为"应力集中"。图 5.10 表示拉杆开圆形小孔时孔边的应力分布简图。离孔边稍远处的应力趋向均匀分布。应力集中的程度用理论应力集中系数 α 表示

$$\alpha = \frac{\sigma_{max}}{\sigma_a} \tag{5.12}$$

式中:σ_{max} 为局部最大应力;σ_a 为杆削弱后截面上的平均应力。

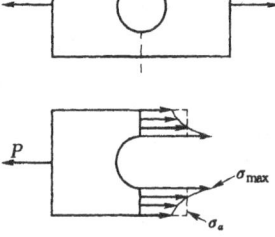

图 5.10

应力集中系数 α 总大于 1, α 取决于截面的几何形状与尺寸、开孔的大小以及截面改变处过渡角尺寸,而与材料性能无关。截面尺寸变化的越急剧,应力集中的程度就越严重。工程中常见典型构件的应力集中系数可由有关手册中查得。图 5.10 所示小圆孔 $\alpha \approx 3.0$。

各种材料对应力集中的敏感程度并不相同。塑性材料具有良好的塑性性能,能缓和应力集中的程度。这是因为当局部的最大应力 σ_{max} 达到屈服极限 σ_s 时,该处产生塑性变形,处于屈服阶段,其应力基本不再增加,其余弹性区域可以继续承担外载荷,直到整个截面全部屈服。脆性材料因无屈服阶段,当局部的最大应力 σ_{max} 达到强度极限 σ_b 时,该处首先开裂,所以对应力集中十分敏感。因此,对脆性材料以及塑性较低的材料,必须考虑应力集中的影响。

习 题

5.1 求图示阶梯状直杆横截面 1-1、2-2 和 3-3 上的轴力,并作轴力图。如横截面面积 $A_1=200mm^2$,$A_2=300mm^2$,$A_3=400mm^2$,求各横截面上的应力。

5.2 图示一混合屋架结构的计算简图。屋架的上弦用钢筋混凝土制成。下面的拉杆和中间竖向撑杆用角钢构成,其截面均为两个 75×8 的等边角钢。已知屋面承受集度为 $q=20kN/m$ 的竖直均布荷载。求拉杆 AE 和 EG 横截面上的应力。

5.3 一木柱受力如图所示。柱的横截面为边长 200mm 的正方形,材料可认为符合胡克定律,其弹性模量 $E=10GPa$。如不计柱的自重,试求下列各项:

(1) 作轴力图。
(2) 各段柱横截面上的应力。
(3) 各段柱的纵向线应变。
(4) 柱的总变形。

5.4 图示实心圆钢杆 AB 和 AC 在 A 点以铰相连接,在 A 点作用有铅垂向下的力 P

题 5.1 图   题 5.2 图

= 35kN。已知 AB 杆和 AC 杆的直径分别为 d_1 = 12mm 和 d_2 = 15mm,钢的弹性模量 E = 210GPa。试求 A 点在铅垂方向的位移。

5.5 简易起重设备的计算简图如图所示。已知斜杆 AB 由两根不等边角钢 63×40×4 组成。如钢的容许应力 [σ] = 170MPa,问这个起重设备在提起重量为 W = 15kN 的重物时,斜杆 AB 是否满足强度条件?

5.6 一结构受力如图所示,杆件 AB、AD 均由两根等边角钢组成。已知材料的容许应力 [σ] = 170MPa,试选择 AB、AD 杆的截面型号。

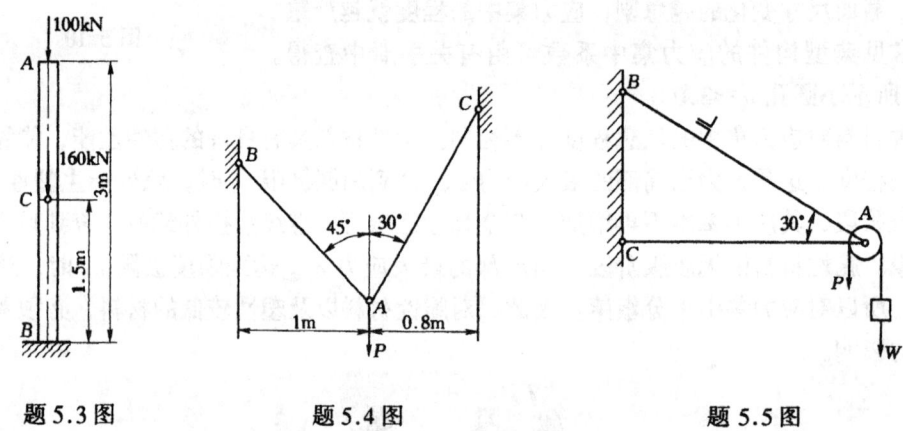

题 5.3 图   题 5.4 图   题 5.5 图

5.7 在图示结构中,AC 为钢杆,横截面面积 A_1 = 200mm², BC 为铜杆,A_2 = 300mm²。[σ]钢 = 160MPa,[σ]铜 = 120MPa。求此结构的容许载荷 [P]。

5.8 图示小车上作用着力 P = 15kN,它可以在悬架的 AC 梁上移动,设小车对 AC 梁的作用可简化为集中力。斜杆 AB 的横截面为圆形,直径 d = 20mm,钢质,容许应力 [σ] = 160MPa。试校核 AB 杆是否安全。

5.9 一桁架受力如图所示。各杆都由两个等边角钢组成。已知材料的容许应力 [σ] = 170MPa,试选择 AC 杆和 CD 杆的截面型号。

5.10 蒸汽机的气缸如图所示。气缸内径 D = 560mm,内压强 p = 2.5MPa,活塞杆直径 d = 100mm。所有材料的屈服极限 σ_s = 300MPa。

(1) 试求活塞杆的正应力及工作安全系数。

(2) 若连接气缸和气缸盖的螺栓直径为 30mm,其容许应力 [σ] = 60MPa,求连接每个气缸盖所需的螺栓数。

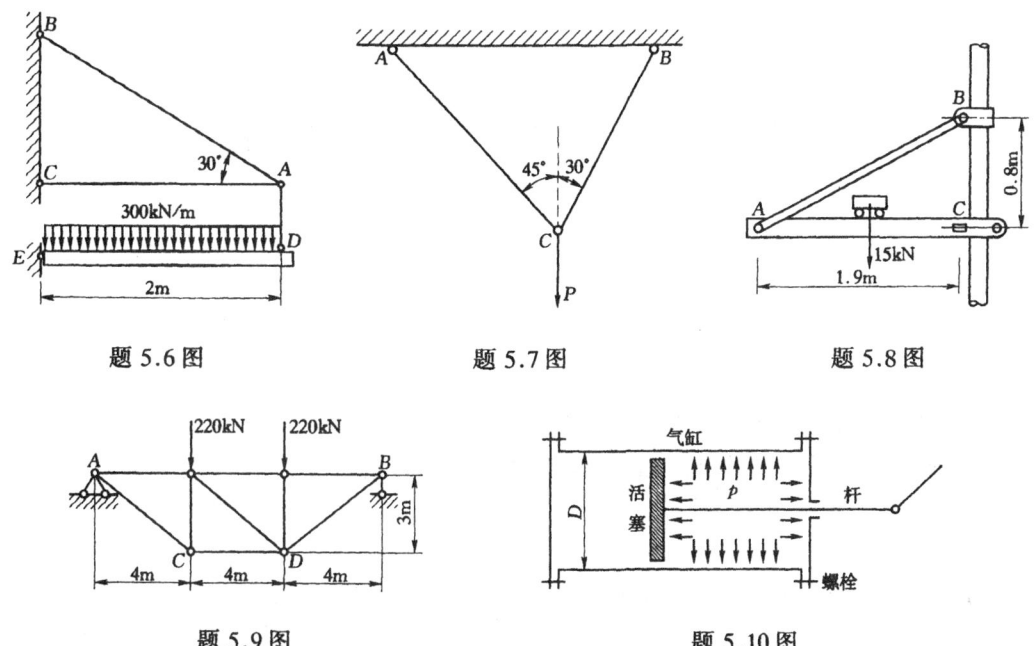

题 5.6 图　　　　题 5.7 图　　　　题 5.8 图

题 5.9 图　　　　题 5.10 图

第6章 材料的力学性能

1 概述

材料的力学性能是指材料在外力作用下表现出的变形、破坏等方面的特性,也称作材料的机械性能。在第5章研究的轴向受拉、受压杆件的强度和变形问题中,像强度条件中的危险应力 σ_u、变形计算中的弹性模量 E 以及泊松比 μ 等等,都是涉及材料的力学性能的指标。

对材料的力学性能的了解依赖于试验,各种不同的材料在不同条件下的力学性能均可由不同的试验来测定,本章主要介绍金属材料拉伸和压缩时的力学性能,同时也对一些非金属材料的力学性能作简单介绍。

拉伸和压缩试验是确定材料机械性能的基本试验。在专用的试验机上进行。国家标准 GB228—87 对试件的形状、加工精度、加载速度、试验环境作了统一规定,以便于对试验结果进行比较。

试验在常温和对试件缓慢加载的条件下进行,在加载过程中同时记录作用在试件上的力与试件所产生的伸长变形量或压缩变形量。

为了便于比较,拉伸试验时将材料制成标准圆试件 [图 6.1 (a)],当试验材料为板材时,则采用标准板试件 [图 6.1 (b)]。图中:d_0 为圆试件直径;l_0 为试件的有效长度,称为标距;b、h 为板试件的横截面尺寸。

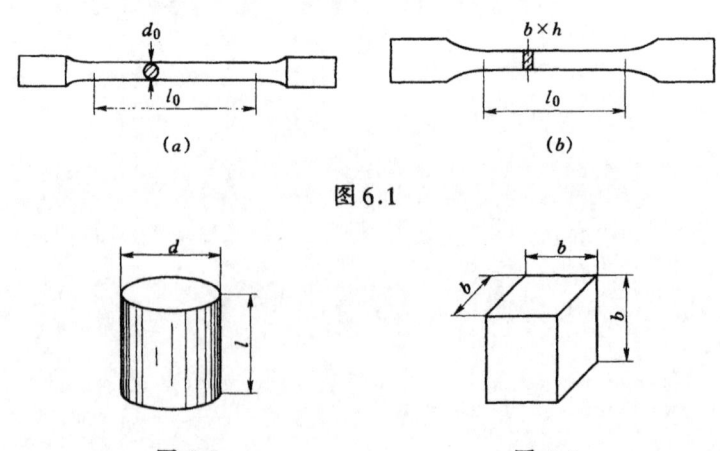

图 6.1

图 6.2　　　　图 6.3

国家标准规定,对圆试件,$l_0/d_0 = 10$ 或 5;对板试件,$l_0/\sqrt{A_0} = 11.3$ 或 5.65,其

中 $A_0 = bh$ 为板试件的初始横截面积。试件两端夹持部分的形状和尺寸应根据试验机的夹头要求确定。

金属材料的压缩试件一般制成很短的圆柱，圆柱的高度 l 为直径 d 的 $1.5 \sim 3$ 倍，以免被压弯而丧失稳定性（图6.2）。混凝土、石料等非金属材料的压缩试件则制成等边的正方体试块（图6.3）。

2 金属材料拉伸时的力学性能

2.1 低碳钢的拉伸试验

低碳钢是指含碳量低于 0.3% 的普通碳素结构钢，这一类钢材应用较多，更重要的是在拉伸试验中表现出的力学行为也最为典型。

2.1.1 拉伸曲线与应力-应变曲线

将标准试件安装在试验机上，开动机器缓慢加载，对应每一拉力 P，试件的标距段即有一相应的伸长量 Δl，直至试件拉断为止。可以利用试验机的自动绘图装置，将整个拉伸过程的拉力 P 与标距段伸长量 Δl 的关系记录下来，并自动地绘成 $P-\Delta l$ 曲线，称为拉伸曲线或拉伸图。图6.4为普通碳素结构钢 Q235（低碳钢）的拉伸曲线。

$P-\Delta l$ 曲线与试件的尺寸有关，为了消除尺寸的影响，得到反映材料性能的曲线，将拉力 P 除以横截面的初始试面积 A_0，得到正应力 $\sigma = P/A_0$；同时以伸长量 Δl 除以标距长度 l_0，得到相应的正应变 $\varepsilon = \Delta l / l_0$。分别以 σ、ε 为纵、横坐标，以适当的比例绘出表示 σ 与 ε 关系的曲线，称为材料拉伸时的应力-应变曲线，即 $\sigma - \varepsilon$ 曲线。由于 $\sigma - \varepsilon$ 曲线的纵、横坐标与 $P - \Delta l$ 曲线的纵、横坐标只差一常数倍，所以两曲线的形状是完全相似的。图6.5为低碳钢 Q235 的 $\sigma - \varepsilon$ 曲线。

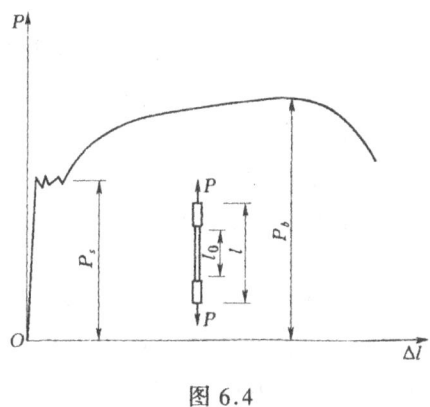

图 6.4

2.1.2 低碳钢的拉伸过程分析

对低碳钢的 $\sigma - \varepsilon$ 曲线（图6.5）进行分析，由加载开始到试件断裂的整个拉伸过程可以分成四个阶段。

（1）弹性阶段。

图6.5所示的 Oa' 段，试件的变形是完全弹性的，试件卸载后没有残留的变形，完全恢复到原来的尺寸和形状，故称为弹性阶段。

在弹性阶段的一定范围内，即 Oa 段为一直线段，应力与应变成正比即 $\sigma = E\varepsilon$，这正是第5章介绍的拉伸（压缩）的胡克定律。其中：$E = \sigma/\varepsilon = \tan\alpha$ 为一常数，称为拉压弹性模量，在 $\sigma - \varepsilon$ 曲线上是直线 Oa 的斜率。Oa 直线的最高点 a 对应的纵坐标 σ_P 称为"比例极限"，实际应力低于比例极限时，应力应变成正比，材料服从胡克定律，这一段是材料线性弹性的范围。

aa' 段是应力超过比例极限后的一个极小阶段，材料的变形仍然是弹性的，但应力-应

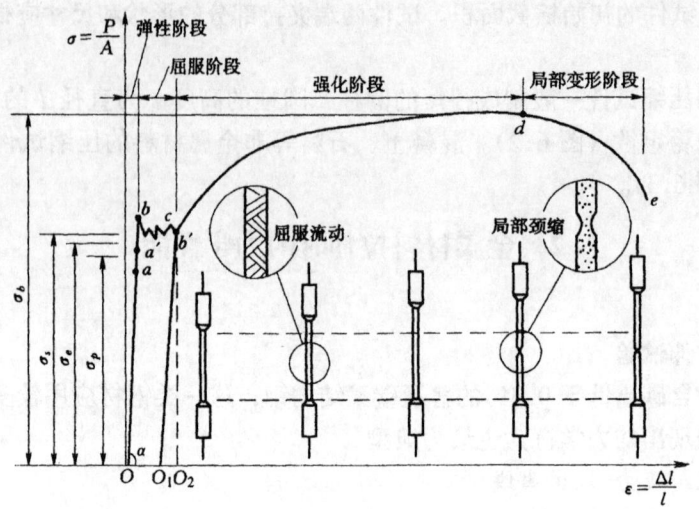

图 6.5

变关系不再是线性的,这一阶段的应力最高点 a' 对应的纵坐标 σ_e 称为"弹性极限"。大部分材料的 σ_P 和 σ_e 极为接近。在工程中对弹性极限和比例极限并不严格区分,统用比例极限 σ_P 表示。

应力超出弹性范围,加载后再卸载,弹性变形随之消失,但仍有部分变形残留在试件上,这就是塑性变形。如图 6.5 中 OO_1 部分为塑性应变,O_1O_2 部分为弹性应变。分别用 ε_e 和 ε_P 表示。

(2)屈服阶段。

在弹性阶段后,当应力超过 σ_e 并增大到一定值时,应变有了明显的增加,而应力则先下降,随后在一个小范围内波动,$\sigma-\varepsilon$ 曲线呈现接近水平的锯齿形线段(图 6.5 中的 bc 段)。这种应力基本不变,应变显著增加的现象称之为屈服或流动。这一阶段称为"屈服阶段"。该阶段曲线的最高点 b 和最低点 b' 分别为上屈服点和下屈服点,实验证明上屈服点位置受试件两端到直杆段的过渡形状与尺寸影响较大,而下屈服点则只与材料的性质有关,比较稳定。工程上通常取下屈服点 b' 对应的纵坐标称为"屈服极限"或"流动极限",用 σ_s 表示。

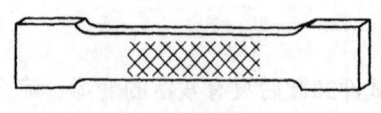

图 6.6

低碳钢在屈服阶段,光滑试件的表面会出现与轴线成 ±45° 夹角的滑移线(图 6.6)。这是由于材料内部发生相对滑移造成的。通过第 5 章对任意斜截面的应力分析可知,轴向拉伸时在与横截面成 45° 斜截面上有最大剪应力,可见屈服现象的发生与该截面上的最大剪应力有着直接关系。

在屈服阶段,材料发生了明显的塑性变形,工程构件和机器零件会因为塑性变形而不能正常工作,所以屈服极限 σ_s 是衡量材料强度的重要指标。

(3)强化阶段。

应力超过屈服阶段后,材料又恢复了抵抗塑性变形的能力。为使变形增加,载荷必须增加。这种现象称为材料的强化,这一阶段称为"强化阶段"即图 6.5 中所示的 cd 段。

在 $\sigma-\varepsilon$ 曲线中每一点应变值的增加，都有相应增大的应力。强化阶段的最高点 d 对应的纵坐标，是 $\sigma-\varepsilon$ 曲线上应力的最高限，也是材料所能承受的最大应力，称为"强度极限"用 σ_b 表示，是衡量材料强度的又一项重要指标。

(4) 局部变形阶段。

应力超过强度极限 σ_b 后，载荷开始减小，变形却在继续增加。试件在某一局部范围内，横截面急剧减小，出现所谓的"颈缩"现象。由于颈缩部位的截面积的迅速减小，使继续变形所需的载荷相应下降，直至曲线达到 e 点时试件被拉断。这一阶段即 $\sigma-\varepsilon$ 曲线上的 de 段称为"局部变形阶段"，又称为"颈缩阶段"。

2.1.3 冷作硬化和时效

在强化阶段，材料的应力超出弹性范围，在选取在这一阶段曲线上某一点 k 卸载时，会发现其卸载曲线沿 kO' 线降至 O' 点，而不是沿原来的加载曲线 kaO 回落（图 6.7）。在卸载后短期内再次加载，加载曲线沿 kO' 斜直线变化，到达 k 点后继续出现塑性变形并按曲线 kde 变化直至 e 点试件断裂。工程上将这样的操作称为"预拉"或"冷拉"。

比较未经过预拉和经过预拉的试件的 $\sigma-\varepsilon$ 曲线（图 6.7），可以看到后者的比例极限即相应于 k 点的应力有了明显提高，而断裂时的塑性应变则有所减少，这就是金属的冷作硬化现象，又叫做形变强化。工程中常利用冷作硬化来扩大构件材料的弹性范围，提高承载能力。工程中对钢筋、钢缆进行预拉处理；钢丝、铜丝等线材的冷拉加工都是对金属冷作硬化现象的实际应用。

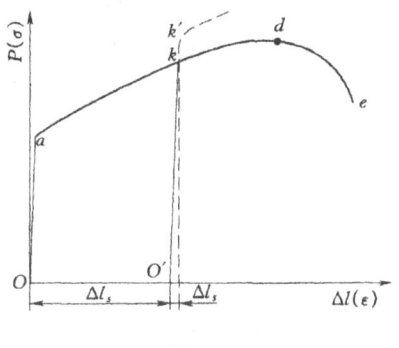

图 6.7

金属材料的冷作硬化现象除了弹性范围扩大、承载能力提高外，还伴随着硬度提高、材料变脆，这是不利的一面。采用不同的温度的退火处理，能够部分或全部消除材料冷作硬化的效应。

已经产生冷作硬化的材料在卸去载荷后，经过一段时间后再次加载，弹性范围还会有所扩大，比例极限相应于 k' 点的应力略有提高。(图 6.7)，这是冷作时效现象。

并非所有的金属材料都会发生冷作硬化和冷作时效，这些现象发生与否取决于材料的再结晶温度是否高于室温。

2.1.4 强度指标与塑性指标

对于低碳钢来说，当应力达到屈服极限 σ_s 时，试件出现塑性变形，这是构件正常工作所不允许的，因此屈服极限 σ_s 是衡量低碳钢这类材料的强度的指标，即强度条件中的危险应力 $\sigma_u = \sigma_s$。

对拉伸试验进一步分析，还可以得到衡量材料塑性性能的指标，即所谓的延伸率 δ 和截面收缩率 ψ：

$$\delta = \frac{l_1 - l_0}{l_0} \times 100\% \qquad (6.1)$$

$$\psi = \frac{A_0 - A_1}{A_0} \times 100\% \qquad (6.2)$$

上述二式中：l_0 为试件标距段原长度；A_0 为标距范围内试件的初始截面面积；l_1 和 A_1 分别为试件拉断后标距段的长度和断口处最小的横截面面积。

δ 和 ψ 反映了材料在断裂前发生塑性变形的能力，δ 和 ψ 的数值愈高，说明材料的塑性愈好。一般称 $\delta \geq 5\%$ 的材料为塑性材料，如碳素钢、低合金钢和青铜等。称 $\delta < 5\%$ 的材料为脆性材料，如铸铁、混凝土、石料等。低碳钢的塑性指标值是 $\delta = 20\% \sim 30\%$，$\psi \approx 60\%$，是典型的塑性材料。

应当指出，通常的塑性材料是根据材料在常温、静载下，由拉伸试验测得的延伸率 δ 的大小区分的。实际上，材料的塑性和脆性并不是固定不变的，它们会因制造工艺、变形速度、应力状况和温度等条件而变化。例如某些脆性材料在高温下会呈现塑性，而某些塑性材料在低温下则呈现脆性。又如在铸铁中加入球化剂可使其成为塑性较好的球墨铸铁等。

2.2 其他塑性材料拉伸时的力学性能

在对低碳钢的拉伸试验过程及结果进行详尽的分析之后，再考察其他金属塑性材料的 $\sigma - \varepsilon$ 曲线。

以 16Mn 为代表的一些低合金高强度钢，有着与低碳钢 Q235 十分相似的 $\sigma - \varepsilon$ 曲线 [图 6.8 (a)]，在整个拉伸过程中有明显的四个阶段。与 Q235 钢的 $\sigma - \varepsilon$ 曲线相比，16Mn 钢的屈服阶段稍短且伸长率有所降低，而屈服极限和强度极限都有了显著地提高。

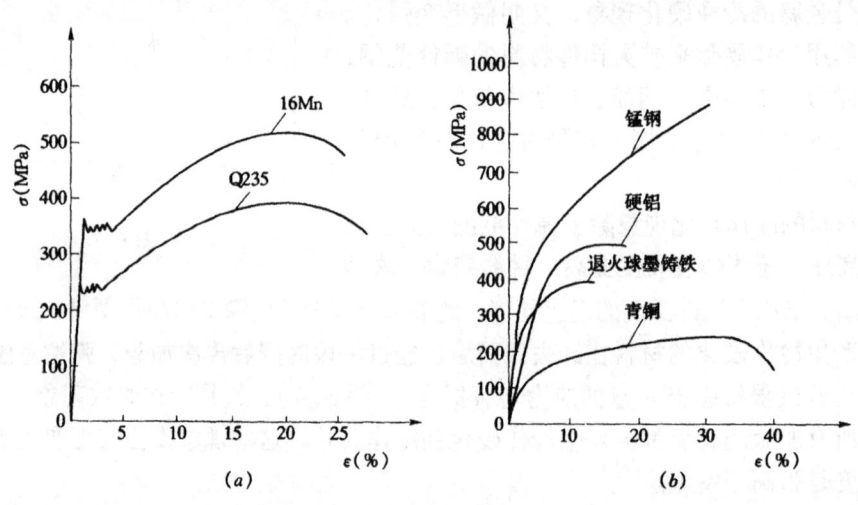

图 6.8

另一些金属材料的 $\sigma - \varepsilon$ 曲线并不都像低碳钢那样具备四个阶段。图 6.8 (b) 中给出了另外几种典型的金属材料在拉伸时的 $\sigma - \varepsilon$ 曲线。将这些曲线与图 6.5 进行比较，可以看出以下区别：有些材料如铝合金和退火球墨铸铁没有屈服阶段，而其他三个阶段却很明显；还有一些材料如锰钢则仅有弹性阶段和强化阶段，而没有屈服阶段和局部变形阶段。

这些材料的共同特点是拉断时会有较大量的塑性变形，即伸长率 δ 和截面收缩率 ψ 都比较大，它们和低碳钢一样都属于塑性材料。

对于没有屈服阶段的塑性材料，通常取对应于塑性应变为 $\varepsilon_s = 0.2\%$ 时的应力为"屈服极限"，并以 $\sigma_{0.2}$ 表示。这是一个人为规定的极限应力，称为"条件屈服极限"。作为衡量材料强度的指标。确定 $\sigma_{0.2}$ 数值的方法如图 6.9 所示。图中的 CD 直线与弹性阶段内的直线部分相平行。

2.3 以灰铸铁为代表的脆性材料拉伸时的力学性能

图 6.10 所示的是典型的脆性材料灰铸铁在拉伸时的 $\sigma-\varepsilon$ 曲线。灰铸铁的 $\sigma-\varepsilon$ 曲线具有如下特点：从很低的应力开始就不是直线，直到拉断时试件的变形都非常小，而且没有屈服阶段、强化阶段和局部变形阶段。不存在屈服极限 σ_s。只存在强度极限 σ_b。在工程计算中，通常用规定某一应变值（一般取 0.1%）时 $\sigma-\varepsilon$ 曲线的割线 OA（图 6.10 中的虚线）来代替曲线，从而确定其弹性模量，并称之为"割线弹性模量"。

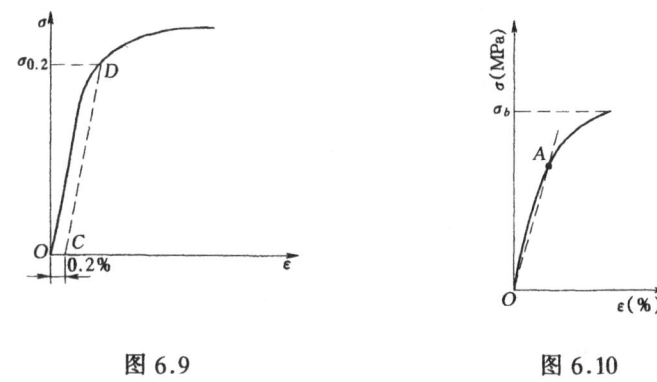

图 6.9　　　　　图 6.10

强度极限 σ_b 是衡量脆性材料强度的唯一指标，也叫材料的抗拉强度。即强度条件中的危险应力 $\sigma_u = \sigma_b$。

【例题 6.1】 一根材料为 Q235 钢的拉伸试件，其直径 $d = 10$ mm，标距段长度 $l = 100$ mm。当试验机上荷载读数达到 $P = 10$ kN 时，量得工作段的伸长为 $\Delta l = 0.0607$ mm，直径缩小为 $\Delta d = 0.0017$ mm。试求此时试件横截面上的正应力 σ，并求出材料的弹性模量 E 和泊松比 μ。已知 Q235 钢的比例极限为 $\sigma_p = 200$ MPa。

解：$P = 10$ kN 时，试件截面上的正应力为

$$\sigma = \frac{P}{A} = \frac{P}{\frac{\pi}{4}d^2} = \frac{10000}{\frac{\pi}{4} \times 1^2 \times 10^{-4}} = 127.3 \times 10^6 \text{Pa} = 127.3 \text{MPa}$$

其值低于材料的比例极限，故可由公式（5.9）和公式（5.11）分别计算 E 和 μ。为此，先分别求出试件的纵向线应变 ε 和横向线变 ε' 值：

$$\varepsilon = \frac{\Delta l}{l} = \frac{0.0607}{100} = 6.07 \times 10^{-4}$$

$$\varepsilon' = \frac{\Delta d}{d} = \frac{-0.0017}{10} = -1.7 \times 10^{-4}（因 \Delta d 为缩小量,故取负值）$$

将已算得的 σ 和相应的 ε 代入公式（5.11），得

$$E = \frac{\sigma}{\varepsilon} = \frac{127.3 \times 10^6}{6.07 \times 10^{-4}} = 210 \text{GPa}$$

将已算得的 ε 和 ε' 代入公式（5.9），得

$$\mu = -\frac{\varepsilon'}{\varepsilon} = -\frac{(-1.7 \times 10^{-4})}{6.07 \times 10^{-4}} = 0.28$$

107

3 金属材料压缩时的力学性能

3.1 低碳钢的压缩试验

将短圆柱的压缩试件置于试验机的承压平台间，并使之发生压缩变形。由自动绘图设备绘出试件在试验过程中的缩短量 Δl 与压力 P 之间的关系曲线，称为试件的压缩图。同样可由应力 $\sigma = P/A_0$ 作为纵坐标，而以其应变 $\varepsilon = \Delta l/l_0$ 作为横坐标，将压缩图改画成 σ-ε 曲线，如图 6.11 中的实线所示。为了便于比较材料在位伸和压缩时的力学性能，在图 6.11 中以虚线绘出低碳钢在拉伸时的 σ-ε 曲线。

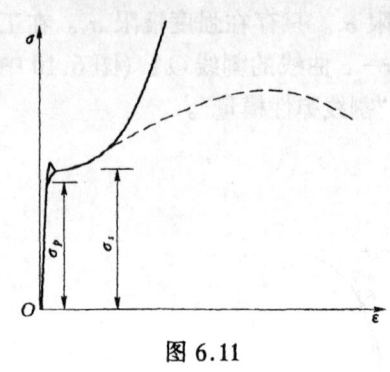

图 6.11

比较图 6.11 中的低碳钢在拉伸和压缩时的两条 σ-ε 曲线可以看出：在屈服阶段以前，两曲线基本上是重合的，即两者的比例极限、屈服极限和弹性模量相等。进入强化阶段后，试件在被压扁的同时，受压横截面面积不断增大，[图 6.12 (a)] 抗压能力也不断提高。使得抗压强度 σ_b 无法测出。所以对于低碳钢就没有必要再做压缩试验了，因为从拉伸试验的结果就可以了解到它在压缩时的主要力学性能了。

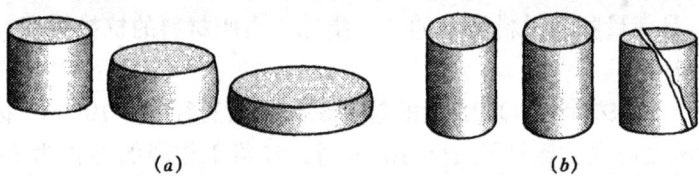

图 6-12

3.2 其他塑性材料压缩时的力学性能

与低碳钢类似的情况在一般的塑性材料中也存在。但有些材料（例如铬钼硅合金钢）在拉伸和压缩时的屈服极限并不相同，因此，对这些材料需要做压缩试验，以确定其压缩屈服极限。

塑性材料的试件在压缩后的变形情况如图 6.12 (a) 所示。试件的两端面由于受到摩擦力的影响，不能像中间部分那样自由地发生横向变形，因此，变形后略呈鼓形。

3.3 脆性材料压缩时的力学性能

与塑性材料不同，脆性材料在压缩和拉伸时的力学性能有较大的区别。灰铸铁是工程中常用的典型的脆性材料。

图 6.13 为灰铸铁在拉伸（虚线）和压缩（实线）时的 σ-ε 曲线。比较这两条曲线可以看出：①铸铁在压缩时无论是强度极限 σ_b 还是伸长率 δ 都比在拉伸时要大得

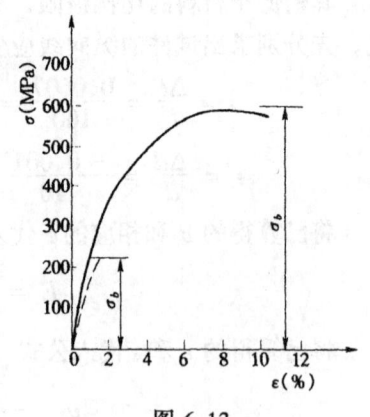

图 6.13

多,可见,这种材料宜于用作受压构件;②铸铁无论在拉伸或压缩时,其 $\sigma-\varepsilon$ 曲线中的直线部分都很短,只是近似的符合胡克定律。

铸铁试件受压破坏的情况如图 6.12(b)所示。试件受压时将沿斜截面发生错动而破坏,这是由杆件斜截面上的最大剪应力所致。

由上述可知,塑性材料和脆性材料在力学性能上的主要差异是:塑性材料在断裂前的变形较大,塑性指标(伸长率和断面收缩率)较高,抵抗拉断和压坏的能力均较好,其常用的强度指标是屈服极限,一般情况下,在拉伸和压缩时的屈服极限值相同。脆性材料在断裂前的变形较小,塑性指标较低,其强度指标是强度极限,而且其抗拉强度远低于抗压强度。

4 几种非金属材料的力学性能

工程中,除了金属材料外,还大量的使用混凝土、石料、木材、复合材料等无机和有机的材料,称为非金属材料。和金属材料相比,力学性能上有很大的差异。

4.1 混凝土

混凝土是由水泥、石子和砂加水搅拌均匀后经水化作用而成的人造材料。

混凝土和天然石料都是脆性材料,一般都用于抗压构件。混凝土的抗压强度是以标准的立方试块,在标准养护条件下经过 28 天养护后进行测定的。混凝土的标号就是根据其抗压强度标定的。

混凝土压缩时的 $\sigma-\varepsilon$ 曲线如图 6.14(a)所示。在加载初期有很短的一直线段,以后明显弯曲,在变形不大的情况下会突然断裂。混凝土的弹性模量以 $\sigma=0.4\sigma_b$ 时的割线斜率来确定。混凝土在压缩试验中的破坏形式,与两端压板和试块的接触面的润滑条件有关。当润滑不好、两端面的摩擦阻力较大时,压坏后呈两个对接的截锥体[图 6.14(b)];当润滑好、摩擦阻力较小时则沿纵向开裂[图 6.14(c)]。两种破坏形式所对应的抗压强度也有差异。因此,在这类材料的压缩试验中还有规定其端部条件,这样所得的抗压强度才能作为衡量材料强度的一种比较性指标。

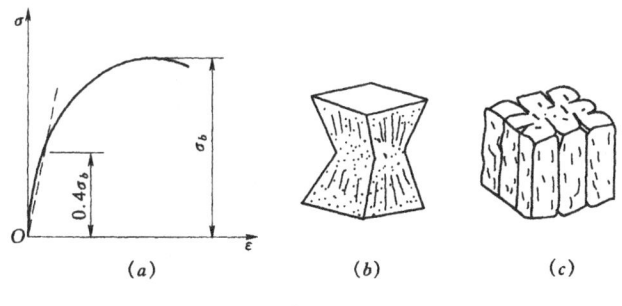

图 6.14

混凝土的抗拉强度很小,仅为抗压强度的 1/5~1/20,故不用于受拉构件。对混凝土一般不做拉伸试验。

4.2 木材

木材的力学性能随应力方向与木纹方向倾角的不同而有很大的差异,即木材的力学性能具有方向性，称为各向异性的材料。由于木材的组织结构对于顺纹（平行于木纹）和横纹（垂直于木纹）的方向基本上具有对称性，因而其力学性能也具有对称性。这种力学性能具有三个相互垂直的对称轴的材料，称为正交各向异性的材料（图 6.15）。

松木在顺纹拉伸、压缩和横纹压缩时，其 $\sigma-\varepsilon$ 曲线的大致形状如图 6.16 所示。木材的顺纹抗拉强度很高，但因受木节等缺陷的影响，其强度极限值波动很大。木材的横纹抗拉强度很低，工程中应避免横纹受拉。木材的顺纹抗压强度虽稍低于顺纹抗拉强度，但受木节等缺陷的影响较小，因此，在工程中广泛用作柱、斜撑等承压构件。木材在横纹压缩时，其初始阶段的应力-应变关系基本上成线性关系，当应力超过比例极限后，曲线趋于水平，并产生很大的塑性变型，工程中通常以其比例极限作为强度指标。

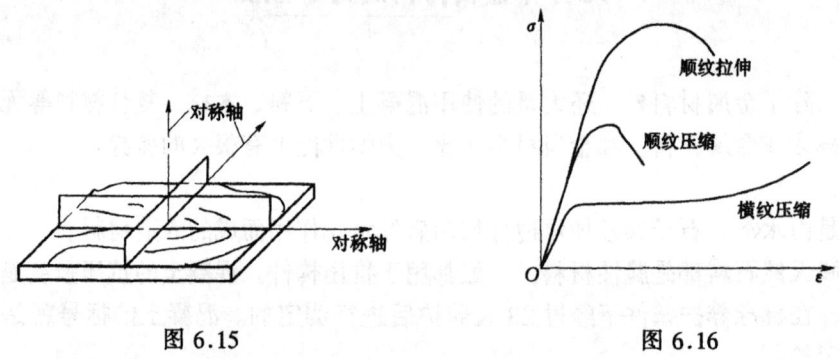

图 6.15　　　　　　　　　　图 6.16

由于木材的力学性能具有方向性，因而在设计计算中，其弹性模量 E 和容许应力 $[\sigma]$，都应随应力方向与木纹方向间倾角的不同而采用不同的数值，详情可参阅《木结构设计规范》。

4.3 连续纤维增强复合材料

连续纤维增强复合材料是以增强纤维作为增强材料，由树脂、陶瓷或金属作为基体，复合而成的材料。主要优点是重量轻，比强度（抗拉强度/密度）高，成型工艺简单，且耐腐蚀、抗振性能好。因此，诸如玻璃钢、碳纤维-树脂等作为结构材料在工程中得到了广泛应用。

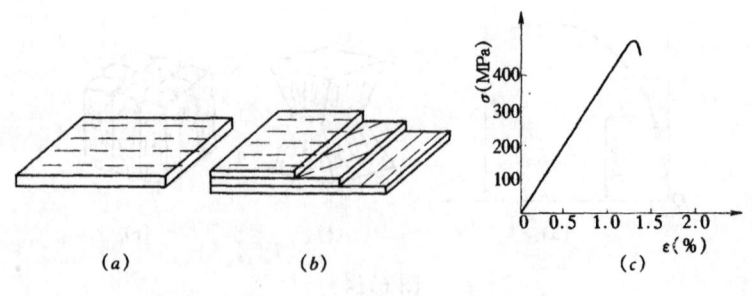

图 6.17

玻璃钢的力学性能与所用的玻璃纤维和树脂的性能以及两者的相对用量和相互结合的方式有关。玻璃纤维（或玻璃布）可以是同一方向排列的 [图 6.17 (a)]，也可以将每层按不同方向叠合粘结在一起 [图 6.17 (b)]。纤维呈单向排列的玻璃钢沿纤维方向拉伸时

的 $\sigma-\varepsilon$ 曲线如图 6.17 (c) 所示，直至断裂前，基本上是线弹性的。由于纤维的方向性，显然，玻璃钢的力学性能是各向异性的。关于玻璃钢在纤维排列方式不同和应力作用方向不同时的力学计算，可参阅有关复合材料力学的书籍。

近代的纤维增强复合材料所用的增强纤维，已发展为强度更高的碳纤维、硼纤维等。还有用金属的晶须作为增强纤维的金属基复合材料。

5 温度和时间对材料力学性能的影响

以上所讨论的工程中常用材料的力学性能，都是在常温、静荷载条件下由试验测定的。而工程实际中，一些构件和零件有可能在高温或低温下工作，材料在高温或低温下的力学性能与常温下并不相同。

5.1 短期高温静载对材料机械性能的影响

图 6.18 是在短期高温缓慢加载的试验条件下测出的低碳钢的 σ_s、σ_b、E、δ、ψ 等力学性能指标随温度变化的曲线。总的变化趋势是：与强度、刚度有关的指标 σ_s、σ_b、E 随温度的升高而下降，塑性指标 δ、ψ 随温度的升高而上升。即高温下，强度刚度降低，塑性变好。

同时也看到在 200～300℃ 以下，σ_b、δ、ψ 三项指标出现逆向变化，强度提高、塑性变差。表现出明显的脆性。在 250℃ 左右达到一个峰值。由于此时试件表面呈蓝色，便称为"蓝脆"现象。

低温下，屈服极限和强度极限有所升高，但延伸率继续降低。低碳钢趋于变脆，也形象的称为冷脆。

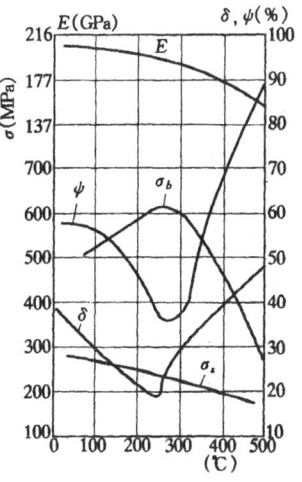

图 6.18

5.2 长期高温静载下的力学性能

5.2.1 高温蠕变

在高温下长期作用的静载荷会影响材料的力学性能，试验表明在低于一定温度（碳钢在 300～350 ℃以下）时，材料的力学性能没有明显的变化，但在高于这一温度且应力超过某一限度时，材料在这一固定的应力和不变的温度下，塑性变形将随时间的增长而缓慢加大。这一现象称为"蠕变"。图 6.19 的曲线是金属材料在温度、应力不变的条件下塑性应变随时间 t 变化的典型曲线。曲线的 AB 段斜率不断减小，

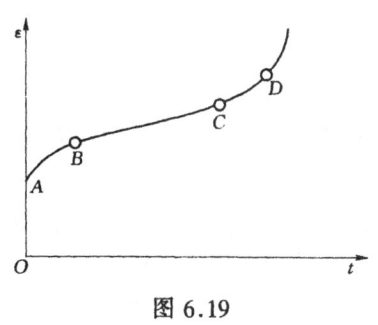

图 6.19

蠕变速度下降；BC 段斜率最小并接近于常量，进入稳定的蠕变阶段；CD 段蠕变速度逐渐增加，是加速阶段。过 D 点后蠕变速度急剧增大以至材料断裂。

同一种材料，相同温度下，应力越大，蠕变变形发展的越快。在相同的应力下温度越高，蠕变变形发展的越快。钢材的蠕变发生在高温下，有些材料例如低熔点金属铅和锌、高分子材料等，在室温下也会发生蠕变现象。

5.2.2 应力松弛

应力松弛是由蠕变引起的一种现象。在高温下工作的连接构件，例如连接螺栓一类紧固件在发生弹性变形后，保持其变形总量恒定，螺栓内将保持一不变的预紧力。随着时间的增加，蠕变而产生的塑性应变逐步取代了原来的弹性变形，使得螺栓的预紧力降低，亦即应力降低，导致连接的失效，称为"应力松弛"。因此高温下长期工作的连接构件需要经常检查，补充拧紧或更换。以防止由于应力松弛引起连接失效而导致事故的发生。

6 容许应力和安全系数

6.1 容许应力

在强度公式 $\sigma \leqslant [\sigma]$ 中，σ 为载荷作用下构件的实际应力，$[\sigma]$ 为材料的容许应力，由式（6.3）确定

$$[\sigma] = \frac{\sigma_u}{n} \tag{6.3}$$

式中：σ_u 为材料的危险应力；n 为大于 1 的系数，称为安全系数。

容许应力的值取决于材料的危险应力和安全系数。

6.2 危险应力的确定

对于塑性材料制成的杆件，当它发生显著的塑性变形时，往往影响到它的正常工作，所以通常取屈服极限 σ_s 作为 σ_u；对于无明显屈服阶段的塑性材料，则用条件屈服极限 $\sigma_{0.2}$ 作为 σ_u。

对于脆性材料，由于它直到破坏为止都不会产生明显的塑性变形，只有在真正断裂时才丧失正常工作能力，所以取强度极限 σ_b 作为 σ_u。

6.3 安全系数

选定了材料的危险应力后，还要解决如何规定安全系数 n 这个问题。以不同的强度指标作为危险应力时，所用的安全系数 n 也就不同。塑性材料的安全系数是对应于屈服极限 σ_s 和 $\sigma_{0.2}$ 的，以 n_s 表示。于是，塑性材料的容许拉（压）应力为

$$[\sigma] = \frac{\sigma_s}{n_s} \text{ 或} [\sigma] = \frac{\sigma_{0.2}}{n_s}$$

脆性材料的安全系数则对应于抗拉（压）强度 σ_b，用 n_b 表示。所以，脆性材料的容许拉（压）应力为

$$[\sigma] = \frac{\sigma_b}{n_b}$$

安全系数的确定考虑了两方面的因素：一是对强度条件各个参量的主观认识与客观实际存在误差的补偿；二是给构件以必要的强度储备。

（1）主观认识与客观实际间的误差主要有以下几方面：①极限应力误差，考虑实际使用材料的极限应力值个别有低于给定值的可能；②横截面尺寸的误差，个别构件在经过加工后，其实际横截面尺寸有可能比设计规定的尺寸小；③荷载值的误差，实际荷载有可能

超过在设计中所采用的标准荷载;④实际结构与其计算简图间的差异,将实际结构简化为计算简图,往往会因忽略了一些次要因素而带来偏于不安全的后果。

对极限应力估计过高,对工作应力计算偏低。这些误差都会产生不安全后果。为从强度上确保构件能正常工作,就在容许应力中以安全系数的形式来加以补偿。安全系数的这一部分应该理解为"补偿"的系数。

(2) 必要的强度储备,是考虑到构件在使用期内可能遇到意外的事故或其他不利的工作条件。对这些因素的考虑,要和构件的重要性以及当构件损坏时所引起的后果的严重性等联系起来。在意外因素相同的条件下,越重要的构件就应该有越大的强度储备。这种强度储备也是以安全系数的形式出现在强度条件中的。

规定安全系数的数值并不是单纯的力学问题,还包括了工程上的考虑以及复杂的经济问题。所以,在课程中不可能对此作深入的研究,这里只给出安全系的大致范围例如在静荷载下,n_s 一般可取 $1.4 \sim 1.7$;在对荷载的考虑较全面、材料质量较均匀等有利条件下,n_s 可取 $1.25 \sim 1.35$;与上述情况相反时,n_s 则应取为 $1.5 \sim 2.5$。同样在静荷载下,n_b 一般取 $2.5 \sim 3.0$;有时可大到 $4 \sim 14$。n_b 的数值规定得比 n_s 为大,其原因之一是脆性材料的破坏以断裂为标志,而塑性材料的破坏则以开始发生一定程度的塑性变形为标志,两者的危险性显然不同,且脆性材料的强度指标值的分散度较大。因此,对脆性材料有必要多给一些强度储备。

安全系数的选取直接影响容许应力的大小,也就影响使用材料的数量。安全系数取得过大将造成材料的浪费,取得过小则可能发生事故,是涉及安全与经济两个方面的问题。因此,在选取安全系数时,应以科学的态度,在保证构件安全的前提下,尽量节约材料以降低成本。

习 题

6.1 根据材料的 $\sigma - \varepsilon$ 曲线,指出 σ_p、σ_e、σ_s、σ_b、E、δ、ψ 各项力学性能指标的意义。

6.2 如何区分塑性材料和脆性材料,它们的容许应力是如何确定的?

6.3 简要说明金属材料的冷作硬化现象?举出几个在工程中应用的实例。

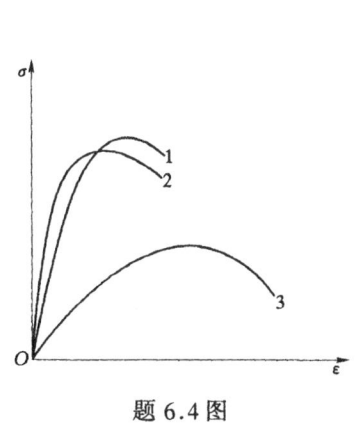

题 6.4 图

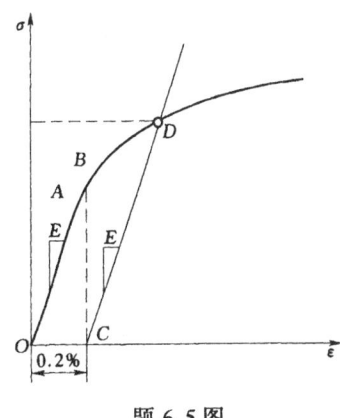

题 6.5 图

6.4 三种不同材料通过实验得到的 $\sigma-\varepsilon$ 曲线如图。试问：哪一种材料的①强度高？②塑性好？③刚度大？

6.5 某材料的 $\sigma-\varepsilon$ 曲线如图所示，曲线上哪一点的纵坐标是该材料的名义屈服极限？

6.6 铜丝直径 $d=2$ mm，长 $l=500$ mm，材料的应力-应变曲线如图所示，弹性模量 $E=100$ GPa。欲使铜丝伸长 30 mm，需要的拉力 P 大约为多少？若再将载荷卸至为零，此时丝长的变化量为多少？

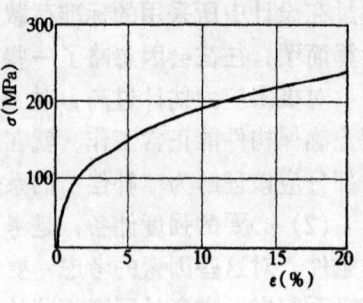

题 6.6 图

第7章 剪切实用计算

1 概述

在工程中,经常要用一定方式将构件互相连接起来。例如桥梁结构中的钢构件常用高强度螺栓或铆钉连接[图7.1(a)];机械传动中的轴与轮常用键来连接[图7.1(b)];钢结构中的板条型构件常用焊接或铆接[图7.1(c)];木结构常用榫齿连接等。也有某些构件采用高强度胶粘接的情况,如一些复合材料制作的构件采用高强度结构胶粘接。

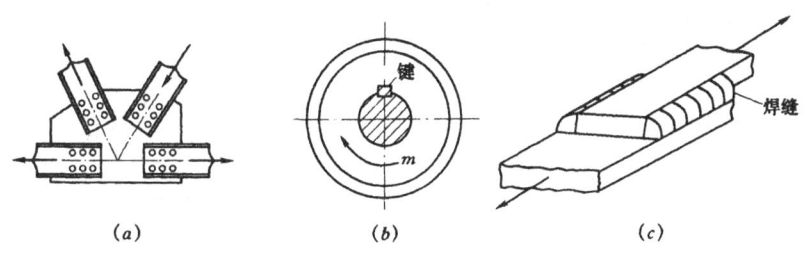

图 7.1

连接两个构件的部件称为连接件,如螺栓、销钉、铆钉等。这些工程上常用的连接件以及被连接构件在连接部位的应力,都是所谓的"局部应力"。在连接部位最主要的是连接件可能产生剪切破坏,也可能产生连接件和被连接件在相互接触面上挤压破坏以及被连接件在削弱处产生拉伸或压缩破坏。为保证结构安全工作,必须对连接件和被连接件在连接部位进行强度计算。由于连接件和被连接件在连接处的受力变形以及应力分布是复杂和多样的,工程上一般采用"实用计算方法"或称"假定计算法",即先假定应力分布规律,计算出工作应力值,亦称"名义工作应力",然后根据实物或试件模拟实验的直接结果,确定其相应的容许应力,以进行强度计算。本章主要介绍螺栓连接、铆钉连接和粘胶连接的假定计算。在钢结构和木结构等后续课程中,将进一步对它们作更深入的研究。对于焊接也将在上述有关后续课程中介绍。

2 剪切和挤压的实用计算

2.1 剪切和挤压的概念

用剪刀剪断物体或用钢筋切割机剪断钢筋是剪切变形的典型事例。从图7.2(a)所示的切割钢筋可以分析产生这种变形的受力特征和变形特征。观察图7.2(b),钢筋上受到刀刃作用的力是一对大小相等、方向相反、作用线相距很近的一对力,使得钢筋在切口内的两个相邻截面产生相对错动的趋势。当力足够大时,这两个截面相对错开,即剪断,这种破坏形式称"剪切破坏"。因此,产生剪切变形的受力特征是,物体受到一对大小相等、方向相反、作用线相距很近的平行力的作用。其变形特征表现为两相邻截面发生相对错动趋势,具有错动趋势的这个面称为受剪面或称剪切面。对于构件安全来说,剪切破坏是不容许的,因此需要对连接处的剪切问题进行强度计算。

挤压变形是指两个构件在连接部位相互传递压力时在接触面上发生的对压现象。例如用铆钉连接钢板时,在板承受轴向力情况下,钢板圆柱形孔壁与铆钉圆柱体表面将发生相互对压,如图 7.3 所示。两物体互相对压的接触面称为挤压面,作用于挤压面上的压紧力称为"挤压力",挤压力的压强称为"挤压应力"。如果挤压应力过大,在接触表面处将产生塑性变形,即压溃,连接处将发生松动现象,这在工程上是不允许的,因此需要对连接处的挤压问题进行强度计算。除此之外,还需要对钢板在因连接而受削弱的截面(净截面)处进行拉伸或压缩强度计算。需要指出:一般来说,在构件的连接部位,剪切问题是最主要的,首先要进行分析与计算。关于键连接等其他连接方式,其剪切问题和挤压问题计算与螺栓连接类似,本章不作专门说明。

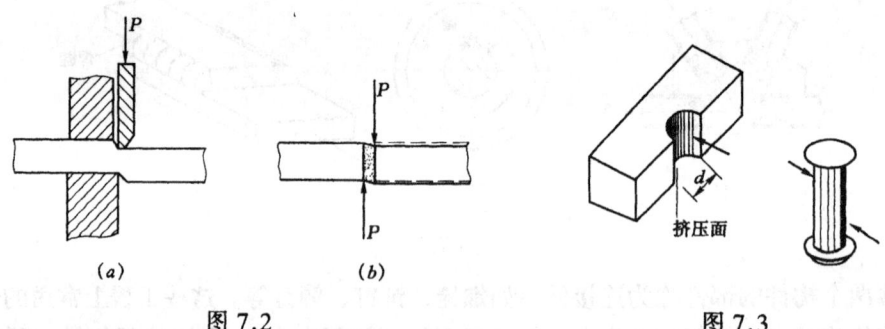

图 7.2   图 7.3

2.2 剪切实用计算

以图 7.4(a)所示的两块钢板用螺栓连接的情况为例介绍剪切实用计算。钢板上作用的拉力 P 将传递给螺栓,如图 7.4(b)所示,力 P 使得螺栓在 $m-m$ 位置上下两个相邻截面产生相对错动趋势,$m-m$ 截面为"剪切面"。现在研究在 $m-m$ 剪切面上产生的应力。

在螺栓上作 $m-m$ 截面,取下段为脱离体 [图 7.4(c)],由平衡条件得

$$Q = P$$

内力 Q 称为"剪力",它应该是剪切面上剪应力 τ 的合力。由于螺栓在产生剪切变形的同时,伴随着多种复杂因素,剪切面上剪应力的实际分布情况是复杂的。为了简化计算,假定

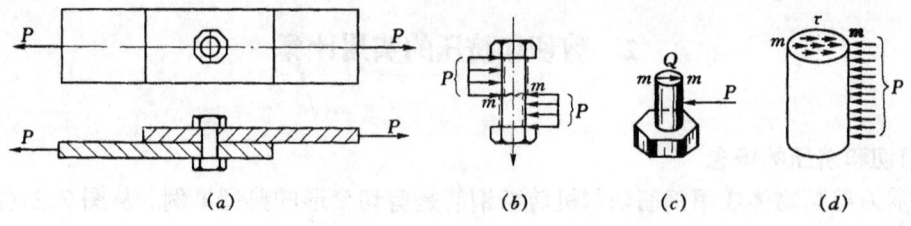

图 7.4

在剪切面上的剪应力均匀分布[图7.4(d)]，于是得到剪切面上剪应力的实用计算公式

$$\tau = \frac{Q}{A} \tag{7.1}$$

其中
$$A = \frac{\pi d^2}{4}$$

式中：Q 为剪切面上的剪力；A 为剪切面面积；τ 为名义工作剪应力。

为使螺栓不至于剪切破坏，必须要求工作剪应力 τ 不超过材料剪切的容许剪应力 $[\tau]$。这样，螺栓剪切实用计算的剪切强度条件为

$$\tau = \frac{Q}{A} \leqslant [\tau] \tag{7.2}$$

$$[\tau] = \frac{\tau_u}{n}$$

式中：τ_u 为材料模拟剪切破坏实验得到的极限剪应力值；n 为强度计算时确定的安全系数。

在计算极限剪应力时，同样假定剪应力在试件的剪切面上均匀分布，因此，式(7.2)不等式的两边用了相同的假定以保证计算的正确性。一般来说，同一材料的容许剪应力与容许拉应力有如下关系：

塑性材料　　$[\tau] = (0.6\sim0.8)[\sigma]$

脆性材料　　$[\tau] = (0.8\sim1.0)[\sigma]$

由于在上述剪切计算中，剪切面上的剪应力并未按实际分布情况考虑而是假定为均匀分布，但强度计算结果满足工程要求，因此称为"剪切实用计算"。

2.3 挤压实用计算

在承载时，螺栓与所连接的钢板在半圆柱体表面相互接触并产生挤压，取螺栓下段为脱离体分析，如图7.5(a)所示。在接触面上受到板孔壁传递的压紧力称为"挤压力"，记作 P_c，其相应的应力称为"挤压应力"，记作 σ_c。挤压应力的分布很复杂，不易得到精确的解析理论表达式。工程上为了简化计算，通常采用实用计算方法，即假定挤压应力在"有效挤压面"上均匀分布。所谓有效挤压面是指接触面在以挤压力的作用线为法线的平面上的投影，如图7.5(b)所示的 ABCD 平面。于是得到挤压应力 σ_c 的实用计算公式。

$$\sigma_c = \frac{P_c}{A_c} \tag{7.3}$$

其中
$$A_c = dt$$

式中：P_c 为挤压力；A_c 为有效挤压面积。

根据理论分析，在半圆柱体挤压面上，挤压应力的实际分布如图7.5(c)所示，最大挤压应力在弧线的中点处。按式(7.3)算得的挤压应力，与理论分析所得的最大挤压应力值接近。

只要计算的工作挤压应力值不超过材料的容许挤压应力，就认为材料满足挤压强度条件，于是得到挤压实用计算的挤压强度条件

$$\sigma_c = \frac{P_c}{A_c} \leqslant [\sigma_c] \tag{7.4}$$

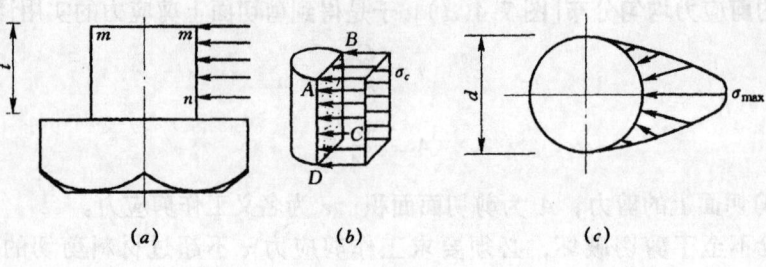

图 7.5

式中：$[\sigma_c]$ 为容许挤压应力。

$[\sigma_c]$ 的确定与剪切时容许剪应力的确定相类似。不同材料，不同连接件的 $[\sigma_c]$ 值可以从有关规范中查得。一般而言，对于钢材等塑性材料，材料的容许挤压应力远远大于材料的容许拉伸应力，它们存在下列关系：

$$[\sigma_c] = (1.7 \sim 2.0)[\sigma]$$

与剪切实用计算类似，由式（7.4）得到的挤压强度计算结果能满足工程要求，称为挤压实用计算。

应当注意，连接件和被连接的构件，在相互接触的部位都同时存在挤压强度问题。因此，当两者材料不同时，只需要对容许挤压应力较低的部分进行挤压强度计算。

【例题 7.1】 两块厚度均为 $t=10\text{mm}$，宽度 $b=60\text{mm}$ 的钢板，用两个直径为 $d=17\text{mm}$ 的铆钉相连接，如图 7.6(a) 所示，钢板受拉力 $P=60\text{kN}$，已知容许剪应力 $[\tau]=140\text{MPa}$，容许挤压应力 $[\sigma_c]=280\text{MPa}$，容许正应力 $[\sigma]=160\text{MPa}$。试校核此接头的强度。

解：（1）接头的受力分析。

接头的强度计算需要考虑铆钉的剪切强度、铆钉及钢板孔壁接触处的挤压强度和钢板的拉伸强度计算。因此首先要对铆钉和钢板作受力分析。根据每个铆钉受力相同的原则，每个铆钉受到的力为 $P/2=30\text{kN}$，受力图如图 7.6（b）所示。钢板受到铆钉的作用力，并根据第 4 章内力图绘制的方法，作出钢板的受力图和轴力图如图 7.6（d）所示。

（2）铆钉的剪切强度计算。

剪切面上的剪力 $Q=P/2=30\text{kN}$，如图 7.6（b），剪切面面积 $A=\pi d^2/4$。

$$\tau = \frac{Q}{A} = \frac{30 \times 10^3}{\frac{\pi}{4} \times 17^2 \times 10^{-6}} = 132 \times 10^6 \text{N/m}^2 = 132\text{MPa} < [\tau] = 140\text{MPa}$$

可见，铆钉满足剪切强度要求。

（3）挤压强度计算。

由于钢板和铆钉的容许挤压应力相同，所以只要计算铆钉的挤压强度，铆钉的挤压力 $P_c = P/2 = 30\text{kN}$，挤压面积 $A_c = dt$，如图 7.6（c）所示。

$$\sigma_c = \frac{P_c}{A_c} = \frac{30 \times 10^3}{17 \times 10 \times 10^{-6}} = 170 \times 10^6 \text{N/m}^2 = 170\text{MPa} < [\sigma_c] = 280\text{MPa}$$

可见，满足挤压强度要求。

（4）钢板的拉伸强度计算。

第7章 剪切实用计算

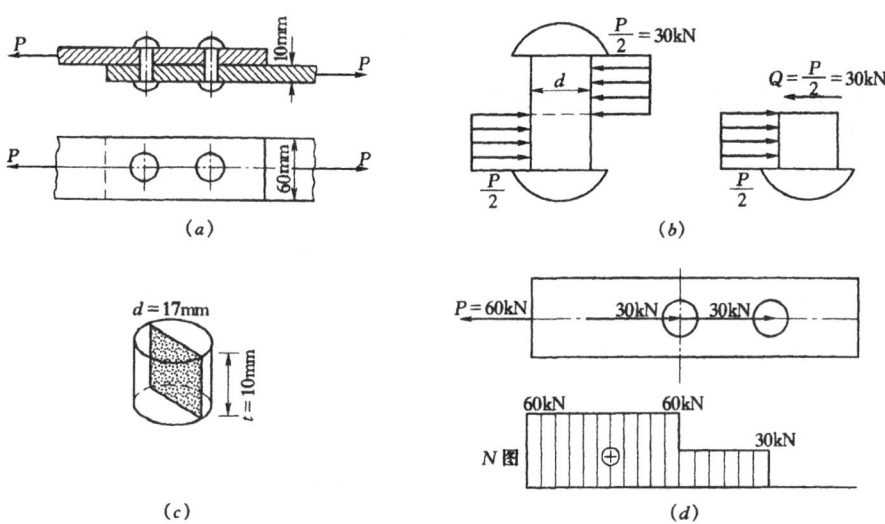

图 7.6

由图 7.6（d）知，危险截面在第 1 个铆钉孔位置，其截面的净面积为扣除削减面积后的剩余面积，即 $A_j = (b-d)t$，轴力 $N = 60\text{kN}$。

$$\sigma = \frac{N}{A_j} = \frac{60 \times 10^3}{(60-17) \times 10 \times 10^{-6}} = 140 \times 10^6 \text{N/m}^2 = 140\text{MPa} < [\sigma] = 160\text{MPa}$$

可见，钢板满足拉伸强度要求。

综合以上计算结果，说明此铆钉连接接头符合强度要求。

【例题 7.2】 螺栓对接接头如图 7.7（a）所示，共用 2 个螺栓。钢板厚度为 20mm，盖板厚度为 10mm，已知 $P = 40\text{kN}$，螺栓的容许剪应力 $[\tau] = 130\text{MPa}$，容许挤压应力 $[\sigma_c] = 300\text{MPa}$。试按强度条件计算螺栓所需的直径。

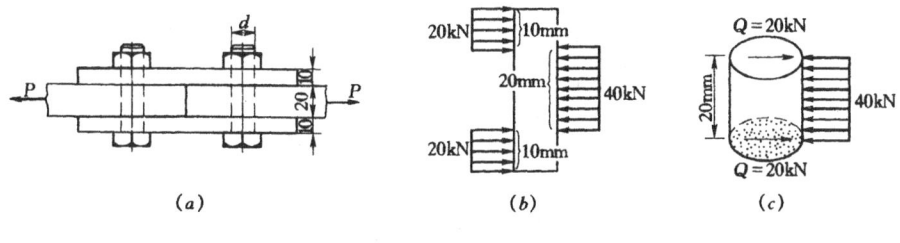

图 7.7

解：（1）螺栓的受力分析。

传递到螺栓上的力如图 7.7（b）所示，取与钢板接触的中间部分分析，可知存在两个剪切面，如图 7.7（c）所示。可见，每个剪切面上的剪力 $Q = P/2 = 20\text{kN}$，而挤压力 $P_c = P = 40\text{kN}$。

（2）由剪切强度条件计算螺栓直径。

$$\tau = \frac{Q}{A} = \frac{20 \times 10^3}{\frac{\pi}{4}d^2} \leqslant [\tau]$$

119

得
$$d \geqslant \sqrt{\frac{4 \times 20 \times 10^3}{\pi \times 130 \times 10^6}} = 14 \times 10^{-3} \text{m} = 14\text{mm}$$

可见，按剪切强度计算，螺栓直径应取 14mm。

(3) 由挤压强度条件计算螺栓直径。

$$\sigma_c = \frac{P_c}{A_c} = \frac{40 \times 10^3}{20 \times 10^{-3} \times d} \leqslant [\sigma_c]$$

得
$$d = \frac{40 \times 10^3}{20 \times 10^{-3} \times 300 \times 10^6} = 6.67 \times 10^{-3}\text{m} = 6.67\text{mm} \approx 7\text{mm}$$

可见，按挤压强度计算，螺栓直径应取 7mm。

综合上述计算结果，螺栓直径应取较大值 $d = 14$mm。

【例题 7.3】 某钢桁架中的一个结点如图 7.8 (a) 所示。经计算斜杆 A 产生拉力 $P = 140$kN。该斜杆由两个 $63\text{mm} \times 63\text{mm} \times 6\text{mm}$ 的等边角钢组成，并且螺栓连接在厚度 $t = 10$mm 的结点板上，螺栓直径 $d = 16$mm，已知角钢、结点板和螺栓的材料均相同，容许应力分别为，$[\sigma] = 170$MPa，$[\tau] = 130$MPa，$[\sigma_c] = 300$MPa。试设计斜杆 A 与结点板连接需要的螺栓个数，并校核斜杆 A 的拉伸强度。

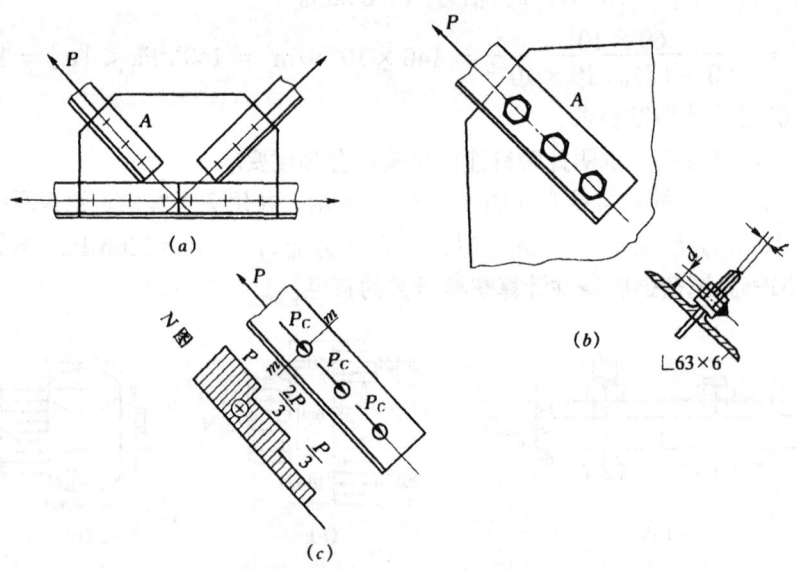

图 7.8

解：(1) 螺栓受力分析。

设斜杆 A 需用 n 个螺栓与结点板相连接。当螺栓直径相同，且斜杆 A 上作用力 P 的作用线通过这组螺栓的截面形心时，可以认为各螺栓上受到的力相等，所以，每个螺栓受到的力为 P/n。与例题 7.2 情况相同，每个螺栓均有两个剪切面，因此每个螺栓剪切面上的剪力 $Q = P/2n$，其挤压力 $P_C = P/n$。

(2) 按螺栓的剪切强度条件计算螺栓的个数。

由剪切强度条件

$$\tau = \frac{Q}{A} \leqslant [\tau]$$

即

$$\frac{\frac{P}{2n}}{\frac{\pi}{4}d^2} \leqslant [\tau]$$

得

$$n \geqslant \frac{140 \times 10^3}{2 \times \frac{\pi}{4} \times 16^2 \times 10^{-6} \times 130 \times 10^6}$$

$$= 2.68(个)$$

所以可选用螺栓 3 个。

(3) 按螺栓的挤压强度条件计算所需螺栓的个数。

挤压力 $P_C = P/n$，挤压面积 $A_C = dt = 16 \times 10^{-3} \times 10 \times 10^{-3} = 160 \times 10^{-6} \text{m}^2$。由挤压强度条件

$$\sigma_c = \frac{P_C}{A_C} \leqslant [\sigma_C]$$

即

$$\frac{\frac{P}{n}}{dt} \leqslant [\sigma_C]$$

得

$$n \geqslant \frac{140 \times 10^3}{160 \times 10^{-6} \times 300 \times 10^6} = 2.92(个)$$

所以可选用螺栓 3 个。

综合剪切强度和挤压强度计算的结果，选用 3 个 $d = 16\text{mm}$ 的螺栓与结点板连接。

(4) 校核斜杆 A 的拉伸强度。斜杆 A 与结点板的连接情况如图 7.8（b）所示，取两根角钢一起作为脱离体，其受力图和轴力图如图 7.8（c）所示。可知斜杆在 $m-m$ 截面上的轴力最大，且横截面又因螺栓孔也被削弱，因此该截面是危险截面，应该进行拉伸强度校核。

该截面上的轴力为

$$N = P = 140\text{kN}$$

由型钢表查得一个 $63 \times 63 \times 6$ 角钢的横截面面积为 7.29cm^2，其危险截面的净面积为

$$A_j = 2 \times (7.29 - 0.6 \times 1.6) = 12.66\text{cm}^2$$

由拉压强度条件

$$\sigma = \frac{N}{A_j} = \frac{140 \times 10^3}{12.66 \times 10^{-4}} = 110.6\text{MPa} < [\sigma] = 170\text{MPa}$$

可见斜杆 A 拉伸强度足够。

3 胶粘接实用计算简介

随着化学工业的发展与高强度粘接剂（胶合剂）的出现，近年来在结构连接方式中粘接日益受到重视与发展。构件采用不同的粘接方式，或其接缝方向不同，或者粘接后的构

件承载方式不同,(图 7.9),粘接缝的破坏形式可能不同。有可能出现粘接缝被拉开,也有可能出现剪切破坏。因此,对粘接缝进行强度计算需要同时满足下列强度条件

$$\sigma \leqslant [\sigma] \qquad (7.5)$$
$$\tau \leqslant [\tau] \qquad (7.6)$$

式 (7.5) 和式 (7.6) 中

$$[\sigma] = \frac{\sigma_u}{n}, \quad [\tau] = \frac{\tau_u}{n}$$

式中:σ_u、τ_u 分别为粘接缝的拉伸强度极限和剪切强度极限;n 为根据需要确定的安全系数。

应当注意,对于斜截面粘接缝来说 [图 7.9 (c)],在接缝上将同时存在垂直于斜接缝方向的正应力和沿斜接缝方向的剪应力,因此,应该按式 (7.5) 和式 (7.6) 两个强度条件对粘接缝作强度计算。

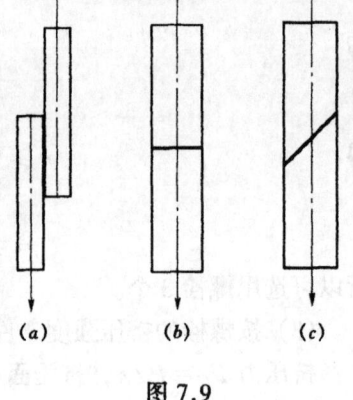

图 7.9

【**例题 7.4**】 图 7.10 所示装置常用来确定胶粘缝处的抗剪强度。若已知破坏时的荷载为 10kN,试求粘接缝处的极限剪应力 τ_u。

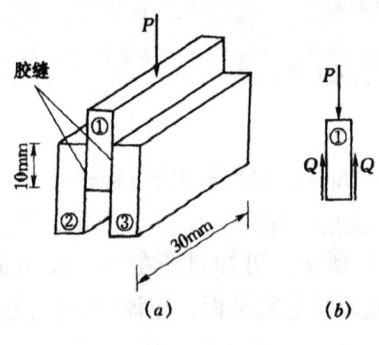

图 7.10

解:取中间试块分析,如图 7.10 (b) 所示。由平衡条件求得双剪切面上的剪力为

$$Q = 5\text{kN}$$

由图 7.10 (a) 知,粘接处的胶缝面积即为剪切面积,

即 $A = 30 \times 10 \times 10^{-6} = 3 \times 10^{-4} \text{m}^2$

得 $\tau_u = \dfrac{Q}{A} = \dfrac{5 \times 10^3}{3 \times 10^{-4}} = 16.7\text{MPa}$

【**例题 7.5**】 图 7.11 所示矩形截面杆,$b = 30\text{mm}$,$h = 50\text{mm}$,受轴向拉力 $P = 10\text{kN}$。已知粘接缝处的极限拉应力 $\sigma_u = 17\text{MPa}$,极限剪应力 $\tau_u = 9\text{MPa}$,若取安全系数 $n = 3$,试从强度分析确定斜接缝 α 的容许范围值。

解: $[\sigma] = \dfrac{\sigma_u}{n} = \dfrac{17}{3} = 5.7\text{MPa}$

$[\tau] = \dfrac{\sigma_u}{n} = \dfrac{9}{3} = 3\text{MPa}$

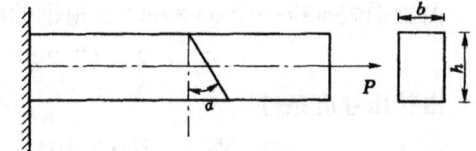

图 7.11

根据式 (5.4) 可求得斜接缝处的正应力和剪应力为

$$\sigma_\alpha = \frac{P}{A}\cos^2\alpha = \frac{10 \times 10^3 \cos^2\alpha}{30 \times 50 \times 10^{-6}} = 6.67\cos^2\alpha \quad \text{MPa}$$

$$\tau_\alpha = \frac{P}{2A}\sin 2\alpha = \frac{10 \times 10^3 \sin 2\alpha}{2 \times 30 \times 50 \times 10^{-6}} = 3.33\sin 2\alpha \quad \text{MPa}$$

第7章 剪切实用计算

由式（7.5）与式（7.6）得

$$6.67\cos^2\alpha \leqslant 5.7$$
$$3.33\sin2\alpha \leqslant 3$$

所以

$$\arccos\sqrt{0.85} \leqslant \alpha \leqslant \frac{1}{2}\arcsin 0.9$$

因此可确定 α 的范围值为

$$22.8° \leqslant \alpha \leqslant 32.1°$$

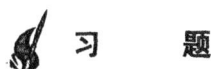

习 题

7.1 如图所示铆接接头，板厚 $t = 22$mm，板宽 $b = 15$mm，板铆钉直径 $d = 4$mm。拉力 $P = 1.25$kN。材料的许用剪切应力 $[\tau] = 100$MPa，许用挤压应力 $[\sigma_c] = 300$MPa，拉伸许用应力 $[\sigma] = 160$MPa。试校核此接头的强度。

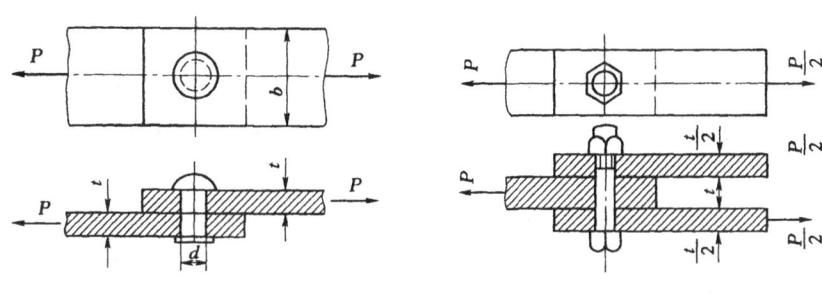

题 7.1 图   题 7.2 图

7.2 试求图示连接件中所需螺栓的最小直径。已知 $P = 200$kN，$t = 20$mm，螺栓之 $[\tau] = 80$MPa，$[\sigma_c] = 200$MPa（暂不考虑板的强度）。

7.3 冲床的最大冲压力为400kN，冲头材料的 $[\sigma] = 440$MPa，被冲剪钢板的 $\tau_u = 360$MPa。求在最大冲压作用下所能冲剪的圆孔的最小直径 $d_{\min}$，以及这时能冲剪的钢板的最大厚度 $t_{\max}$。

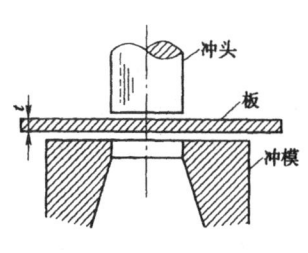 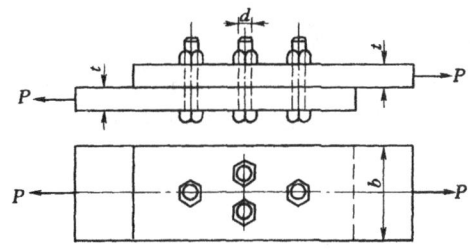

题 7.3 图   题 7.4 图

7.4 拉力 $P = 80$kN 的螺栓连接如图所示。已知 $b = 80$mm，$t = 10$mm，$d = 22$mm，螺栓的许用剪应力 $[\tau] = 130$MPa，钢板的许用挤压应力 $[\sigma_c] = 300$MPa，许用应力 $[\sigma] = 170$MPa。试校核接头的强度。

7.5 试校核图示拉杆头部的剪切强度和挤压强度。已知图中尺寸 $D = 32$mm，$d = 20$mm 和 $h = 12$mm，杆的容许剪应力 $[\tau] = 100$MPa，容许挤压应力 $[\sigma_c] = 240$MPa。

7.6 正方形截面的混凝土柱，其横截面边长为 200mm，其基底为边长 $a=1$m 的正方形混凝土板。柱承受轴向压力 $P=100$kN，如图所示。假设地基对混凝土板的反力为均匀分布，混凝土的许用剪应力为 $[\tau]=1.5$MPa，问为使柱不穿过板，混凝土板所需的最小厚度 t 应为多少？

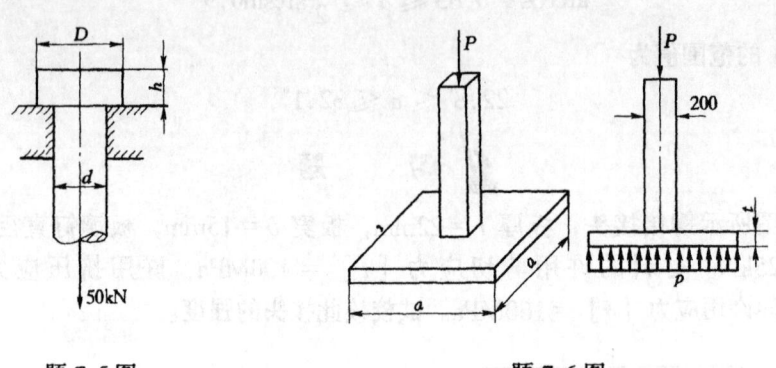

题 7.5 图　　　　　　　　题 7.6 图

7.7 图示拉杆由 4 个相同的铆钉与格板连接。拉杆和铆钉的材料相同，$[\sigma]=170$MPa，$[\tau]=100$MPa，$[\sigma_c]=300$MPa。试校核铆钉和拉杆的强度。

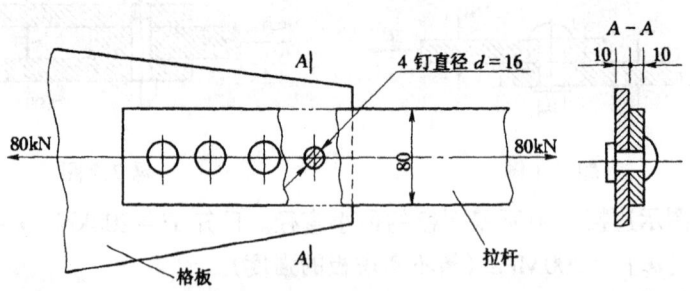

题 7.7 图

7.8 图示轴的直径 $d=80$mm，键的尺寸 $b=24$mm，$h=14$mm。键的容许剪应力 $[\tau]=40$MPa，容许挤压应力 $[\sigma_c]=90$MPa。若由轴通过键传递的扭转力矩为 3.2kN·m，试求键所需的最小长度 l。

7.9 销钉式安全联轴器如图所示，当传递的力偶矩超过规定数值时，机构因销钉剪断而自动停机。若允许传递的最大扭转力偶矩 $T=300$N·m，销钉的容许剪应力 $[\tau]=140$MPa，轴的直径 $D=30$mm，为保证机构不致超载，试设计销钉的直径 d。

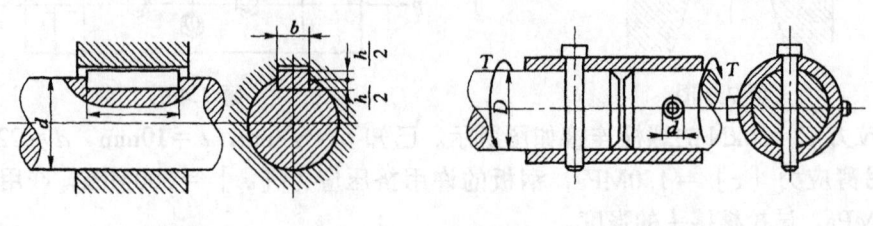

题 7.8 图　　　　　　　　题 7.9 图

第8章 扭 转

1 概 述

1.1 扭转变形及工程实例

圆截面直杆在受到垂直于杆轴平面内的力偶作用时，各横截面将绕杆的轴线作相对转动，如图 8.1 所示，这种横截面作相对转动的变形称为扭转变形。在图 8.1 中，横截面 B 相对横截面 A 转过了一个角度 φ，角 φ 称为 AB 截面的相对扭转角。同时杆件表面上的纵向线也转过了一个角度 γ，γ 角称为剪切角或剪应变。杆上作用的绕杆件轴线转动的力偶 m 称为外力偶矩。

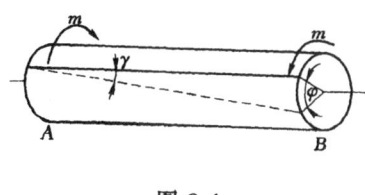

图 8.1

扭转变形是杆件基本变形之一。在工程结构中发生扭转变形的杆件是很多的。例如，驾驶员操纵汽车方向盘时，操纵杆在受到方向盘上力偶作用的同时，又受到转向器的阻抗力偶作用，操纵杆产生的变形就是扭转变形 [图 8.2 (a)]。如机械传动中的传动轴也存在扭转变形的问题 [图 8.2 (b)]。又如，建筑工程中的带雨篷的过梁，在墙体的压力和雨篷板荷载的共同作用下，过梁除了产生弯曲变形外，还同时存在扭转变形，如图 8.2 (c) 所示。

本章主要研究等圆截面直杆（圆轴）扭转时横截面上的应力和强度计算，以及变形和刚度计算。对于非圆截面杆件的扭转问题，本章只简略给出矩形截面杆扭转时的一些主要

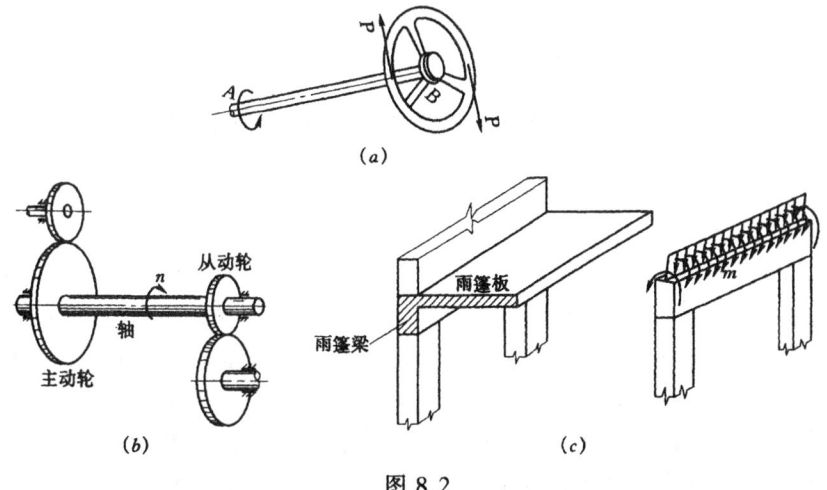

图 8.2

1.2 传动轴的功率、转速与外力偶矩

在传动轴的计算中（图8.3），通常不是直接给出作用于轴上的外力偶矩 m 的数值，而是已知轴的转速 n 和主动轮传递的功率 N_p。因此，为了对轴进行强度和刚度计算，首先需要由转速和传递功率换算出使轴产生扭转变形的外力偶矩。

由功和功率的关系，力偶在单位时间内所做的功为功率，即外力偶矩与单位时间内轴转过角度的乘积等于功率，写成表达式有

$$m\omega = N_p \tag{8.1}$$

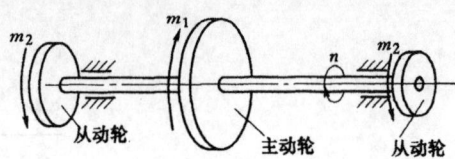

图8.3

式中：ω 为轴转动的角速度。由于给出轴在稳定转动时每分钟的转数为 n，即 $\omega = 2\pi n /\min$。

由式（8.1）可得到外力偶矩与轴转速和传递功率有如下换算关系

$$m = \frac{N_p}{\omega}$$

当功率 N_p 用千瓦（kW）单位时 $1\text{kW} = 1\text{kN}\cdot\text{m/s}$

$$m = \frac{N_p}{\frac{2\pi n}{60}} = \frac{60 N_p}{2\pi n}$$

$$m = 9.55\frac{N_p}{n} \quad (\text{kN}\cdot\text{m}) \tag{8.2}$$

式中：N_p 为千瓦（kW）数；n 为每分钟的转数。

当功率功 N_p 用马力（PS）单位时 $1\text{PS} = 0.736\ \text{kN}\cdot\text{m/s}$，可得

$$m = 7.02\frac{N_p}{n} \quad (\text{kN}\cdot\text{m}) \tag{8.3}$$

式中：N_p 为马力（PS）数。

在计算外力偶矩时，应注意到主动轮上的外力偶矩的转向与轴转动的方向相同，而从动轮上外力偶矩的转向则与轴的转向相反，这是因为从动轮上的外力偶矩是阻力矩，如图8.3所示传动轴中 m_2 转向与 m_1 转向相反。计算出外力偶矩后就可以按照第4章的内力计算的方法求得该轴的扭矩和扭矩图。

2 圆轴扭转时横截面上的剪应力

2.1 薄壁圆筒的扭转

图8.4（a）所示圆筒，设壁厚 t 远小于其平均半径 r_0，在圆筒的两端作用有大小相等转向相反的外力偶矩 m。应用截面法，可知任一横截面上的内力只有扭矩 T，$T = m$ [图8.4（b）]。由内力与应力的对应关系，可以推断，横截面上各点处只能产生绕圆筒轴线转动的剪应力 τ，这些剪应力对于圆筒轴线的力矩之和应该等于截面上的扭矩 T。

圆筒扭转前，在圆筒表面画上等间距的圆周线和纵向线，扭转变形后，在小变形情况下，可以发现，各圆周线及间距保持不变，而各纵向线发生了倾斜且仍保持为直线，原矩

第8章 扭 转

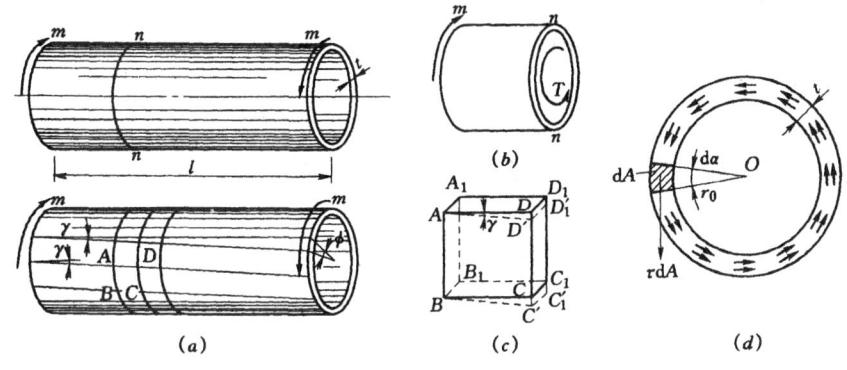

图 8.4

形方格变成了平行四边形如图 8.4（c）所示。如果把各圆周线看成各横截面与圆筒表面的交线，根据上述变形现象，可以认为，圆筒横截面仍保持为平面，相邻两横截面只是绕圆筒轴线作相对转动，因此，横截面上各点处剪应力的方向必定与圆周相切。又因为各直角的改变量均为相等的 γ 角，可见横截面在圆周处各点的剪应力数值相等且方向与圆周相切。

由于筒壁很薄，剪应力 τ 沿壁厚方向上的变化是很小的，在壁厚 t 远小于平均半径 r_0 的情况下，可以认为剪应力 τ 在壁厚上是均匀分布的，因此横截面上的剪应力为常数。由静力平衡条件，知

$$2\pi r_0 t \cdot \tau \cdot r_0 = T$$

得
$$\tau = \frac{T}{2\pi r_0^2 t} \tag{8.4}$$

2.2 剪应力互等定理 剪切胡克定律

在图 8.4（b）所示扭转变形的薄壁圆筒上，围绕一点处取出边长分别为 dx、dy、dz 的微小正六面体，也称为单元体，如图 8.4（c）和图 8.5 所示。对该单元体进行分析，可得出剪应力互等定理和剪切胡克定律。

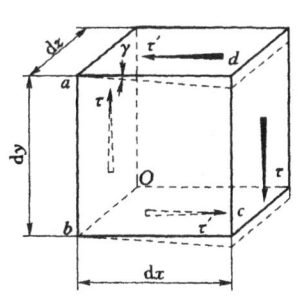

图 8.5

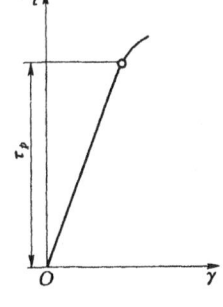

图 8.6

2.2.1 剪应力互等定理

在图 8.5 中，左右两侧面位于薄壁圆筒的相应横截面内，其上存在有剪应力 τ，上下两平面对应两纵向截面，即平行于轴线的截面，从单元体应该处于平衡的要求，上下两平

面上必然存在剪应力 τ'，写出平衡方程 $\sum M_z = 0$

即
$$(\tau dy\, dz)dx = (\tau' dz\, dx)dy$$

得到
$$\tau = \tau' \tag{8.5}$$

式 (8.5) 称为"剪应力互等定理"或"剪应力双生定理"。表明在互相垂直的两个面上，剪应力总是成对出现的，它们数值相等，方向要么同时指向两平面的交线，要么同时背离这一交线。

图 8.5 所示单元体，只作用有剪应力而无正应力，此类情况称纯剪切状态。

必须指出，尽管剪应力互等定理是由纯剪切应力状态得出的，但是它具有普遍性，对同时有正应力作用的单元体也是正确的。

2.2.2 剪切胡克定律

如图 8.5 所示单元体，由于处在纯剪切应力状态下，单元体只发生剪切变形，对应平面的相对错动所产生的位移 γ 称为剪应变。剪应变 γ 实际上就是原相互垂直的平面 ab 与 ad 之间的直角改变量。直角变小 γ 为正，直角变大 γ 为负。

由对薄壁圆筒所做的扭转实验得知，对于大多数工程材料，当纯剪切应力状态处于弹性范围内时，剪应力与剪应变存在线性关系，如图 8.6 所示。这种线性关系的表达式为

$$\tau = G\gamma \tag{8.6}$$

并称为材料的剪切胡克定律，式 (8.6) 中的比例常数 G 称为材料的剪切弹性模量，其量纲和弹性模量 E 的量纲相同，单位是 Pa、MPa 或 GPa 等。如钢材的 $G = (80 \sim 84)$ GPa。

由图 8.6 可知，式 (8.6) 只有在剪应力 τ 不超出材料的剪切比例极限 τ_p 时才是适用的。即认为材料在线弹性范围内工作，剪切胡克定律成立。

根据理论研究和实验证实，材料在弹性范围内，剪切弹性模量 G 与弹性模量 E 以及泊松比 μ 存在下列关系。

$$G = \frac{E}{2(1+\mu)} \tag{8.7}$$

对于各类各向同性材料，只要用已知 E、G 和 μ 中的任意两个值，就可以根据式 (8.7) 求得另一值。如钢材，$\mu = 0.3$，可算得 $G = 0.384E$；如对于混凝土，$\mu = 1/6$，算得 $G = 0.429E$。

2.3 圆轴扭转时横截面上的剪应力

前面第 4 章已经讨论了圆轴扭转时的扭矩 T 的计算方法和扭矩图（T 图）的绘制。为了对轴进行强度分析，现在需要研究圆轴扭转时在已知扭矩的情况下横截面上的应力计算。与前节薄壁圆筒相仿，首先观察圆轴扭转时的变形现象，作出一些假设；再综合应用圆轴的几何、物理以及静力学三个方面的条件，导出圆轴扭转时横截面上应力的计算公式。

2.3.1 变形现象分析与平面假设

如图 8.7 (a) 所示，在实心圆轴的表面画上圆周线和纵向线，然后在轴的两端作用外扭矩，圆轴扭转变形后如图 8.7 (b) 所示，观察得到两点试验现象。

(1) 各圆周线的形状、大小和间距都不改变，只是绕杆轴线作相对转动。

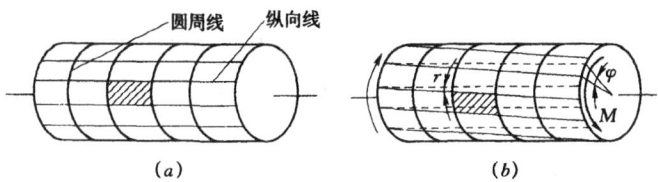

图 8.7

(2) 各纵向线都倾斜了同一角度 γ，扭转变形后轴表面上的矩形方格歪斜成平行四边形。

对上述变形现象作下列分析：

(1) 由于圆周线的形状和大小不变，且半径仍为直线。据此，假设：圆轴扭转变形后其横截面仍保持平面。即横截面刚性地绕轴线作相对转动。这一假设称为"平面假设"。

平面假设适用于等截面圆直杆。以平面假设为基础导出的应力和变形计算公式，其计算结果与实验结果相符合，且能用弹性理论的解来证实，表明平面假设是正确的。

(2) 由于各圆周线间距不变，可以推断，扭转轴无轴向正应变，圆轴扭转时横截面上没有正应力只有剪应力。

(3) 由各纵向线倾斜相同的剪切角 γ，仿照前节薄壁圆筒的分析方法，可知横截面上剪应力 τ 的方向沿着圆周的切线，即剪应力 τ 垂直于圆的半径。

2.3.2 变形几何条件

下面推导剪应力计算公式。首先考虑扭转轴的变形几何关系。如图 8.8（a）所示实心扭转轴，两端截面的相对扭转角为 φ。从圆轴截取长度为 $\mathrm{d}x$ 的微段，如图 8.8（b）所示，微段两端截面的相对扭转角为 $\mathrm{d}\varphi$，微段表面上的 a、b 两点，变形后移至 a'、b' 点，其 a 点处的剪应变为 γ。由微段的几何关系，容易得到

$$\gamma = \tan\gamma = \frac{\widehat{b'b''}}{\mathrm{d}x} = R\frac{\mathrm{d}\varphi}{\mathrm{d}x}$$

上式是扭转圆轴横截面边缘点处的剪应变。

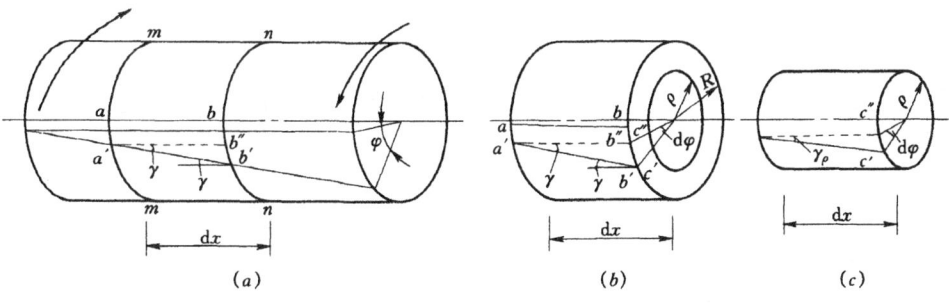

图 8.8

从微段中取出半径为 ρ 的圆柱体，如图 8.8（c）所示。根据平面假设，用上述相同的方法，得到横截面上距圆心为 ρ 的点处剪应变为

$$\gamma_\rho = \rho\frac{\mathrm{d}\varphi}{\mathrm{d}x} \tag{8.8}$$

式（8.8）中的 $d\varphi/dx$ 表示相对扭转角 φ 沿圆轴长度的变化率，对于某一确定的横截面，它是个常量。因此，式（8.8）表明：在同一半径 ρ 的圆周上各点处的剪应变 γ_ρ 均相同，且其值与 ρ 成正比。这就是圆轴扭转时横截面上剪应变的变化规律。

2.3.3 物理条件

根据剪切胡克定律，横截面上距圆心为 ρ 的任意点处的剪应力 τ_ρ 与该点处的剪应变 γ_ρ 成正比，即

$$\tau_\rho = G\gamma_\rho$$

把式（8.8）代入上式，得

$$\tau_\rho = G\rho \frac{d\varphi}{dx} \tag{8.9}$$

上式为横截面上剪应力变化规律的表达式。该式表明：在同一半径 ρ 的圆周上各点处的剪应力 τ_ρ 均相同，其值与 ρ 成正比。τ_ρ 的方向与半径相垂直。圆轴扭转时横截面上的剪应力分布规律如图 8.9 所示。

2.3.4 静力学条件

圆轴扭转时横截面上剪应力的合成结果就是该截面上的扭矩 T。若在距圆心为 ρ 处取环形微面积 dA，如图 8.10 所示，该微面积上的剪应力对于圆轴轴线的力矩为 $\tau_\rho dA \cdot$

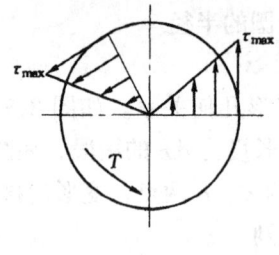

图 8.9

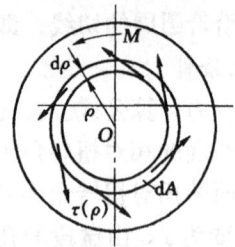

图 8.10

ρ。写出静力学关系的表达式为

$$T = \int_A \rho \tau_\rho dA$$

用 $\tau_\rho = G\rho d\varphi/dx$ 代入上式，并注意到对于某一给定的截面，G、$d\varphi/dx$ 为常量，上式经整理后得

$$T = G\frac{d\varphi}{dx} \int_A \rho^2 dA$$

用 I_p 表示上式中的积分，即

$$I_p = \int_A \rho^2 dA$$

式中：I_p 为横截面对于圆心的极惯性矩，cm^4 或 mm^4 等。前式可写成

$$T = GI_p \frac{d\varphi}{dx}$$

得到
$$\frac{d\varphi}{dx} = \frac{T}{GI_p} \quad (8.10)$$

将式 (8.10) 代入式 (8.9) 得
$$\tau_\rho = \frac{T\rho}{I_p} \quad (8.11)$$

式 (8.11) 就是实心圆轴扭转时横截面上任意一点处的剪应力计算公式。

当 $\rho = R$ 时，在横截面圆周上各点处有最大剪应力
$$\tau_{max} = \frac{TR}{I_p} \quad (8.12)$$

记
$$W_p = \frac{I_p}{R}$$

则式 (8.12) 又可写成
$$\tau_{max} = \frac{T}{W_p} \quad (8.13)$$

式中：W_p 为截面的抗扭截面模量，cm^3 或 mm^3 等。

对于直径为 D 的圆截面（参见附录 A），其对于圆心的极惯性矩为
$$I_p = \frac{\pi D^4}{32}$$

则有
$$W_p = \frac{\pi D^3}{16}$$

剪应力计算公式 (8.11) 是在平面假设基础上导出的，因此，公式只适用于等截面圆直杆。对于小锥度的圆截面直杆，由于平面假设近似成立，所以上述公式可用作近似计算。对于非圆截面杆，平面假设不成立，故不能用于计算。此外，在公式推导中应用了剪切胡克定律，所以，在剪应力小于材料的剪切比例极限 τ_p 时，上述公式才适用。

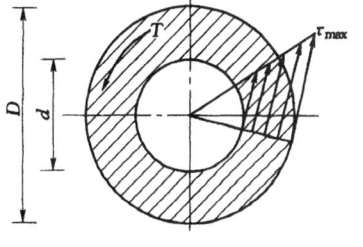

图 8.11

2.3.5 空心圆轴横截面上的剪应力

与实心圆截面扭转轴相类似，空心圆截面轴扭转时，横截面上各点的剪应力 τ 的分布规律如图 8.11 所示。横截面上任意一点处的剪应力 τ_ρ 以及最大剪应力 τ_{max}，仍可采用式 (8.11) 和式 (8.13) 计算，仅是截面的极惯性矩 I_p 和抗扭截面模量 W_p 不同。由附录 A 可知，外径为 D，内径为 d 的空心圆截面，其 I_p 和 W_p 分别为
$$I_p = \frac{\pi(D^4 - d^4)}{32} = \frac{\pi D^4 (1-\alpha^4)}{32}$$
$$W_p = \frac{\pi D^3 (1-\alpha^4)}{16}$$

其中
$$\alpha = d/D$$

【例题 8.1】 图 8.12 (a) 所示阶梯状圆轴，AB 段直径 $d_1 = 120mm$，BC 段直径 $d_2 = 100mm$。已知 $m_A = 22kN \cdot m$，$m_B = 36kN \cdot m$，$m_C = 14kN \cdot m$。试求该轴的最大剪应力。

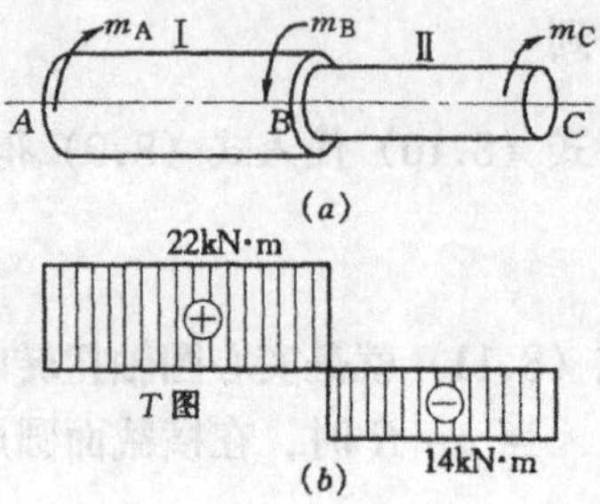

解：用截面法求得 AB、BC 段的扭矩分别为 $T_1 = 22\text{kN}\cdot\text{m}$，$T_2 = -14\text{kN}\cdot\text{m}$。据此作出扭矩图如图 8.12 (b) 所示。

从扭矩图上可见 AB 段的扭矩比 BC 段的扭矩大，但是 BC 段的直径 d_2 比 AB 段的直径 d_1 小，它们的抗扭截面模量不同，因此需要分别对两段轴进行计算，比较计算结果，得出该轴上的最大剪应力。

在 AB 段内取 I-I 截面，由式 (8.13)

$$\tau_{1\max} = \frac{T_1}{W_{p1}} = \frac{16 \times 22 \times 10^3}{\pi(0.12)^3} = 64.84\text{MPa}$$

在 BC 段内取 II-II 截面，得

$$\tau_{2\max} = \frac{T_2}{W_{p2}} = \frac{16 \times 14 \times 10^3}{\pi(0.1)^3} = 71.3\text{MPa}$$

最后得到

$$\tau_{\max} = \tau_{2\max} = 71.3\text{MPa}$$

轴的最大剪应力产生在 BC 段内截面圆周边缘上的各点处。

图 8.12

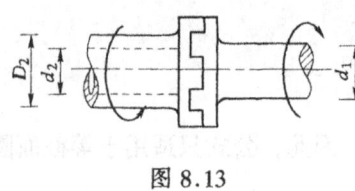

图 8.13

【例题 8.2】 材料相同且等长度的实心圆轴与空心圆轴通过牙嵌式离合器相连，并传递功率，如图 8.13 所示。已知轴的转速 $n = 100$ 转/min，传递的功率 $N = 7.5\text{kW}$。设两轴横截面上的最大剪应力相等，若空心圆轴内、外径之比 $\alpha = d_2/D_2 = 0.8$，试求空心圆轴的外径 D_2 与实心轴的直径 d_1 之比及两轴的重量比。

解：由轴所传递的功率和转速换算出轴上的外力偶矩，应用式 (8.2) 算得

$$m = 9.55 \times \frac{7.5}{100} = 0.716\text{kN}\cdot\text{m}$$

由截面法可得，两轴截面上的扭矩相同，即

$$T_1 = T_2 = m$$

两轴的抗扭截面模量分别为

$$W_{p1} = \frac{\pi d_1^3}{16}$$

$$W_{p2} = \frac{\pi D_2^3}{16}(1 - \alpha^4)$$

应用式 (8.13) 得两轴横截面上的最大剪应力分别为

$$\tau_{1\max} = \frac{T_1}{W_{p1}} = \frac{16T_1}{\pi d_1^3}$$

$$\tau_{2\max} = \frac{T_2}{W_{p2}} = \frac{16T_2}{\pi D_2^3(1 - \alpha^4)}$$

由 $\tau_{1\max} = \tau_{2\max}$ 的已知条件，再代入 $\alpha = 0.8$，即得

第8章 扭 转

$$\frac{16m}{\pi d_1^3} = \frac{16m}{\pi D_2^3(1-0.8^4)}$$

解得
$$\frac{D_2}{d_1} = 1.194$$

再求两轴的重量比。

由于两轴的长度和材料相同，所以空心轴与实心轴的重量比等于其横截面面积之比，于是有

$$\frac{A_2}{A_1} = \frac{\frac{\pi}{4}(D_2^2 - d_2^2)}{\frac{\pi}{4}d_1^2} = \frac{D_2^2}{d_1^2}(1-\alpha^2) = 0.512$$

可见，在最大剪应力相同的情况下，空心轴的自重要比实心轴轻，即较节省材料。

3 圆轴扭转时的强度计算

为了保证圆轴扭转时具有足够的强度，要求轴内横截面上最大剪应力 τ_{max} 不超过材料的容许剪应力 $[\tau]$，即

$$\tau_{max} = \frac{T}{W_p} \leqslant [\tau] \tag{8.14}$$

上式为圆轴扭转时的强度条件。

材料的容许剪应力 $[\tau]$，可由实验测得材料的极限应力 τ_u，将其除以相应的安全系数 n 得到，其值可查有关资料与国家规范。根据实验，材料的容许剪应力 $[\tau]$ 与其容许拉应力 $[\sigma]$ 之间存在下列关系：

塑性材料　　　　　　　$[\tau] = (0.6 \sim 0.8)[\sigma]$
脆性材料　　　　　　　$[\tau] = (0.8 \sim 1.0)[\sigma]$

与轴向拉伸或压缩杆的强度计算相似，应用式（8.14）可解决圆轴扭转时强度校核、直径设计、确定容许荷载等三类强度问题。

【例题 8.3】 图 8.14（a）是一实心圆轴与四个轮刚性联接。已知 $m_A = m_B = 0.25\text{kN}\cdot\text{m}$，$m_C = 1\text{kN}\cdot\text{m}$，$m_D = 0.5\text{kN}\cdot\text{m}$，圆轴材料的容许剪应力 $[\tau] = 20\text{MPa}$。试按强度条件设计轴的直径。

解：（1）作圆轴的扭矩图。

应用截面法求得各段内截面上的扭矩，按照第4章内力图绘制的方法作出轴的扭矩图，如图 8.14（b）所示。

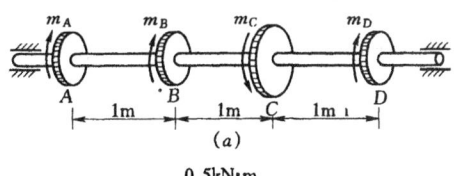

(2) 确定危险截面，求出最大扭矩 T_{max}。从扭矩图可知，危险截面应是 BC 段或 CD 段内的任一截面，其最大扭矩为

$$T_{max} = 0.5\text{kN}\cdot\text{m}$$

(3) 设计圆轴所需的直径。

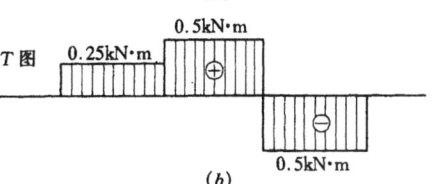

图 8.14

由式 (8.14)

$$\tau_{max} = \frac{T_{max}}{W_p} \leq [\tau]$$

$$\frac{16 \times 0.5 \times 10^3}{\pi d^3} \leq 20 \times 10^6 \text{N/m}^2$$

$$d \geq \sqrt[3]{\frac{0.5 \times 16 \times 10^3}{\pi \times 20 \times 10^6}} = 0.0503\text{m} = 50.3\text{mm}$$

【例题 8.4】 有一外径为 100mm、内径为 80mm 的空心圆轴,与一直径为 80mm 的实心圆轴用键相联接,如图 8.15(a) 所示。在 A 轮处由电动机带动,输入功率 N_1 = 150kW,由 B、C 轮平均分担负载。若已知轴的转速 n = 300 转/min,轴的容许剪应力 $[\tau]$ = 45MPa。键的尺寸为 10mm × 10mm × 30mm,其容许剪应力 $[\tau]$ = 100MPa 和容许挤压应力 $[\sigma_c]$ = 280MPa。试求:①校核轴的强度(不考虑键槽的影响);②设计两轴联接所需的键数 k。

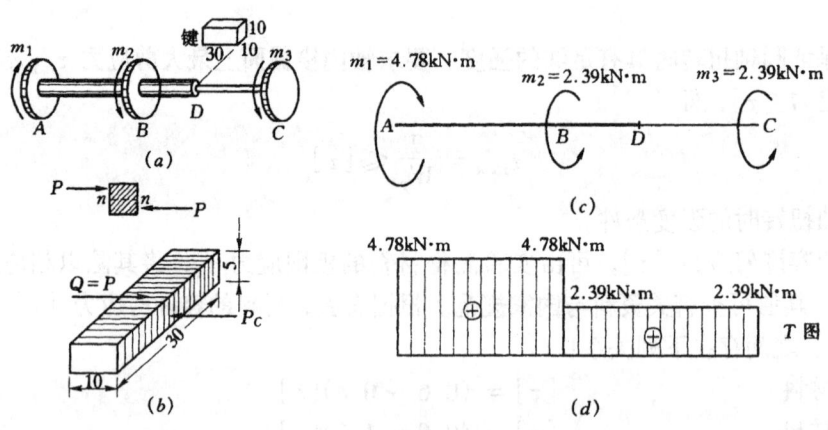

图 8.15

解:(1) 计算外力偶矩,作扭矩图,如图 8.15 所示。

$$m_1 = 9.55 \frac{N}{n} = 9.55 \times \frac{150}{300} = 4.78\text{kN} \cdot \text{m}$$

$$m_2 = m_3 = \frac{1}{2}m_1 = 2.39\text{kN} \cdot \text{m}$$

(2) 对轴进行强度校核。

由扭矩图和轴的截面尺寸分析,需要对 AB 和 DC 的内截面分别作强度校核。

AB 段是空心轴,$\alpha = \frac{80}{100} = 0.8$,$T$ = 4.78kN·m,由强度条件

$$\tau_{max} = \frac{T}{W_p} = \frac{16 \times 4.78 \times 10^3}{\pi \times 100^3 \times 10^{-9}(1-0.8^4)} = 41.2\text{MPa}$$

CD 段为实心轴,T = 2.39kN·m

$$\tau_{max} = \frac{T}{W_p} = \frac{16 \times 2.39 \times 10^3}{\pi \times 80^3 \times 10^{-9}} = 23.8\text{MPa}$$

$$\tau_{max} < [\tau] = 45\text{MPa}$$

第 8 章 扭 转

可见轴的强度足够。

(3) 计算所需的键数。

两轴用键在 D 处联接,该处的扭矩为 $m=2.39\text{kN}\cdot\text{m}$,取轴和键研究,由静力平衡条件求得键上的剪力和挤压力为

$$P = \frac{m}{\frac{d}{2}} = \frac{2m}{d} = \frac{2 \times 2.39 \times 10^3}{80 \times 10^{-3}} = 59.8 \text{ kN}$$

$$Q = P = 59.8 \text{ kN}$$
$$P_c = P = 59.8 \text{ kN}$$

由第 7 章中剪切强度条件

$$\tau = \frac{Q}{kA} \leqslant [\tau] = 100\text{MPa}$$

$$k \geqslant \frac{Q}{A[\tau]} = \frac{59.8 \times 10^3}{10 \times 30 \times 10^{-6} \times 100 \times 10^6} = 1.99$$

取 $k=2$ 个。

由挤压强度条件

$$\sigma_c = \frac{P_c}{kA_c} \leqslant [\sigma_c] = 280\text{MPa}$$

$$k \geqslant \frac{P_c}{A_c[\sigma_c]} = \frac{59.8 \times 10^3}{5 \times 30 \times 10^{-6} \times 280 \times 10^6} = 1.42$$

取 $k=2$ 个。

根据上述计算结果,两轴联接需要设置 $10\text{mm} \times 10\text{mm} \times 30\text{mm}$ 的键 2 个。

4 圆轴扭转时的变形与刚度计算

由式 (8.10) 已知圆轴横截面相对扭转角的变化率,也就是圆轴单位长度上两横截面的相对扭转角为

$$\theta = \frac{\text{d}\varphi}{\text{d}x} = \frac{T}{GI_P}$$

并可得相距长度为 $\text{d}x$ 的两相邻横截面的相对扭转角为

$$\text{d}\varphi = \frac{T}{GI_P}\text{d}x$$

则有,相距 L 的两横截面之间的相对扭转角为

$$\varphi = \int_l \text{d}\varphi = \int_l \frac{T}{GI_P}\text{d}x \quad (8.15)$$

对于长度为 l 的一段轴,若 T、G、I_P 为常数,则由式(8.15)可得两端之间的扭转角为

$$\varphi = \frac{Tl}{GI_P} \quad (8.16)$$

式中:GI_P 为圆轴的抗扭刚度,反映了材料的性质和截面尺寸对轴扭转变形的影响。抗扭刚度 GI_P 愈大,则相对扭转角愈小。

对于各分段的情况不同的轴,应该分段应用式(8.16)计算,然后求和得整个圆轴两

端截面之间的相对扭转角,即

$$\varphi = \sum \varphi_i = \sum \frac{T_i l_i}{G I_i} \tag{8.17}$$

应当注意,在圆轴扭转变形计算时,扭转角的正负号规定与截面上扭矩符号规定相一致,即各段的 φ_i 转向与 T_i 转向相同。此外,用上式算得的扭转角 φ 的单位是弧度,若换算成以度为单位,则需乘以 $180°/\pi$。

要使圆轴处于正常工作状况,除了应满足强度条件外,轴的扭转变形需要限制在工程实际所容许的范围内,即还需满足刚度要求。通常是限制单位长度相对扭转角 θ 中的最大值 θ_{max},使其不超过某一规定的容许值 $[\theta]$,即

$$\theta_{max} \leqslant [\theta] \tag{8.18}$$

上式为圆轴扭转时的刚度条件。

式 (8.18) 中,$[\theta]$ 为单位长度容许扭转角。对于一般传动轴,$[\theta] = 0.5°/m \sim 1°/m$;对于要求不高的轴,$[\theta] = 2°/m \sim 4°/m$;对于精密机器、仪器中的轴,其 $[\theta]$ 值则相应要求要高,可根据具体情况查阅有关手册或规范。

在圆轴的刚度计算时,对于同材料等截面轴来说,最大单位长度扭转角 θ_{max} 发生在最大扭矩 T_{max} 所在段上。对于同材料阶梯形轴来说,应按扭矩 T 和 I_P 两个因素来判断,或分段计算然后比较得出 θ_{max}。

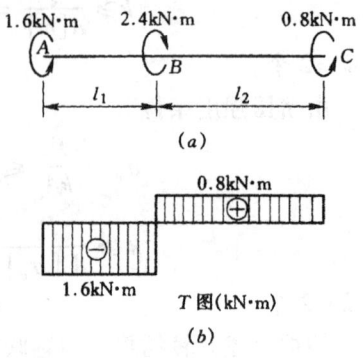

图 8.16

【例题 8.5】 图 8.16 所示实心圆截面轴,直径 $d = 70mm$,第一段的长度 $l_1 = 0.4m$,第二段的长度 $l_2 = 0.6m$,外扭矩作用如图示。材料的剪切弹性模量 $G = 80GPa$。试求最大单位长度扭转角 θ_{max} 及全轴的相对扭转角 φ。

解:(1) 作圆轴的扭矩图如图 8.16 (b) 所示。

从图中可得 $T_1 = -1.6kN \cdot m$, $T_2 = 0.8kN \cdot m$

(2) 求最大单位长度扭转角 θ_{max}。

容易确定 θ_{max} 发生在所在 T_{max} 的 AB 段内。

$$I_P = \frac{\pi d^4}{32} = \frac{3.14 \times 7^4}{32} = 236 cm^4$$

$$\theta_{max} = \frac{T}{G I_P} = \frac{1.6 \times 10^{-3}}{8 \times 10^4 \times 236 \times 10^{-8}} = 0.0085 rad/m$$

(3) 求全轴的相对扭转角 φ。

由式 (8.17)

$$\varphi = \sum \varphi_i = \frac{T_1 l_1}{G I_P} + \frac{T_2 l_2}{G I_P}$$

$$= \frac{-1.6 \times 10^{-3} \times 0.4 + 0.8 \times 10^{-3} \times 0.6}{8 \times 10^4 \times 236 \times 10^{-8}}$$

$$= -0.00085 rad$$

第8章 扭 转

计算结果为负,表明 φ 的转向与负扭矩 T_1 的转向相同。

【例题8.6】 阶梯形实心圆轴的直径 $d_1 = 40\text{mm}$,$d_2 = 70\text{mm}$。轴上装有三个皮带轮如图8.17(a)所示。已知由轮3输入的功率为 $N_3 = 30\text{kW}$,轮1输出的功率 $N_1 = 13\text{kW}$。轴做匀速转动,转速 $n = 200$ 转/min。若材料的容许剪应力 $[\tau] = 60\text{MPa}$,$G = 80\text{GPa}$,轴的容许单位扭转角 $[\theta] = 2°/\text{m}$,试校核此轴的强度和刚度。

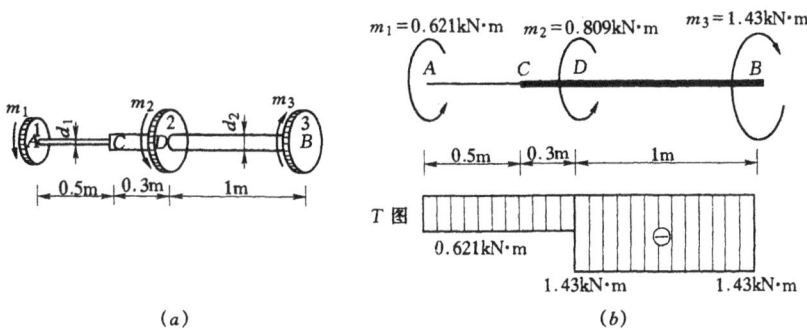

图 8.17

解: (1) 计算外扭矩,作扭矩图。
由式 (8.2) 得

$$m_1 = 9.55 \times \frac{N_P}{n} = 9.55 \times \frac{13}{200} = 0.621 \text{kN} \cdot \text{m}$$

$$m_3 = 9.55 \times \frac{30}{200} = 1.43 \text{kN} \cdot \text{m}$$

$$m_2 = m_3 - m_1 = 0.809 \text{kN} \cdot \text{m}$$

应用截面法求得两段轴内的扭矩,作扭矩图8.17(b)如图示。

(2) 强度校核。

由于 AC 段和 BD 段的直径不同,截面上的扭矩也不相同,因此两段轴都要进行强度校核。

$$AC \ 段: \tau_{\max} = \frac{T}{W_P} = \frac{0.621 \times 10^3 \times 16}{\pi \times 40^3 \times 10^{-9}} = 49.4 \text{MPa} < [\tau] = 60 \text{MPa}$$

$$BD \ 段: \tau_{\max} = \frac{1.43 \times 10^3 \times 16}{\pi \times 70^3 \times 10^{-9}} = 21.2 \text{MPa} < [\tau]$$

计算结果表明,此轴满足强度条件。

(3) 刚度校核。

同强度校核分析情况一样,需要分别对两段轴作刚度校核。

$$AC \ 段: \theta_{\max} = \frac{T}{GI_P} = \frac{0.621 \times 10^3 \times 32}{80 \times 10^9 \times \pi \times 40^4 \times 10^{-12}} \times \frac{180}{\pi}$$

$$= 1.77°/\text{m} < [\theta] = 2°/\text{m}$$

$$BD \ 段: \theta_{\max} = \frac{1.43 \times 10^3 \times 32}{80 \times 10^9 \times \pi \times 70^4 \times 10^{-12}} \times \frac{180}{\pi}$$

$$= 0.434°/\text{m} < [\theta] = 2°/\text{m}$$

计算结果表明，此轴满足刚度条件。

5 矩形截面杆件的扭转

图 8.18（a）所示矩形截面直杆，受扭转作用后，横截面不再保持平面而发生翘曲，如图 8.18（b）所示。因此，以平面假设为基础导出的应力及变形计算公式不再适用。

非圆截面杆件的扭转可以分为自由扭转和约束扭转两类。等截面直杆两端受外扭矩作用，各截面翘曲不受任何限制时，称为自由扭转。自由扭转时，纵向纤维的长度无变化，因此横截面上只有剪应力而无正应力。当翘曲受到约束条件或受力条件的限制时，造成杆的各截面翘曲不同，而发生正应力，这种扭转称为约束扭转。

非圆截面杆的扭转一般在弹性力学中讨论。这里简略给出矩形截面杆自由扭转的若干结果。

（1）矩形截面扭转轴的横截面上只有剪应力而无正应力。

（2）剪应力的分布规律如图 8.19 所示。剪应力的方向与截面上扭矩的方向一致，最大剪应力 τ_{max} 发生在长边中点处，短边中点处有较大剪应力 τ_1，截面形心及各角点处剪应力为零，周边上各点处的剪应力与周边平行。

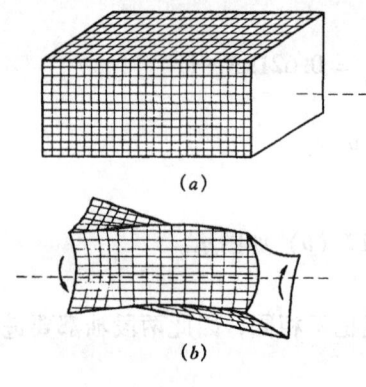

图 8.18

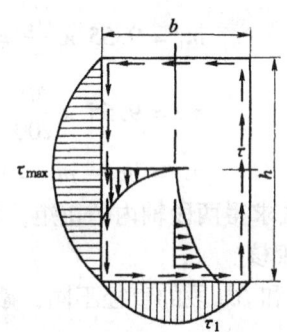

图 8.19

（3）计算公式。

最大剪应力 $$\tau_{max} = \frac{T}{W_T} = \frac{T}{\beta b^3} \tag{8.19}$$

短边中点剪应力 $$\tau_1 = \gamma \tau_{max} \tag{8.20}$$

单位长度扭转角 $$\theta = \frac{T}{GI_T} = \frac{T}{G\alpha b^4} \tag{8.21}$$

其中 $$W_T = \beta b^3$$
$$I_T = \alpha b^4$$

式中：W_T 为矩形截面的抗扭截面模量；I_T 为矩形截面的相当极惯性矩；α、β、γ 为与横截面的高宽比有关的系数，见表 8.1。

第8章 扭　转

表 8.1

h/b	1.0	1.5	2.0	2.5	3.0	4.0	6.0	8.0	10.0
α	0.140	0.294	0.457	0.622	0.790	1.123	1.789	2.456	3.123
β	0.208	0.346	0.493	0.645	0.801	1.150	1.789	2.456	3.123
γ	1.000	0.858	0.796	0.766	0.753	0.745	0.743	0.743	0.743

【例题 8.7】 扭转轴的横截面如图 8.20 所示。截面上的扭矩 $T = 4\text{kN·m}$，矩形截面高 $h = 9\text{cm}$，宽 $b = 5\text{cm}$，材料的剪切弹性模量 $G = 80\text{GPa}$。试求：①横截面上的最大剪应力；②短边中点的剪应力 τ_1；③单位长度的扭转角 θ。

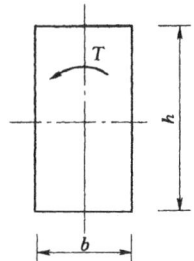

图 8.20

解：由 $h/b = 1.8$，查表 8.1。用插值法算得

$$\alpha = 0.294 + (0.457 - 0.294) \times \frac{1.8 - 1.5}{2.0 - 1.5} = 0.392$$

$$\beta = 0.346 + (0.493 - 0.346) \times \frac{1.8 - 1.5}{2.0 - 1.5} = 0.434$$

$$\gamma = 0.858 - (0.858 - 0.796) \times \frac{1.8 - 1.5}{2.0 - 1.5} = 0.821$$

将 α、β、γ 值代入计算公式求得

$$\tau_{\max} = \frac{T}{\beta b^3} = \frac{4 \times 10^3}{0.434 \times 5^3 \times 10^{-6}} = 73.7 \text{MPa}$$

$$\tau_1 = \gamma \tau_{\max} = 0.821 \times 73.7 = 60.5 \text{MPa}$$

$$\theta = \frac{T}{G \alpha b^4} \times \frac{180}{\pi} = \frac{4 \times 10^3}{80 \times 10^9 \times 0.392 \times 5^4 \times 10^{-8}} \times \frac{180}{3.14} = 1.17°/\text{m}$$

习　题

8.1 说明扭转应力、变形公式 $\tau = \frac{T}{I_P}\rho$、$\varphi = \int_l \frac{T\text{d}x}{GI_P}$ 的应用条件。应用拉、压应力、变形公式时是否也有这些条件限制？

8.2 指出下列应力分布图中哪些是正确的？

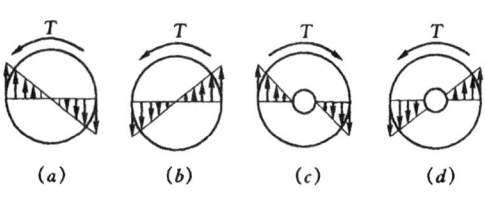

题 8.2 图

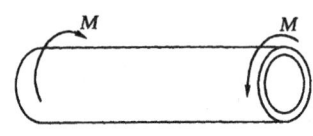

题 8.3 图

8.3 图示某薄壁圆管，受外扭矩的作用。已知 $M = 1000\text{N·m}$，圆管外径 $D = 8\text{cm}$，内径 $d = 7.2\text{cm}$，试计算横截面上的剪应力值。

8.4 直径 50mm 的钢圆轴，其横截面上的扭矩 $T = 1.5\text{kN·m}$，求横截面上的最大剪应力。

8.5 圆轴的直径 $d = 50$mm，转速 120 转/min。若该轴横截面上的最大剪应力等于 60MPa，问所传递的功率是多少千瓦？

8.6 一根外径 $D = 80$mm，内径 $d = 60$mm 的空心圆截面轴，所传递的功率 $N_p = 50$kW，转速 $n = 100$ 转/min。求内圆上一点及外圆上一点的应力。

8.7 图示实心圆截面轴，AB 段的直径 $d_1 = 40$mm，BC 段的直径 $d_2 = 60$mm，CD 段的直径 $d_3 = 40$mm；各处受的外力偶如图。求该轴中的最大工作应力。

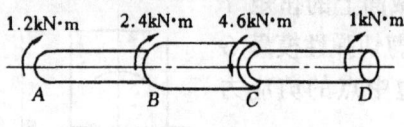

题 8.7 图

8.8 实心圆轴的直径 $d = 100$mm，长 $l = 1$m，其两端所受外力偶的矩 $m = 14$kN·m，材料的剪切模量 $G = 80$GPa。试求：

(1) 最大剪应力及两端截面间的相对扭转角。

(2) 图示截面上 A、B、C 三点处剪应力的数值及方向。

(3) C 点处的剪应变。

8.9 图示一等直圆杆，已知 $d = 40$mm，$a = 400$mm，$G = 80$Gpa，$\varphi_{DB} = 1°$，试求：① 最大剪应力；② 截面 A 相对于截面 C 的扭转角。

8.10 实心轴与空心轴通过离合器联接如图，转速 $n = 100$ 转/min，传递功率 $P = 7.5$kW，$[\tau] = 40$MPa，空心轴内外直径比 $d_2 : D_2 = 1 : 2$。求直径 d_1 和 D_2。

8.11 受同样扭转力偶作用的两根圆轴，其材料与长度相同，空心轴的内外直径比 $d_0 / D = 0.8$。求它们具有相等强度 ($\tau_{1max} = \tau_{2max} = [\tau]$) 时的重量与刚度之比。

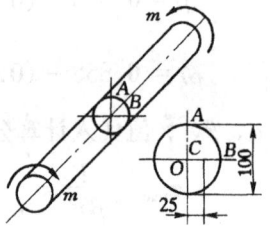

题 8.8 图

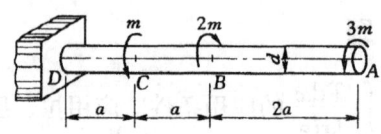

题 8.9 图

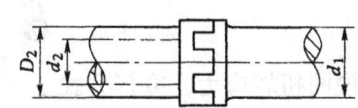

题 8.10 图

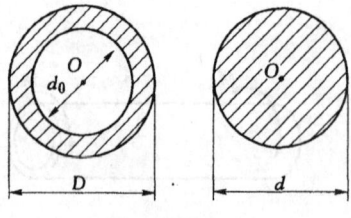

题 8.11 图

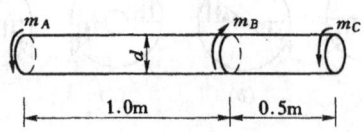

题 8.12 图

8.12 图示等直圆杆，已知外力偶矩 $m_A = 2.99$kN·m，$m_B = 7.20$kN·m，许用剪应力 $[\tau] = 70$MPa，许可单位长度扭转角 $[\theta] = 1°/$m，剪切模量 $G = 80$GPa。试确定该

轴的直径 d。

8.13 已知作用在变截面钢轴上的外力偶矩 $m_1 = 1.8$kN·m，$m_2 = 1.20$kN·m。试求最大剪应力和最大相对扭转角。材料的 $G = 80$GPa。

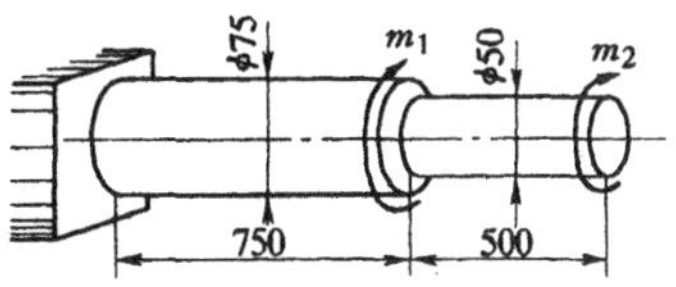

8.14 已知圆轴的转速 $n = 300$ 转/min，传递功率 450 马力，材料的 $[\tau] = 60$MPa，$G = 82$GPa。要求在 2m 长度内的相对扭转角不超过 $1°$，试求该轴的直径。

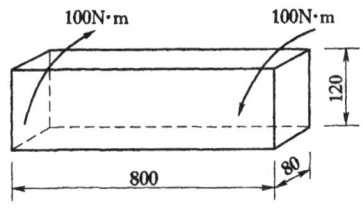

题 8.13 图

8.15 阶梯形圆杆，AE 段为空心，外径 $D = 140$mm，内径 $d = 100$mm；BC 段为实心，直径 $d = 100$mm。外力偶矩 $m_A = 18$kN·m，$m_B = 32$kN·m，$m_C = 14$kN·m。已知：$[\tau] = 80$MPa，$[\theta] = 1.2°/$m，$G = 80$GPa。试校核该轴的强度和刚度。

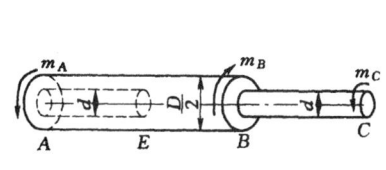

题 8.15 图

题 8.16 图

8.16 矩形截面杆的尺寸及荷载如图所示。材料的 $G = 0.55 \times 10^3$MPa。求：①最大工作应力；②最大单位长度扭转角；③全轴的扭转角。

第 9 章 平面弯曲

1 概 述

1.1 工程中的弯曲问题

杆件在垂直于其轴线的外力或位于其轴线所在平面内的外力偶作用下，其轴线将由直线变成曲线。这种变形称为弯曲。凡是以弯曲为主要变形的杆件，通常称为梁。

弯曲是最常见的杆件变形形式，工程中的弯曲问题是很多的。例如，梁式桥的主梁（图 9.1）可以简化为两端铰支的简支梁。弯曲可分成平面弯曲和双向弯曲（亦称斜弯曲）两种。

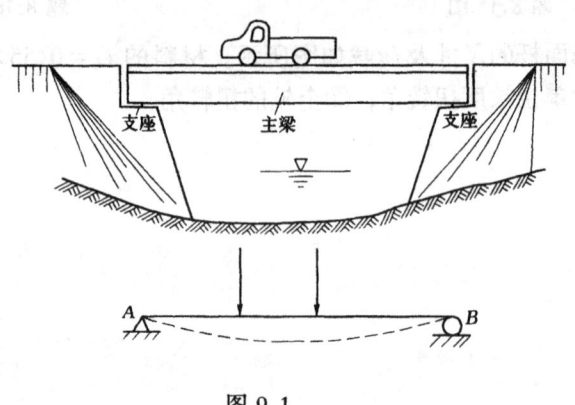

图 9.1

1.2 平面弯曲概念

当所有外力（包括力偶）都作用在梁的某一平面内时，梁的轴线将在外力作用面内弯曲成一条平面曲线，这种梁的弯曲称为平面弯曲。

工程中常见的是，梁有一纵向对称面且外力（包括力偶）作用在该面内，这时该梁就发生平面弯曲（图 9.2）。在本书各章中所提到的"弯曲"，除有特殊说明者外，都是指的平面弯曲。双向弯曲（亦称斜弯曲）将在第 11 章介绍。

本章先讨论平面弯曲时梁横截面上的正应力和剪应力及强度计算，最后讨论梁的位移计算和刚度条件。

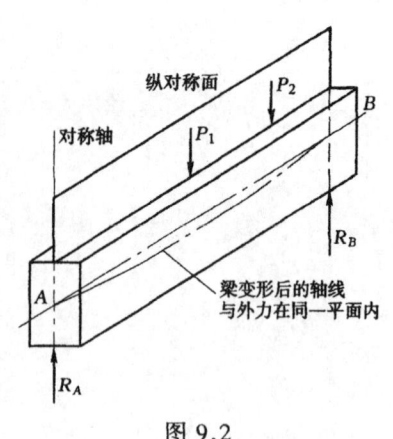

图 9.2

第9章 平面弯曲

2 平面弯曲时梁横截面上的正应力与正应力强度条件

2.1 纯弯曲与横力弯曲

从第4章可知，在一般情况下，梁的横截面上既有弯矩 M，又有剪力 Q。若梁在某段内各横截面上的剪力为零，弯矩为常量，则该段梁的弯曲称为"纯弯曲"。若梁在某段内各横截面上既有剪力，又有弯矩，则该段梁的弯曲就称为"横力弯曲"。平面弯曲可分成纯弯曲与横力弯曲两部分。本节先分析纯弯梁横截面上的应力，再将所得到的结果推广应用于横力弯曲梁。

2.2 纯弯曲时梁横截面上的正应力

2.2.1 平面假设与变形的几何关系

取一段梁，加载前先在梁表面画上一系列平行于轴线的纵线和垂直于轴线的横线[图9.3(a)]。在梁的两端各施加一个力偶矩 M，使此梁发生纯弯曲[图9.3(b)]。

当梁纯弯曲变形时，可看出梁表面变形有如下特征：

(1) 纵线变成彼此平行的弧线，靠顶面的纵线缩短，靠底面的纵线伸长。

(2) 横线依然为直线，只是发生相对转动，仍与纵线正交。

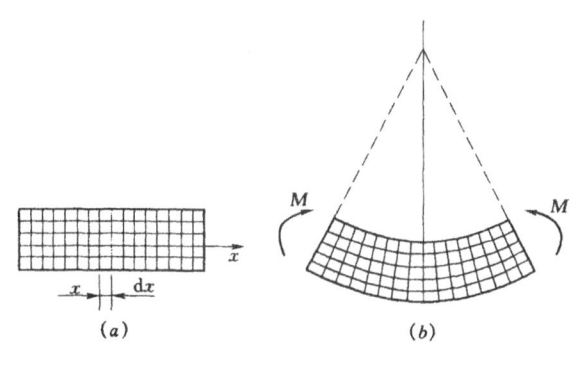

图 9.3

根据上述表面变形特征，可以作出以下假设和推论：

(1) 平面假设：梁的横截面在梁变形之后依然保持为平面，并仍垂直于变形后的梁轴线，只是绕着截面上的某一轴转过一角度。

(2) 假设各纵向纤维间无相互挤压。

(3) 梁内某些纵向层产生伸长变形，另一些纵向层则产生缩短变形，二者之间必然存在一层，它既不伸长，也不缩短，这一层称为梁的"中性层"。中性层与横截面的交线称为"中性轴"（图9.4）。

(4) 梁的横截面上只有正应力，而没有剪应力。

利用上述的假设和推论，下面导出梁变形的几何关系。

从梁上截取任意微段 dx，在截面上设置 Oyz 坐标，其中 Oz 与中性轴重合，Oy 在加载面内[图9.5(a)、(b)]。考察微段上距中性层 y 处 AB 层的纵向变形。根据平面假设，微段变形后如图9.5(c)所示，其中 ρ 为该微段中性层的曲率半径，$d\theta$ 为微段两相邻截面的相对转角。从图中可看出，中性层变为弧面 $O'O'$，但长度不变仍为 $dx = AB$；而纵向层 AB 变为 $A'B'$，其纵向伸长

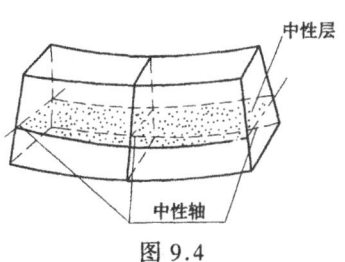

图 9.4

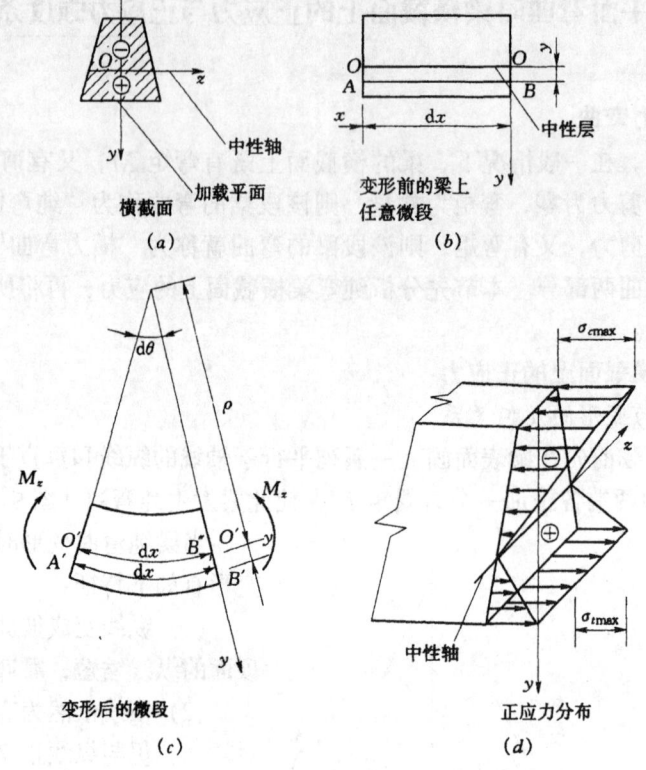

图 9.5

量为 $B''B'$。于是，$B''B' = y\mathrm{d}\theta$，因而 AB 层的纵向线应变为

$$\varepsilon = \frac{B''B'}{AB} = y\frac{\mathrm{d}\theta}{\mathrm{d}x}$$

其中，$\dfrac{\mathrm{d}\theta}{\mathrm{d}x} = \dfrac{1}{\rho}$ 为微段中性层的曲率，故有

$$\varepsilon = \frac{y}{\rho} \tag{9.1}$$

此式表示了梁横截面上任一点处的纵向线应变 ε 随该点沿截面高度上的位置的不同而变化的规律。其中曲率半径 ρ 对于确定的截面为常量。因此，横截面上某点处的纵向线应变与该点到中性层的距离 y 正比。中性轴处（$y = 0$）线应变 ε 为零，中性轴两侧分别为拉应变和压应变。

2.2.2 物理关系

对于弹性材料，若在弹性范围内加载，则横截面上的正应力与线应变满足胡克定律

$$\sigma = E\varepsilon$$

将式（9.1）代入后，得到

$$\sigma = \frac{E}{\rho}y \tag{9.2}$$

上式中 E、ρ 均为常数。故上式表明：纯弯时梁横截面上的正应力沿截面高度线性分布。

中性轴上各点处的正应力等于零。距中性轴最远的截面边缘，分别受有最大拉应力与最大压应力。截面上同一高度的各点正应力相同。正应力分布如图 9.5 (d) 所示。现在，尚有两个问题需要解决：一是式 (9.2) 中的曲率半径 ρ 仍为未知；二是中性轴的位置未知，式 (9.2) 中 y 还无法确定。这些问题可以通过静力平衡条件来解决。

2.2.3 静力平衡关系

梁在纯弯曲情况下，横截面上只有对于 z 轴的弯矩 M_z 这一个内力分量，对于 y 轴的弯矩 M_y 以及轴力 N 均为零。考察横截面上的任意微面积 dA（图 9.6），其上的作用力为 σdA，它对 y、z 轴力矩分别为 $z\sigma dA$、$y\sigma dA$，但在整个截面上的积分结果必须满足静力平衡方程。

由 $\sum X = 0$ 有

$$\int_A \sigma dA = N = 0$$

将式 (9.2) 代入得

$$\int_A \frac{Ey}{\rho} dA = \frac{E}{\rho} \int_A y dA = \frac{E}{\rho} S_z = 0$$

式中：$S_z = \int_A y dA$ 为整个横截面对于中性轴的静矩（参见附录 A 平面图形几何性质）。

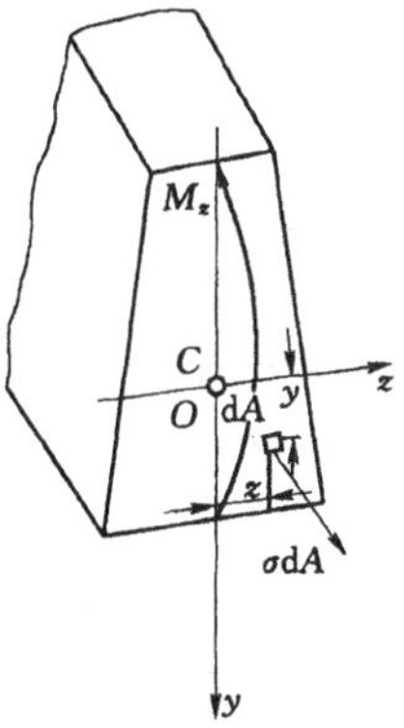

由于 E/ρ 不可能为零，故有 $S_z = 0$。由平面图形几何性质知道，中性轴 (z 轴) 必定通过截面形心。

再由 $\sum m_y = 0$ 得

图 9.6

$$M_y = \int_A z\sigma dA = 0$$

将式 (9.2) 代入，则得

$$\int_A E\frac{y}{\rho} z dA = \frac{E}{\rho} \int_A yz dA = 0$$

由于 $\frac{E}{\rho} \neq 0$，所以必是 $\int_A yz dA = 0$，即横截面对坐标轴 y、z 的惯性积 $I_{yz} = \int_A yz dA = 0$。所以 y、z 两轴是截面的主惯性轴。前面已知，中性轴 (z 轴) 通过横截面形心，因此中性轴必定是截面的形心主惯性轴。

最后由 $\sum m_z = 0$ 有

$$\int_A y\sigma dA = M_z$$

将式 (9.2) 代入后得

$$\int_A E\frac{y}{\rho} y dA = \frac{E}{\rho} \int_A y^2 dA = M_z$$

注意到 $\int_A y^2 dA$ 就是截面对中性轴的惯性矩，即

$$I_z = \int_A y^2 dA$$

所以由上式可得

$$\frac{1}{\rho} = \frac{M_z}{EI_z} \quad (9.3)$$

式中：EI_z 为梁的抗弯刚度。

式 (9.3) 为纯弯曲梁轴线曲率的计算公式。将式 (9.3) 代回式 (9.2) 便得到计算横截面上任意一点正应力的公式

$$\sigma = \frac{M_z y}{I_z} \quad (9.4)$$

式中：M_z 为所求正应力的横截面处的弯矩（由 M 图得出）；I_z 为整个横截面对中性轴的惯性矩；y 为所求正应力作用点至中性轴的距离。

2.3 横力弯曲时梁横截面上的正应力

公式 (9.3) 和公式 (9.4) 是以平面假设为基础，并按梁受纯弯曲的情况下导得的。但当梁横截面既有弯矩 M_z 又有剪力 Q 时，梁的横截面不再保持为平面，且纵截面上还有因横向载荷引起的挤压应力。而对跨长 l 与横截面高度之比 $l/h > 5$ 的梁，剪力对梁的曲率计算和正应力计算影响甚小，可以略去不计。因而平面假设和纤维之间互不挤压假设仍可近似适用。因此，纯弯曲时的正应力公式仍可用以计算梁在横力弯曲时横截面上的正应力。

2.4 梁的正应力强度条件

运用式 (9.4) 计算正应力时，应力的正负号可由 M_z 和 y 的正负确定。更方便的是采用直观判断方法，即根据截面上弯矩的实际方向及所求应力点的位置，直接判断应力的正负。仍以拉应力为正，压应力为负。

由于在横力弯曲时，弯矩沿梁轴变化。由式 (9.4) 知道，梁内最大正应力发生在弯矩绝对值最大的危险截面上，且在距中性轴最远的各点处，即

$$\sigma_{max} = \frac{M_{z max} y_{max}}{I_z} \quad (9.5a)$$

若令

$$W_z = \frac{I_z}{y_{max}}$$

则

$$\sigma_{max} = \frac{M_{z max}}{W_z} \quad (9.5b)$$

式中：W_z 为抗弯截面模量（或称抗弯截面系数），其量纲是长度的三次方。

对于宽度为 b，高度为 h 的矩形截面

$$I_z = \frac{bh^3}{12}, \quad y_{max} = \frac{1}{2}h, \quad W_z = \frac{1}{6}bh^2$$

对于直径为 D 的实心圆截面

$$I_z = \frac{\pi}{64}D^4, \quad y_{max} = \frac{D}{2}, \quad W_z = \frac{\pi}{32}D^3$$

对于内径为 d，外径为 D 的圆环截面

$$I_z = \frac{\pi}{64}D^4(1-\alpha^4), \quad y_{max} = \frac{D}{2}, \quad W_z = \frac{\pi}{32}D^3(1-\alpha^4), \quad \alpha = \frac{d}{D}$$

对于轧制型钢，其 I_z 与 W_z 均可从型钢表查得（参见附录 C）
梁的正应力强度条件是

$$\sigma_{\max} = \frac{M_{\max}}{W_z} \leqslant [\sigma] \tag{9.6}$$

式中：$[\sigma]$ 为梁弯曲时材料的容许正应力。

3 平面弯曲时梁横截面上的剪应力与剪应力强度条件

在受弯梁横截面上，弯矩 M_z 引起正应力，而剪力 Q 则引起剪应力。纯弯曲时梁横截面上剪力 $Q=0$，故横截面上各点剪应力 $\tau=0$。

下面讨论横力弯曲时梁横截面上由于剪力引起的剪应力。由于剪应力分布比较复杂，我们仅限于研究几种特殊截面的剪应力分布，即下面给出的剪应力公式仅适用于特殊截面梁，这一点与梁的正应力公式不同，请予以特别注意。

3.1 矩形截面梁的剪应力

（1）两个假设。

1）横截面上各点处的剪应力方向都与剪力 Q 方向一致；

2）横截面上距中性轴等距离处各点的剪应力数值都相等。

（2）剪应力公式的导出。

用图 9.7（a）所示的梁中距左端为 x 和 $x+\mathrm{d}x$ 的两横截面 $m-m$ 和 $n-n$ 截取一梁微段 [图 9.7（b）]，$m-m$ 和 $n-n$ 两截面弯矩分别是 M_z 和 $M_z+\mathrm{d}M_z$。再利用平行于中性层的纵截面 CC_1BB_1 从梁段上截出体积元素 [图 9.7（c）]，下面利用静力平衡条件

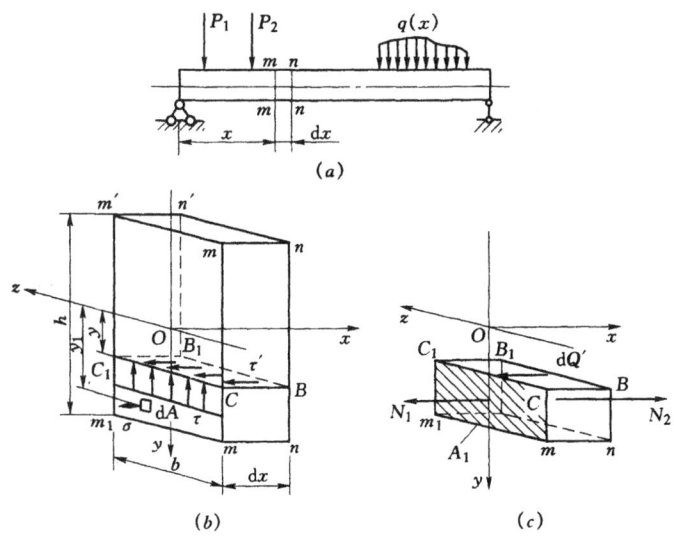

图 9.7

导出剪应力公式。

$$N_1 = \int_{A_1} \sigma_I dA = \int_{A_1} \frac{M_z y_1}{I_z} dA = \frac{M_z}{I_z} \int_{A_1} y_1 dA = \frac{M_z}{I_z} S_z$$

$$N_2 = \int_{A_1} \sigma_{II} dA = \int_{A_1} \frac{(M_z + dM_z)}{I_z} y_1 dA = \frac{M_z + dM_z}{I_z} S_z$$

其中
$$S_z = \int_{A_1} y_1 dA$$

式中：S_z 为面积 A_1 [图 9.7（c）中 mm_1CC_1 中图形面积] 对横截面中性轴的静矩。

设纵截面 CC_1BB_1 上由 $\tau' dA$ 所组成的切向内力为 dQ'。于是有
$$dQ' = \tau' b dx$$

由静力平衡方程 $\sum X = 0$ 有
$$N_2 - N_1 - dQ' = 0$$

即
$$\frac{(M_z + dM_z)S_z}{I_z} - \frac{M_z S_z}{I_z} - \tau' b dx = 0$$

化简后得
$$\tau' = \frac{dM_z}{dx} \frac{S_z}{I_z b}$$

由剪力与弯矩的微分关系知 $\frac{dM_z}{dx} = Q$（参见第 4 章第 5 节），上式变为
$$\tau' = \frac{QS_z}{I_z b}$$

由剪应力互等定理可知 $\tau' = \tau$，即可得到梁横截面上的剪应力公式
$$\tau = \frac{QS_z}{I_z b} \tag{9.7}$$

式中：Q 为所求剪应力的横截面处的剪力（由 Q 图得出）；I_z 为整个横截面对中性轴的惯性矩；b 为所求剪应力作用层处宽度；S_z 为所求剪应力作用层以下或以上部分面积对中性轴的静矩。

（3）剪应力分布规律。

对高为 h，宽为 b 的矩形截面
$$S_z = b\left(\frac{h}{2} - y\right)\left[y + \frac{\frac{h}{2} - y}{2}\right] = \frac{bh^2}{8}\left(1 - \frac{4y^2}{h^2}\right)$$

将上式和 $I_z = bh^3/12$ 代入式（9.7）可得
$$\tau = \frac{3}{2} \frac{Q}{bh}\left(1 - \frac{4y^2}{h^2}\right) \tag{9.8}$$

由式（9.8）可见矩形截面的剪应力沿截面高度按抛物线分布，如图 9.8 所示。

最大剪应力发生在中性轴上各点处，由 $y = 0$ 代入式（9.8）得
$$\tau_{max} = \frac{3}{2} \frac{Q}{bh} \tag{9.9}$$

3.2 工字形截面梁

由于工字形截面梁中的腹板承受的剪力为整个横截面剪力的 95%～97% 左右，因此可主要研究腹板的剪应力分布问题。腹板是狭长矩形，可认为在腹板部分任一点处剪应力 τ_f 的方向与腹板的竖边平行。于是同样有

$$\tau_f = \frac{QS_z}{I_z d} \tag{9.10}$$

式中：d 为腹板宽度；S_z 为距中性轴为 y 的横线以外部分横截面面积 [图 9.9（a）中阴影面积] 对中性轴的静矩。

与矩形截面相同，腹板剪应力沿腹板高度按抛物线分布的 [图 9.9（b）]，而最大剪

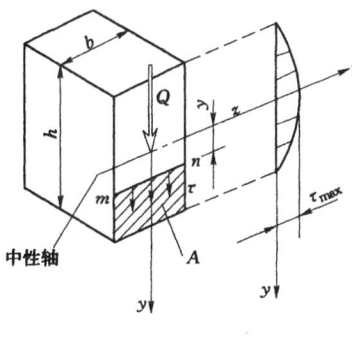

图 9.8

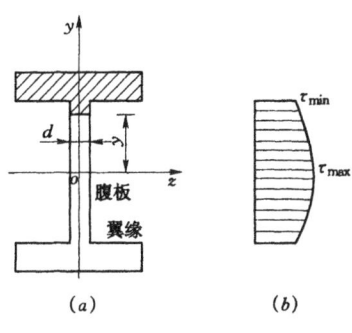

图 9.9

应力 $\tau_{f\max}$ 仍在中性轴上，这也是整个横截面上的最大剪应力 $\tau_{\max}$，其值为

$$\tau_{\max} = \tau_{f\max} = \frac{QS_{z\max}}{I_z d} \tag{9.11}$$

式中：$I_z/S_z\max$ 为型钢表中 I_z/S_z，故可查表得到（参见附录 C）。

3.3 圆形截面梁

最大剪应力 $\tau_{\max}$ 发生在中性轴上，方向与 Q 平行 [图 9.10（a）]。

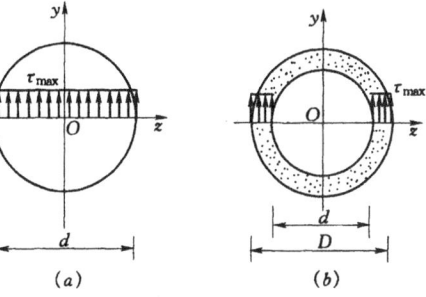

图 9.10

$$\tau_{\max} = \frac{4}{3} \frac{Q}{A} \tag{9.12}$$

式中：A 为圆截面面积。

3.4 薄壁圆环形截面梁

最大剪应力 $\tau_{\max}$ 发生在中性轴上，方向与 Q 平行 [图 9.10（b）]。

$$\tau_{\max} = 2 \frac{Q}{A} \tag{9.13}$$

式中：A 为圆环截面面积。

3.5 梁的剪应力强度条件

求得了最大剪应力后，由于最大剪应力所在各点均可视为处于纯剪切状态，于是就有

剪应力强度条件如下

$$\tau_{\max} \leqslant [\tau] \tag{9.14}$$

式中：$[\tau]$ 为梁弯曲时材料的容许剪应力。

4 梁的强度计算与提高梁强度的措施

4.1 梁横截面上的应力小结

（1）平面弯曲。

1）纯弯曲：

$Q=0$，横截面 $\tau=0$

$M_z \neq 0$，横截面 $\sigma = \dfrac{M_z y}{I_z}$

2）横力弯曲：

$Q \neq 0$，横截面 $\tau = \dfrac{QS_z}{I_z b}$（矩形截面、工字形截面等）

$M_z \neq 0$，横截面 $\sigma = \dfrac{M_z y}{I_z}$

（2）双向弯曲（也称斜弯曲，在本书第 11 章中介绍）。

4.2 梁的正应力强度条件

前面我们已建立了梁的正应力强度条件

$$\sigma_{\max} = \frac{M_{z\max}}{W_z} \leqslant [\sigma] \tag{9.15}$$

对于抗拉容许应力与抗压容许应力不同的材料，正应力强度又可写成

$$\left.\begin{array}{l}\sigma_{t\max} \leqslant [\sigma_t] \\ \sigma_{c\max} \leqslant [\sigma_c]\end{array}\right\} \tag{9.16}$$

式中：$\sigma_{t\max}$ 和 $\sigma_{c\max}$ 分别为梁中的最大拉应力和最大压应力；$[\sigma_t]$ 和 $[\sigma_c]$ 分别为材料的容许拉应力和容许压应力。

4.3 梁的剪应力强度条件

$$\tau_{\max} = \frac{QS_{z\max}}{I_z b} \leqslant [\tau] \tag{9.17}$$

对于圆形截面和圆环形截面 $\tau_{\max}$ 分别采用式（9.12）和式（9.13）计算。

4.4 梁的强度计算

在梁的强度计算中，理论上须同时进行正应力强度和剪应力强度计算。但是，一般情况下，梁的正应力强度条件起主要作用。因此，在设计梁截面时，通常是先按正应力强度条件设计出截面尺寸，然后再进行剪应力强度校核。

利用上述强度条件可进行三类强度计算，即：强度校核、截面设计和容许载荷计算。

【例题 9.1】 图 9.11（a）所示的简支梁由 56a 号工字钢制成，其截面简化后的尺寸

见图 9.11（b），$P = 150\text{kN}$。试求此梁危险截面上的最大正应力 $\sigma_{\max}$ 和同一截面上翼缘与腹板交界处 a 点［图 9.11（b）］的正应力 σ_a。

解： 首先作出梁的弯矩图［图 9.11（c）］。由图可见，截面 C 为危险截面，相应的最大弯矩值为

$$M_{\max} = 375\text{kN} \cdot \text{m}$$

利用附录 C 型钢规格表查得，56a 号工字钢截面的 $W_z = 2342\text{cm}^3$ 和 $I_z = 65586\text{cm}^4$。

将上述 $M_{\max}$ 和 W_z 代入式（9.5），于是得危险截面上的最大正应力 $\sigma_{\max}$

$$\sigma_{\max} = \frac{M_{\max}}{W_z} = \frac{375000}{2342 \times 10^{-6}} = 160\text{MPa}$$

将上述 $M_{\max}$、I_z 和有关尺寸［图 9.11（b）］代入式（9.5），得危险截面上点 a 处的正应力

$$\sigma_a = \frac{M_{\max} y_a}{I_z} = \frac{375000 \left(\frac{560}{2} - 21\right) \times 10^{-3}}{65586 \times 10^{-8}} = 148\text{MPa}$$

【例题 9.2】 图 9.12（a）所示的楼板主梁由工字钢制成。钢的容许弯曲正应力 $[\sigma] = 152\text{MPa}$，试选择工字钢的号码。

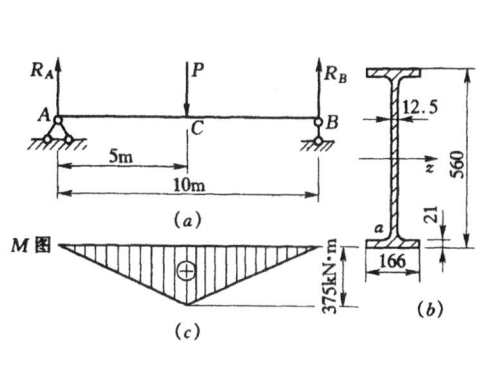

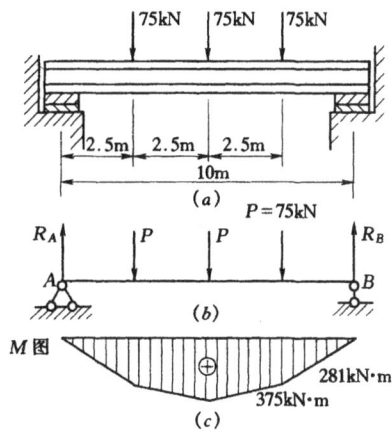

图 9.11

图 9.12

解： 由于此梁两端稍有转动及伸缩的可能，故计算简图可取为简支梁［图 9.12（b）］。先作出此梁弯矩图如图 9.12（c）所示。由图可见，梁的最大弯矩值为

$$M_{\max} = 375\text{kN} \cdot \text{m}$$

将 $M_{\max}$ 和 $[\sigma]$ 值代入公式（9.6）可求出此梁所必需的抗弯截面模量 W_z 为

$$W_z = \frac{M_{\max}}{[\sigma]} = \frac{375000}{152 \times 10^6} = 2467 \times 10^{-6}\text{m}^3$$

由附录 C 型钢规格表查得 56b 号工字钢的 W_z 为

$$W_z = 2447\text{cm}^3$$

此值虽小于所必需的 $W_z = 2460 \times 10^{-6}\text{m}^3$，但相差还不到 1%，因此，采用此工字钢时最大正应力为

$$\sigma_{\max} = \frac{M_{\max}}{W_z} = \frac{375000}{2447 \times 10^{-6}} = 153\text{MPa}$$

超过容许弯曲正应力值152MPa也不到1%（工程中，一般认为不超过5%是许可的），故可选取用56b号工字钢。

【例题9.3】 试设计图9.13所示枕木的矩形截面的尺寸。已知截面尺寸的比例为$b:h = 3:4$，容许正应力为$[\sigma] = 9$MPa，容许剪应力$[\tau] = 2.5$MPa，枕木跨度$l = 2$m，两钢轨间的轨距为1.6m，钢轨传给枕木的压力$P = 98$kN。

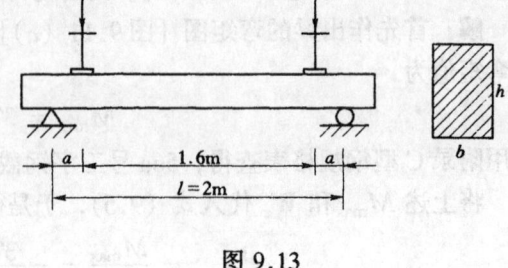

图9.13

解：(1) 按正应力强度条件设计截面。

$$M_{max} = Pa = 98 \times 0.2 = 19.6 \text{ kN} \cdot \text{m}$$

由正应力强度条件：

$$\sigma_{max} = \frac{M_{max}}{W} \leqslant [\sigma]$$

得

$$W \geqslant \frac{M_{max}}{[\sigma]} = \frac{19.6 \times 10^3}{9 \times 10^6} = 2.18 \times 10^{-3} \text{m}^3$$

因为

$$W = \frac{1}{6} \times b \times h^2; \quad b:h = 3:4$$

则

$$W = \frac{1}{6} \times \frac{3}{4}h \times h^2 = \frac{1}{8}h^3$$

从而

$$h^3 = 8W = 8 \times 2.18 \times 10^{-3} = 17.4 \times 10^{-3} \text{m}^3$$

得$h = 0.259$m，取$h = 0.26$m。

又$b = \frac{3}{4}h = \frac{3}{4} \times 0.26 = 0.195$m，取$b = 0.20$m。

(2) 剪应力强度校核。

$$Q_{max} = P = 98 \text{ kN}$$

梁内的最大剪应力为

$$\tau_{max} = \frac{3}{2}\frac{Q_{max}}{A}$$

其中

$$A = 0.26 \times 0.20 = 520 \times 10^{-4} \text{m}^2$$

得

$$\tau_{max} = \frac{3}{2} \times \frac{98 \times 10^3}{520 \times 10^{-4}} = 2.83 \text{MPa} > [\tau] = 2.5 \text{MPa}$$

说明按正应力强度条件设计的截面（$h = 0.26$m，$b = 0.20$m）不能满足剪应力强度条件的要求。

(3) 按剪应力强度条件设计截面尺寸。

由剪应力强度条件

$$\tau_{max} = \frac{3}{2}\frac{Q_{max}}{A} \leqslant [\tau]$$

得

$$A \geqslant \frac{3}{2} \frac{Q_{max}}{[\tau]} = \frac{3 \times 98 \times 10^3}{2 \times 2.5 \times 10^6} = 588 \times 10^{-4} \text{m}^2$$

因为 $A = b \times h = \frac{3}{4}h^2$，所以 $\frac{3}{4}h^2 \geqslant 588 \times 10^{-4}\text{m}$

得 $h \geqslant 0.28\text{m}$，$b \geqslant 0.21\text{m}$

最后，选用枕木截面的尺寸为 $h = 0.28\text{m}$，$b = 0.21\text{m}$。不必再进行正应力强度校核。

【例题9.4】 一槽形截面铸铁梁如图9.14 (a)、(b) 所示。已知 $b = 2\text{m}$，$I_z = 5493 \times 10^4 \text{mm}^4$，铸铁的容许拉应力 $[\sigma_t] = 30\text{MPa}$，容许压应力 $[\sigma_c] = 90\text{MPa}$。试求此梁的容许荷载 $[P]$。

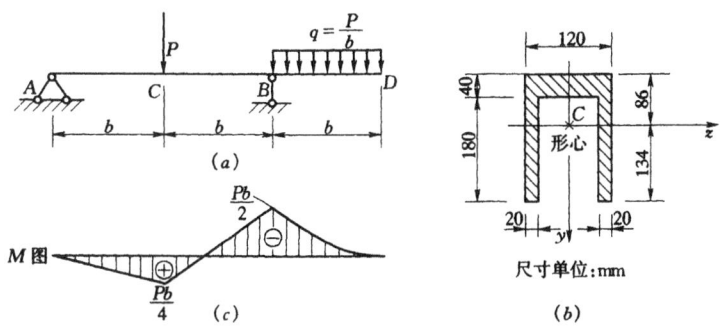

图 9.14

解： 设 P 的单位为 kN。作出弯矩图如图9.14 (c) 所示，由图可见，最大负弯矩在 B 截面上，最大正弯矩在 C 截面上，其值分别为

$$M_B = -\frac{Pb}{2}; \quad M_C = \frac{Pb}{4}$$

由横截面的尺寸 [图9.14 (b)] 可见，中性轴到上、下边缘的距离分别为

$$y_2 = 86\text{mm}; \quad y_1 = 134\text{mm}$$

本题经分析可知，危险截面在 B 和 C 截面处，分别计算如下：

C 截面：$$\sigma_{t\max} = \frac{M_C \cdot y_1}{I_z} = \frac{\left(\frac{1}{4}P \times 2\right) \times 0.134}{5493 \times 10^{-8}} \leqslant 30 \times 10^6$$

得 $P \leqslant 24.6\text{kN}$

$$\sigma_{c\max} = \frac{M_C \cdot y_2}{I_z} = \frac{\left(\frac{1}{4}P \times 2\right) \times 0.086}{5493 \times 10^{-8}} \leqslant 90 \times 10^6$$

得 $P \leqslant 115.2\text{kN}$

B 截面：$$\sigma_{t\max} = \frac{M_B \cdot y_2}{I_z} = \frac{\left(\frac{1}{2}P \times 2\right) \times 0.086}{5493 \times 10^{-8}} \leqslant 30 \times 10^6$$

得 $P \leqslant 19.2\text{kN}$

$$\sigma_{c\max} = \frac{M_B \cdot y_1}{I_z} = \frac{\left(\frac{1}{2}P \times 2\right) \times 0.134}{5493 \times 10^{-8}} \leqslant 90 \times 10^6$$

得 $P \leqslant 36.9 \text{kN}$

取其中较小者，即得该梁的许可荷载为 $[P] = 19.2 \text{kN}$。

【例题 9.5】 一简易起重设备如图 9.15（a）所示。起重量（包含电葫芦自重）$P = 30\text{kN}$。跨长 $l = 5\text{m}$。吊车大梁 AB 由 20a 号工字钢制成，其容许弯曲正应力 $[\sigma] = 170\text{MPa}$，容许剪应力 $[\tau] = 100\text{MPa}$。试校核此梁的强度。

解: 此吊车梁可简化为简支梁[图 9.15（b）]。由于荷载是移动的，故须确定荷载的最不利位置。在计算最大正应力时，应取荷载 P 在梁的跨中 C 这一位置。在计算最大剪应力时，应取荷载在紧靠任一支座例如支座 A 位置 [图 9.15（d）]，因为此时该支座的支反力最大，梁的最大剪力也就最大。

先校核正应力强度。在荷载处于最不利位置时，梁的弯矩图如图 9.15（c），最大弯矩值为

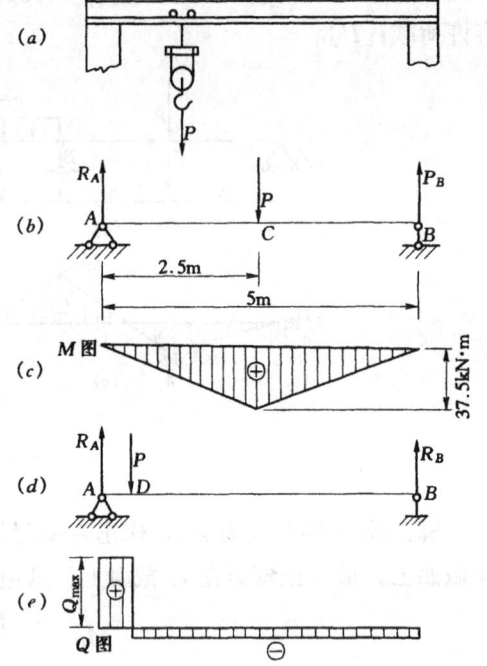

图 9.15

$$M_{\max} = 37.5 \text{kN} \cdot \text{m}$$

由附录 C 型钢规格表查得 20a 号工字钢的 W_z 为

$$W_z = 237 \text{cm}^3$$

将 $M_{\max}$ 和 W_z 值代入公式（9.15），得此梁的最大正应力，并校核正应力强度

$$\sigma_{\max} = \frac{M_{\max}}{W_z} = \frac{37500}{237 \times 10^{-6}} = 158 \text{MPa} < [\sigma]$$

校核剪应力强度。在最不利荷载位置时，相应的剪力图如图 9.15（e）。因为荷载 P 很靠近支座 A，支反力 R_A 约等于 P，因而

$$Q_{\max} = R_A \approx P = 30 \text{ kN}$$

利用附录 C 型钢规格表查得对于 20a 号工字钢，有

$$\frac{I_z}{S_{z\max}} = 17.2 \text{ cm}$$

和

$$d = 7 \text{mm}$$

将以上三数值代入式（9.11），得出梁的最大剪应力，并据此校核剪应力强度

$$\tau_{\max} = \frac{Q_{\max}}{\left(\frac{I_z}{S_{z\max}}\right)d} = \frac{30000}{17.2 \times 0.7 \times 10^{-4}} = 24.9 \text{MPa} < [\tau]$$

可见正应力和剪应力的强度条件均能满足，此梁是安全的。

4.5 提高梁强度的措施

前已指出，在梁的强度计算中，横截面上正应力起主要作用。因此，提高梁的强度，实质上是采取各种可能措施，降低梁横截面上的正应力。现列出几种主要措施：

(1) 选择合理的截面形状。

根据最大正应力计算式，梁的抗弯截面模量 W 愈大，正应力愈小；因此，在设计中，应力求在不增加材料（用横截面积 A 来衡量）的条件下，使截面的 W 值尽可能增大，即应使截面的 W/A 比值尽可能的大，这种截面称为合理截面。由于一般截面中，W 与其高度的平方成正比，应尽可能地使横截面面积分布在距中性轴较远的地方。例如工字形截面就比矩形截面为优，而矩形截面又比圆形截面为优。

(2) 采用变截面梁。

由于强度条件通常是以危险截面上的最大正应力为依据，所以当危险截面上的最大正应力达到材料的容许应力时，其余截面上的最大正应力尚未达到这一数值，甚至远小于这一数值。因此，为了节省材料，减轻结构的重量，常将受弯构件设计成变截面的即截面的尺寸随弯矩的变化而变化。弯矩大的部位截面相对大一些，弯矩小的部位则反之，这就是变截面梁。

(3) 改善梁的受力情况。

改善梁的受力方式和约束情况，可以降低梁上的最大弯矩值。例如图 9.16 (a) 所示梁。若在此梁上设置一个半跨长的副梁。[图 9.16 (b)]，则主梁上最大弯矩，比原来的梁降低了一半。另有一些梁可通过改变其支承位置或增加支座支承等达到降低最大弯矩的目的。

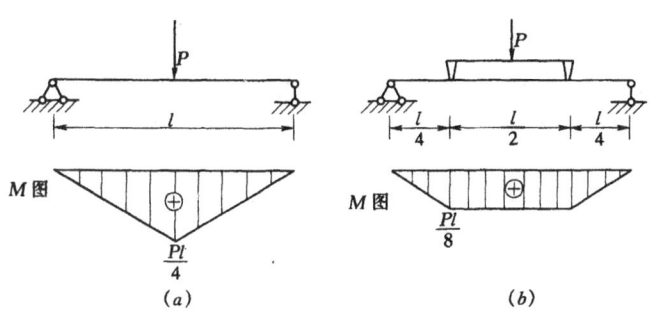

图 9.16

5 梁的位移与挠曲线近似微分方程

5.1 梁的位移

由于弯曲变形，梁的截面将会发生位移（图 9.17），研究梁的位移，主要是为了梁的刚度计算和求解超静定梁。梁横截面的位移包括三部分：一是横截面形心在与梁变形前轴线相垂直的方向位移，称为挠度，记为 y；二是横截面相对于变形前的初始位置所转过的角度，称为转角，记为 θ；三是横截面形心沿着梁变形前轴线方向的位移如图 9.17 (a) 中所示的 Δx。在小挠度情况下，上述三种位移中，挠度 y 和转角 θ 是主要的，而轴向位

移 Δx 为高阶小量,可不予以考虑。

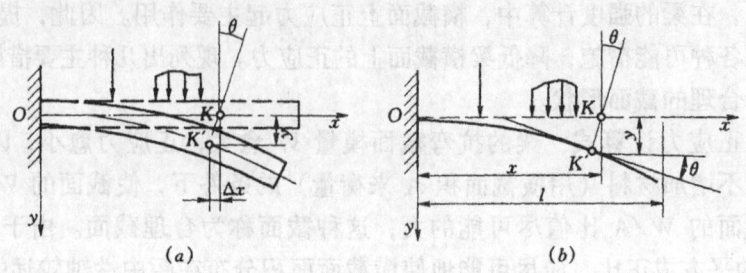

图 9.17

梁在发生弯曲变形后,原为直线的梁轴将弯曲成一条曲线,此弯曲后的梁轴线就称为梁的挠曲线。梁的挠曲线可用方程 $y = y(x)$ 描述,此方程称为挠曲线方程。

从图 9.17 (b) 中可看出

$$\frac{dy}{dx} = \tan\theta$$

在小挠度情形下,θ 很小,故有 $\tan\theta \approx \theta$。于是上式写成

$$\theta(x) = \frac{dy}{dx} \tag{9.18}$$

此即小挠度情形下,梁的挠度与转角的定量关系。可见,确定梁的位移,关键在于确定梁的挠曲线方程。

5.2 挠曲线近似微分方程

由式 (9.3) 知,忽略梁的剪力的影响,平面弯曲时梁轴线曲率为

$$\frac{1}{\rho(x)} = \frac{M_z}{EI_z} \tag{9.19}$$

根据微积分的基本知识,曲线 $y(x)$ 的曲率与函数之间存在下列关系

$$\frac{1}{\rho(x)} = \pm \frac{\dfrac{d^2 y}{dx^2}}{\left[1 + \left(\dfrac{dy}{dx}\right)^2\right]^{\frac{3}{2}}}$$

将上式代入式 (9.19) 中,得到

$$\pm \frac{\dfrac{d^2 y}{dx^2}}{\left[1 + \left(\dfrac{dy}{dx}\right)^2\right]^{\frac{3}{2}}} = \frac{M_z}{EI_z} \tag{9.20}$$

上式为确定挠曲线的微分方程。

在小挠度条件下,式 (9.20) 中 $(dy/dx)^2 \ll 1$ 可忽略不计。于是,小挠度微分方程简化为

$$\pm \frac{d^2 y}{dx^2} = \frac{M_z(x)}{EI_z} \tag{9.21}$$

式中的正负号与弯矩的正负号规则及 y 坐标的取向有关。见图 9.18,当 y 坐标向上时,

第9章 平面弯曲

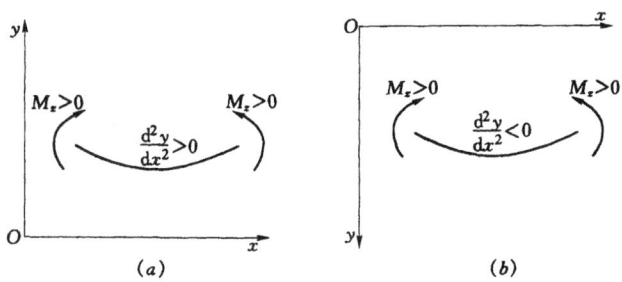

图 9.18

M_z 与 d^2y/dx^2 同号,式 (9.21) 中取"+"号。当 y 坐标向下时,M_z 与 d^2y/dx^2 异号,式 (9.21) 中取"—"。本书采用后者,故有

$$\frac{d^2y}{dx^2} = -\frac{M_z(x)}{EI_z} \qquad (9.22)$$

上式为确定挠曲线的近似微分方程。

6 积分法求梁的位移

将式 (9.22) 对 x 积分一次,得到梁的转角方程

$$\theta(x) = \frac{dy}{dx} = -\int \frac{M_z(x)}{EI_z}dx + C \qquad (9.23)$$

将式 (9.22) 对 x 积分二次,或者对上式再积分一次,得到梁的挠度方程

$$y(x) = -\int(\int \frac{M_z(x)}{EI_z}dx)dx + Cx + D \qquad (9.24a)$$

或者

$$y(x) = \int \theta(x)dx + D \qquad (9.24b)$$

式中:C、D 为积分常数,由边界条件和位移连续条件确定。

【例题 9.6】 悬臂梁受力如图所示。求梁的挠度方程和转角方程,并确定它们的最大值。

解: 首先建立如图所示之坐标系 Oxy。在 $0 \leqslant x \leqslant l$ 范围内梁的弯矩方程为

$$M(x) = Pl - Px$$

因为是等截面梁,由式 (9.22) 得到确定梁挠度的微分方程为

$$EI_z \frac{d^2y}{dx^2} = -M(x) = -Pl + Px \qquad (a)$$

对上式积分一次得

$$EI_z \theta(x) = -Plx + \frac{1}{2}Px^2 + C \qquad (b)$$

再积分一次得

$$EI_z y(x) = -\frac{1}{2}Plx^2 + \frac{1}{6}Px^3 + Cx + D \qquad (c)$$

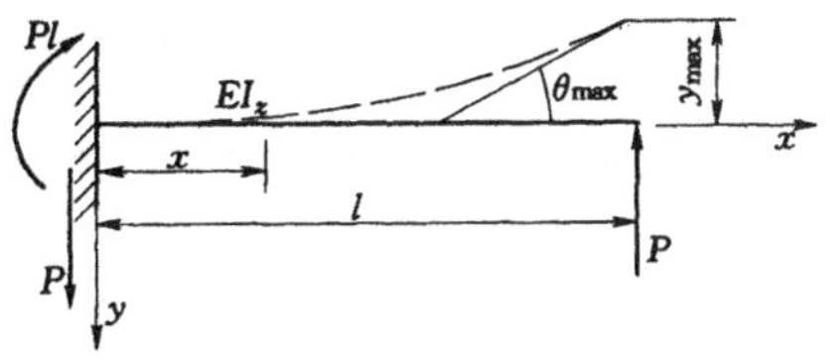

利用约束条件,可确定上述方程中的积分常数 C

图 9.19

和 D。即

$$\left.\begin{array}{l} y(0) = 0 \\ \theta(0) = 0 \end{array}\right\} \quad (d)$$

将其代入方程（b）和（c），联立解得

$$C = 0, \; D = 0$$

于是该梁的转角方程和挠度方程分别为

$$\theta(x) = -\frac{1}{EI_z}(Plx - \frac{1}{2}Px^2) \quad (e)$$

和

$$y(x) = -\frac{1}{EI_z}\left(\frac{1}{2}Plx^2 - \frac{1}{6}Px^3\right) \quad (f)$$

挠曲线形状如图 9.19 中的虚线所示。y_{max} 及 θ_{max} 均发生在自由端处。将 $x = l$ 代入式（e）、（f）求得

$$y_{max} = y(l) = -\frac{Pl^3}{3EI_z}$$

$$\theta_{max} = \theta(l) = -\frac{Pl^2}{2EI_z}$$

【例题 9.7】 简支梁 AB 受力如图 9.20 所示。已知梁长为 l，$l = a + b$，$a > b$，梁的抗弯刚度为 EI_z。求此梁的转角方程和挠度方程，并确定挠度的最大值。

解：梁的支座反力及所选坐标系均示于图 9.20 中。由于集中力加在两支座之间，弯矩方程在 AC、CB 两段中互不相同，应分段建立挠度微分方程：

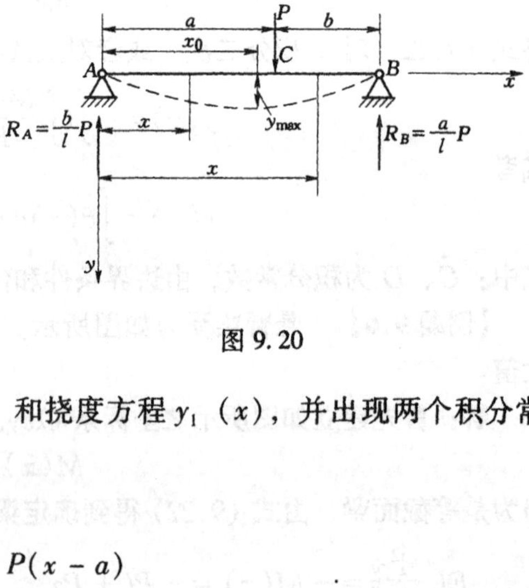

AC 段（$0 \le x \le a$）

$$M_1(x) = \frac{b}{l}Px$$

$$EI_z \frac{d^2y_1}{dx^2} = -\frac{b}{l}Px \quad (a)$$

图 9.20

对（a）式积分，可得 AC 段的转角方程 $\theta_1(x)$ 和挠度方程 $y_1(x)$，并出现两个积分常数 C_1 和 D_1。

CB 段（$a \le x \le l$）

$$M_2(x) = \frac{b}{l}Px - P(x - a)$$

$$EI_z \frac{d^2y_2}{dx^2} = -\frac{b}{l}Px + P(x - a) \quad (b)$$

对（b）式积分，同样可得 CB 段的转角方程 $\theta_2(x)$ 和挠度方程 $y_2(x)$，但增加两个积分常数 C_2 和 D_2。

确定四个积分常数需要四个边界条件。在支座 A 和 B 处可提供的条件为

$$y_1(0) = y_2(0) = 0 \quad (c)$$

其他由连续条件提供。前已提及,在弹性范围内加载时,挠曲线是一条连续光滑的曲线,这表明,在 AC 和 CB 段的交界处 C ($x=a$),两段的挠度和转角必须对应相等,以保证位移连续。即

$$\left.\begin{array}{l}y_1(a) = y_2(a) \\ \theta_1(a) = \theta_2(a)\end{array}\right\} \tag{d}$$

利用 (c) 式和 (d) 式共四个方程,即可解得

$$D_1 = D_2 = 0$$

$$C_1 = C_2 = -\frac{Pb}{6l}(b^2 - l^2)$$

于是,梁的挠曲线方程和转角方程分别为

AC 段($0 \leqslant x \leqslant a$) $y_1(x) = \frac{Pbx}{6EI_zl}(l^2 - b^2 - x^2)$ (e)

$$\theta_1(x) = \frac{Pb}{6EI_zl}(l^2 - b^2 - 3x^2) \tag{f}$$

CB 段($a \leqslant x \leqslant l$) $y_2(x) = \frac{Pbx}{6EI_zl}(l^2 - b^2 - x^2) + \frac{P}{6EI_z}(x-a)^3$ (g)

$$\theta_2(x) = \frac{Pb}{6EI_zl}(l^2 - b^2 - 3x^2) + \frac{P}{2EI_z}(x-a)^2 \tag{h}$$

为求最大挠度 $y_{\max}$,需利用求极值关系 $dy/dx = \theta = 0$,首先需确定 $\theta = 0$ 发生的梁段。已知本例题中 $a > b$,可求出:当 $x=0$ 时,$\theta_1 > 0$;当 $x=a$ 时,则 $\theta_1 = \theta_2 < 0$。可见 $\theta = dy/dx = 0$(即 $y_{\max}$ 所在的位置)必在 AC 段内。因此由

$$\frac{dy_1}{dx} = \theta_1 = 0$$

解得

$$x_0 = \sqrt{\frac{l^2 - b^2}{3}} \tag{i}$$

代入挠度方程式 (e) 得

$$y_{\max} = \frac{\sqrt{3}Pb(l^2 - b^2)^{3/2}}{27EI_zl} \tag{j}$$

若 $b = l/2$,即集中力作用在跨度中点,则有

$$y_{\max} = \frac{Pl^3}{48EI_z} \quad \text{(发生在跨度中点)} \tag{k}$$

顺便指出,在积分 (b) 式时,可不将 ($x-a$) 的括号打开,而直接对 ($x-a$) 积分。这样做的结果是,不仅在利用连续条件时得到 $C_1 = C_2$,$D_1 = D_2$,而且使计算过程变得简单,不易出错。

由式 (i) 可知:

当 $b \to 0$ 时 $x = \sqrt{\dfrac{l^2}{3}} = 0.577l$ (l)

当 $b \to l/2$ $x = 0.5l$ (m)

比较式（l）和式（m）可见集中载荷 P 的位置对于最大挠度位置的影响并不大。因此在工程上往往为了简便，可以不管集中载荷实际作用在梁的何处，均计算跨度中点处的挠度值近似作为最大挠度值。

7 叠加法求梁的位移

梁的挠度和转角与载荷均为线性关系。欲求不同载荷共同作用在梁上对同一点引起的位移，可取各个载荷在同一点引起的位移的代数和，这就是确定梁位移的叠加法。由于一些基本梁在简单载荷作用下的挠度和转角均已按积分法求得，并编制成表（见附录B）。因而可以利用这些结果。由叠加法可方便求得各种梁在复杂载荷作用下的挠度和转角。

【例题 9.8】 简支梁 AB 受力如图 9.21（a）所示。试用叠加法求 A 截面的转角 θ_A。梁的抗弯刚度 EI_z 已知。

解：将图 9.21（a）梁的受力分解为图（b）、（c）两种受力形式的叠加，于是有

$$\theta_A = \theta_A(m) + \theta_A(P) \qquad (a)$$

式中：$\theta_A(m)$ 为梁在力偶 m 作用下 A 截面产生的转角；$\theta_A(P)$ 为梁在集中力 P 作用下 A 截面产生的转角。

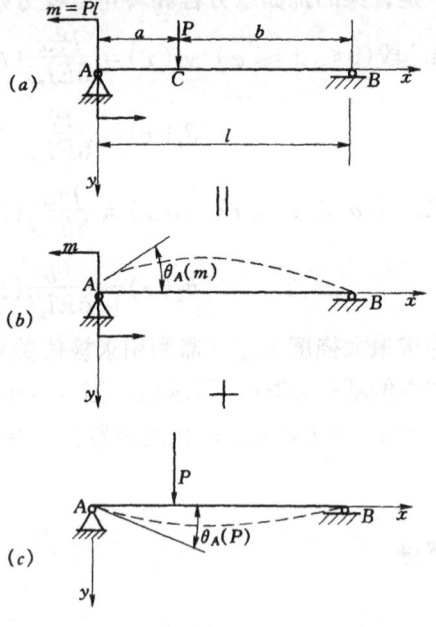

图 9.21

由附录 B 查得

$$\theta_A(m) = -\frac{Pl^2}{3EI_z}$$

$$\theta_A(P) = \frac{Pab(l+b)}{6lEI_z}$$

将上式代入 θ_A 式（a）得

$$\theta_A = -\frac{Pl^2}{3EI_z} + \frac{Pab(l+b)}{6lEI_z} = -\frac{P[2l^3 - ab(l+b)]}{6EI_z l} \qquad (b)$$

查表时需要注意各种记号的实际含意以及载荷的作用方向。

【例题 9.9】 悬臂梁受力如图 9.22 所示。试求梁的最大挠度 y_{max} 及最大转角 θ_{max}。设梁的抗弯刚度 EI_z 已知。

解：将梁上间断的分布载荷变为沿梁全长的分布载荷（自 A 至 B）。

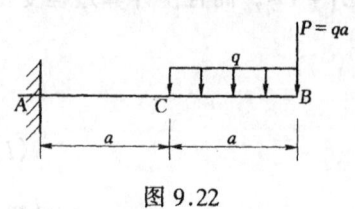

图 9.22

为与原梁等效，在 AC 段施加一集度相同，方向相反的分布载荷，如图 9.23（a）所示。

因为它与原梁的弯矩、刚度及支承条件完全相同，故其位移也与原梁完全相同。而图 9.23（a）所示的外载荷可以分解为图 9.23（b）、（c）、（d）三种载荷的叠加。

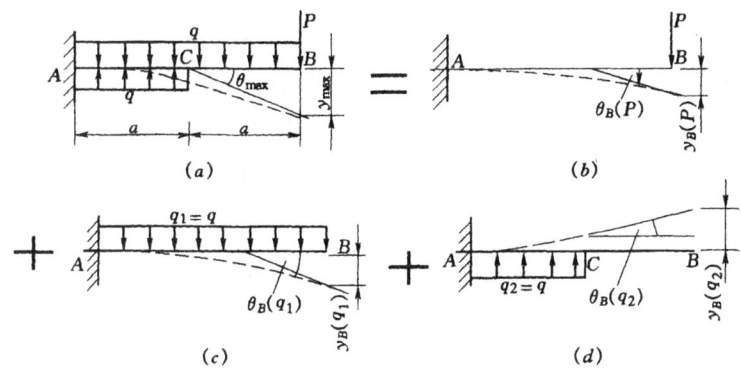

图 9.23

这三种载荷所产生的最大挠度和最大转角都在自由端 [图 9.23（d）中 CB 段各截面的转角相同]，将三种情况下的结果相加便得到原梁的最大挠度和最大转角。

由附录 B 查得图 9.23（b）所示梁在自由端的挠度和转角为

$$y_B(P) = \frac{qa(2a)^3}{3EI_z} = \frac{8qa^4}{3EI_z}$$

$$\theta_B(P) = \frac{qa(2a)^2}{2EI_z} = \frac{2qa^3}{EI_z}$$

图 9.23（c）所示梁在自由端的挠度和转角为

$$y_B(q_1) = \frac{q_1(2a)^4}{8EI_z} = \frac{2qa^4}{EI_z}$$

$$\theta_B(q_1) = \frac{q_1(2a)^3}{6EI_z} = \frac{4qa^3}{3EI_z}$$

对于图 9.23（d）所示之梁，BC 段不受力，因而这段梁没有弯曲变形，但由于 AC 段弯曲的结果以及挠曲线连续光滑的要求，BC 段上各点均有挠度和转角，为刚体位移。B 端的转角显然等于 AC 梁弯曲后 C 截面的转角即 $\theta_B(q_2) = \theta_C(q_2)$。B 端的挠度 $y_B(q_2)$ 则包含两部分：一部分是 AC 梁弯曲后 C 截面的挠度 $y_C(q_2) = -qa^4/8EI_z$；另一部分是 CB 直线部分因 $\theta_C(q_2)$ 引起的 B 端的刚体位移。于是有

$$\theta_B(q_2) = \theta_C(q_2) = -\frac{q_2 a^3}{6EI_z} = -\frac{qa^3}{6EI_z}$$

$$\begin{aligned} y_B(q_2) &= y_C(q_2) + \theta_C(q_2) \times a \\ &= -\frac{qa^4}{8EI_z} + \left(-\frac{qa^3}{6EI_z}\right)a \\ &= -\frac{7}{24}\frac{qa^4}{EI_z} \end{aligned}$$

最后，将三种载荷所产生的 B 端的挠度和转角分别相加，便得到原梁在 B 端的挠度和转角值

$$y_{\max} = y_B = y_B(P) + y_B(q_1) + y_B(q_2) = \frac{8qa^4}{3EI_z} + \frac{2qa^4}{EI_z} - \frac{7qa^4}{24EI_z} = \frac{35qa^4}{EI_z}$$

$$\theta_{max} = \theta_B = \theta_B(P) + \theta_B(q_1) + \theta_B(q_2) = \frac{2qa^3}{EI_z} + \frac{4qa^3}{3EI_z} - \frac{qa^3}{6EI_z} = \frac{19qa^3}{6EI_z}$$

确定梁位移的方法还有很多。但对于某些构件（如变截面梁、阶梯轴等），当载荷比较复杂时，用这些传统的方法进行计算工作量十分繁重。近年来，随着电子计算机的迅速发展，数值计算方法（例如有限差分法）在确定梁的位移方面已有广泛应用，并可得到比较满意的结果。

8 梁的刚度计算与提高梁刚度的措施

8.1 梁的刚度计算

在梁的设计中，除了要求梁要有足够的强度外，有时还要进行刚度校核。即要求梁满足下列刚度条件

$$y_{max} \leqslant [y] \tag{9.25}$$

$$\theta_{max} \leqslant [\theta] \tag{9.26}$$

式中：$[y]$ 为梁的容许挠度值；$[\theta]$ 为梁的容许转角值，单位为弧度（rad）。

【例题 9.10】 机床主轴的支承和受力可以简化为如图 9.24 所示的外伸梁。其中 P_1 为由于切削而施加于卡盘上的力，P_2 为齿轮间的相互作用力（主动力）。主轴为空心圆截面，外径 $D = 80$mm，内径 $d = 40$mm，$l = 400$mm，$a = 100$mm。$P_1 = 2$kN，$P_2 = 1$kN。材料的弹性模量 $E = 200$GPa。规定主轴的容许挠度和容许转角为：卡盘 C 处的挠度 y_C/l 不超过 $[y/l] = 1/10^4$。轴承 B 处的转角 θ_B 不超过 $[\theta] = 1/10^3$（rad）。试校核主轴的刚度。

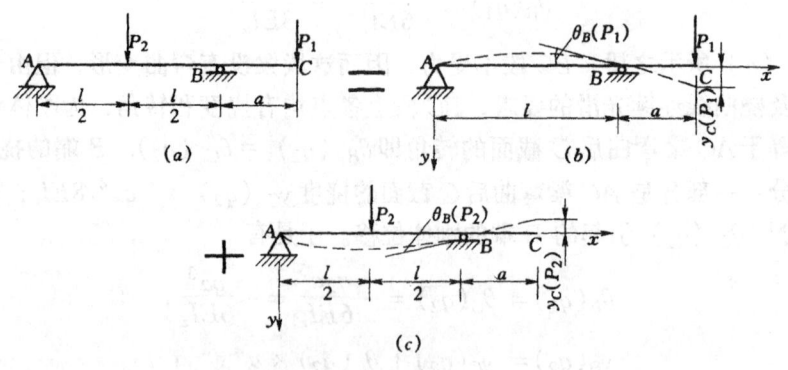

图 9.24

解：(1) 求空心主轴横截面的惯性矩。

$$I_z = \frac{\pi(D^4 - d^4)}{64} = \frac{\pi}{64}(80^4 - 40^4) = 1.885 \times 10^6 \text{mm}^4$$

(2) 用叠加法求梁 C 截面处的挠度 y_C 和支座 B 处转角 θ_B

由附录 B 求得

$$y_C(P_1) = \frac{P_1 a^2}{3EI_z}(l + a)$$

$$= \frac{2 \times 10^3 \times 100^2 \times (400 + 100)}{3 \times 200 \times 10^3 \times 1.885 \times 10^6}$$

$$= 8.84 \times 10^{-3} \text{mm}$$

$$\theta_B(P_1) = \frac{P_1 al}{3EI_z}$$

$$= \frac{2 \times 10^3 \times 100^2 \times 400}{3 \times 200 \times 10^3 \times 1.885 \times 10^6}$$

$$= \frac{2 \times 10^3 \times 100^2 \times (400 + 100)}{3 \times 200 \times 10^3 \times 1.885 \times 10^6}$$

$$= 0.707 \times 10^{-4} \text{rad}$$

由附录 B 求得

$$\theta_B(P_2) = -\frac{P_2 l^2}{16EI_z} = -\frac{1 \times 10^3 \times 400^2}{16 \times 200 \times 10^3 \times 1.885 \times 10^6} = -0.265 \times 10^{-4} \text{rad}$$

$$y_C(P_2) = \theta_B(P_2) \times a = -0.265 \times 10^{-4} \times 100 = -2.65 \times 10^{-3} \text{mm}$$

叠加后得

$$y_C = y_C(P_1) + y_C(P_2) = 8.84 \times 10^{-3} - 2.65 \times 10^{-3} = 6.19 \times 10^{-3} \text{mm}$$

$$\theta_B = \theta_B(P_1) + \theta_B(P_2) = 0.707 \times 10^{-4} - 0.265 \times 10^{-4} = 0.442 \times 10^{-4} \text{rad}$$

（3）刚度校核。

$$\left|\frac{y_C}{l}\right| = \frac{6.19 \times 10^{-3}}{400} = 1.548 \times 10^{-5} < \left[\frac{y}{l}\right]$$

$$|\theta_B| = 0.442 \times 10^{-4} \text{rad} < [\theta]$$

因此，这一主轴具有足够的刚度。

【例题 9.11】 一悬臂梁 AB 长，在自由端作用着集中载荷 $P = 10$kN，如图 9.25 所示。设材料的容许应力 $[\sigma] = 160$MPa，弹性模量 $E = 210$GPa，梁的容许挠度为 $[y] = l/400$。试按强度条件及刚度条件选择工字钢截面型号。

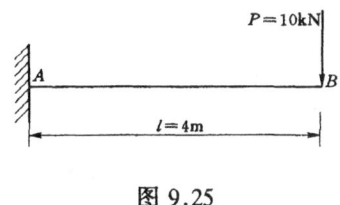

图 9.25

解：（1）先按强度条件设计截面。

梁的最大弯矩为

$$M_{\max} = Pl = 10 \times 4 = 40 \text{kN} \cdot \text{m}$$

所以由强度条件确定该梁所需的抗弯截面模量为

$$W \geq \frac{M_{\max}}{[\sigma]} = \frac{40 \times 10^3}{160 \times 10^6} = 250 \times 10^{-6} \text{m}^3 = 250 \text{cm}^3$$

由附录 C 型钢表查得 20b 工字钢的抗弯截面模量和惯性矩分别为

$$W_z = 250 \text{cm}^3$$

和

$$I_z = 2500 \text{cm}^4 = 2500 \times 10^{-8} \text{m}^4$$

（2）校核刚度。

由附录 B 查得梁的最大挠度并代入 20b 型钢的截面数据得

$$y_{\max} = y_B = \frac{Pl^3}{3EI_z} = \frac{10 \times 10^3 \times 4^3}{3 \times 210 \times 10^9 \times 2500 \times 10^{-8}} = 4.06 \times 10^{-2}\text{m}$$

因为
$$[y] = \frac{l}{400} = \frac{4}{400} = 1 \times 10^{-2}\text{m}$$

所以 $y_{\max} > [y]$，采用 20b 号工字钢，则该梁刚度不够。

（3）按刚度条件设计截面。

由
$$y_{\max} = \frac{Pl^3}{3EI_z} \leqslant [y] = \frac{l}{400}$$

所以
$$I_z \geqslant \frac{400Pl^2}{3E} = \frac{400 \times 10 \times 10^3 \times 4^2}{3 \times 210 \times 10^9} = 1.02 \times 10^{-4}\text{m}^4 = 10200\text{cm}^4$$

由附录 C 型钢表查得 32a 工字钢的惯性矩和抗弯截面模量分别为 $I_z = 11075\text{cm}^4$ 和 $W_z = 692\text{cm}^3$，满足强度条件和刚度条件，故可选 32a 号工字钢制作该梁。

8.2 提高梁刚度的措施

（1）增大截面惯性矩。可选择合理的截面形状以加大惯性矩。例如采用薄壁工字形或箱形截面等。

（2）尽量减小梁的跨度或长度。

（3）增加支承。

（4）改善受力情况。通过减小弯矩，从而减小梁的挠度或转角。

习 题

9.1 梁在铅垂纵对称面内受外力作用而弯曲。当梁具有图示各种不同形状的横截面时，试分别绘出各横截面上的正应力沿其高度变化的图。

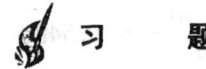

9.2 一根 25a 号槽钢，在纵对称面内受矩为 $m = 5\text{kN}\cdot\text{m}$ 的一对外力偶作用，如图（a）所示。试求截面上 A、B、C、D 四点处的正应力。若力偶仍作

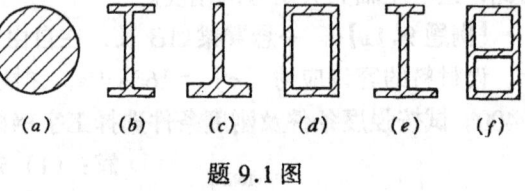

题 9.1 图

用于铅垂平面内，但将槽钢绕其轴线转 90°，如图（b）所示，则此四点处的正应力又如何？

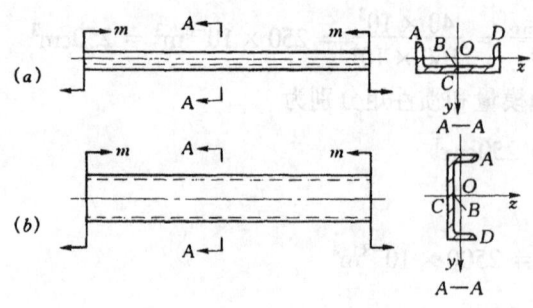

题 9.2 图

9.3 矩形截面的悬臂梁受集中力和集中力偶作用，如图所示。试求 I-I 截面和固定端 II-II 截面上 A、B、C、D 四点处的正应力。

9.4 图示一由 16 号工字钢制成的简支梁，其上作用着集中载荷 P_0，在截面 C-C 处梁的下边缘上，用标距 $s = 20\text{mm}$ 的应变仪量得纵向伸长 $\Delta s = 0.008\text{mm}$。

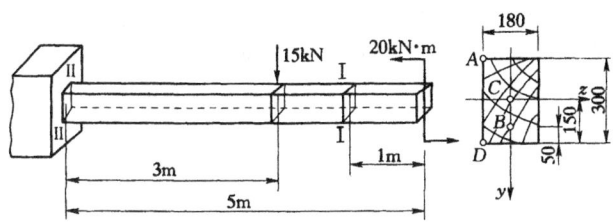

题 9.3 图

已知梁的跨长 $l=1.5\text{m}$，$a=1\text{m}$ 弹性模量 $E=210\text{GPa}$。试求 P 力的大小。

9.5 由两根 28a 号槽钢组成的简支梁受三个集中力作用，如图所示。已知该梁材料为 $Q235$ 钢，其容许弯曲正应力 $[\sigma]=170\text{MPa}$。试求该梁的容许载荷 P。

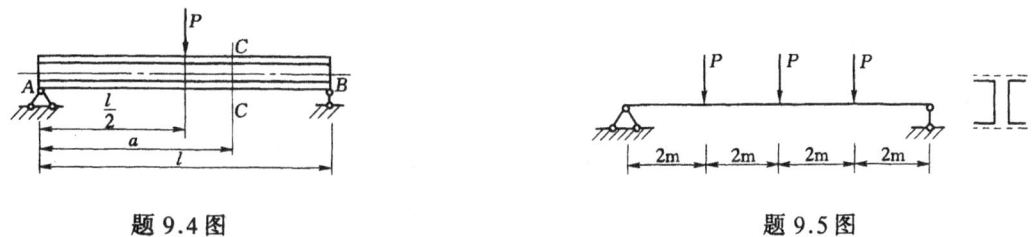

题 9.4 图   题 9.5 图

9.6 简支梁的载荷情况及尺寸如图所示，试求梁的下边缘的总伸长。

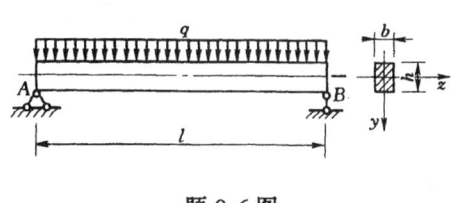

题 9.6 图

9.7 已知图示铸铁简支梁的 $I_{z1}=645.6\times 10^6\text{mm}^4$，$E=120\text{GPa}$，容许拉应力 $[\sigma_t]=30\text{MPa}$，容许压应力 $[\sigma_c]=90\text{MPa}$。试求：①容许载荷 P；②在容许载荷作用下，梁下边缘的总伸长量。

9.8 起重机连同配重等重 $W=50\text{kN}$，行走于两根工字钢所组成的简支梁上，如图所示。起重机的起重量 $P=10\text{kN}$。梁材料的容许弯曲正应力 $[\sigma]=170\text{MPa}$。试选择工字钢的号码。设全部载荷平均分配在两根梁上。

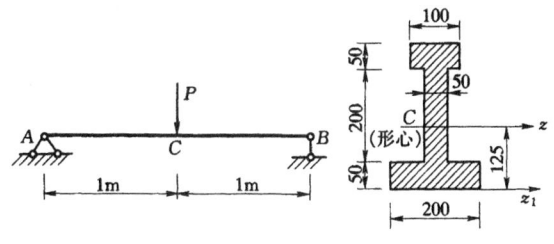 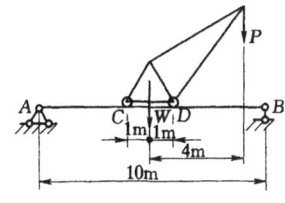

题 9.7 图   题 9.8 图

9.9 一简支木梁受力如图所示，载荷 $P=5\text{kN}$，距离 $a=0.7\text{m}$，材料的容许弯曲正应力 $[\sigma]=10\text{MPa}$，横截面为 $\dfrac{h}{b}=3$ 的矩形。试按正应力强度条件确定此梁横截面的尺寸。

9.10 一铸铁梁如图所示。已知材料的抗拉强度极限 $(\sigma_b)_t=150\text{MPa}$，抗压强度极限$(\sigma_b)_c = 630$MPa。试求此梁的安全系数。

9.11 图示的外伸梁由25a号工字钢制成，其跨长$l = 6$m，且在全梁上受集度为q的均布载荷作用。当支座处截面A、B上及跨中截面C上的最大正应力均为$\sigma = 140$MPa时，试问外伸部分的长度a及载荷集度q各等于多少？

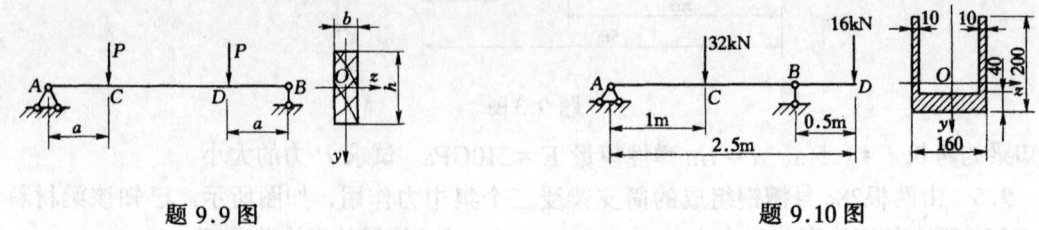

题 9.9 图　　　　　　　　　题 9.10 图

9.12 一矩形截面木梁，其截面尺寸及载荷如图，$q = 1.3$kN/m。已知$[\sigma] = 10$MPa，$[\tau] = 2$MPa。试校核梁的正应力强度和剪应力强度。

9.13 一悬臂梁长为900mm，在自由端受一集中力P的作用。此梁由三块50mm$\times 100$mm的木板胶合而成，如图所示，图中z轴为中性轴。胶合缝的容许剪应力$[\tau] = 0.35$MPa。试按胶合缝的剪应力强度求容许载荷P，并求在此载荷作用下，梁的最大弯曲正应力。

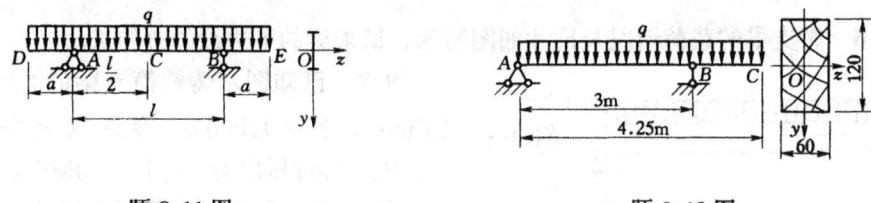

题 9.11 图　　　　　　　　　题 9.12 图

9.14 图示木梁受一可移动的载荷$P = 40$kN作用。已知$[\sigma] = 10$MPa，$[\tau] = 3$MPa。木梁的横截面为矩形，其高宽比$\dfrac{h}{b} = \dfrac{3}{2}$。试选择此梁的截面尺寸。

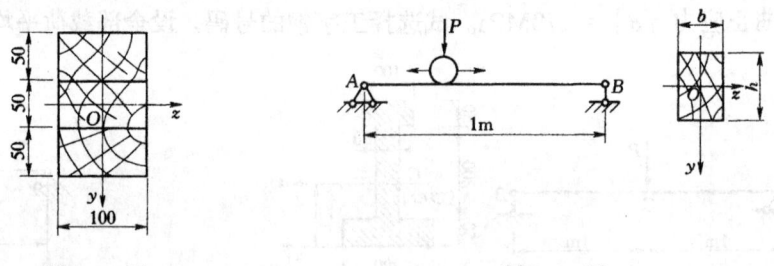

题 9.13 图　　　　　　　　　题 9.14 图

9.15 外伸梁AC承受载荷如图所示，$m = 40$kN·m，$q = 20$kN/m。材料的容许弯曲正应力$[\sigma] = 170$MPa，容许剪应力$[\tau] = 100$MPa。试选择工字钢的号码。

9.16 梁AD为No10工字钢，B点用圆钢杆BC悬挂。已知圆杆直径$d = 20$mm，梁和杆的容许应力均为$[\sigma] = 160$MPa。试求许可均布载荷$[q]$。

9.17 制动装置的杠杆用直径$d = 30$mm的销钉支承在B处。若杠杆的容许应力$[\sigma] = 140$MPa。销钉的剪切容许应力$[\tau] = 100$MPa，求容许载荷$[P_1]$、$[P_2]$。

第9章 平面弯曲

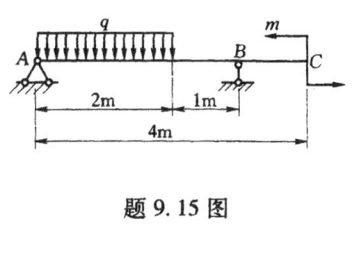

题9.15图

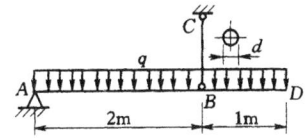

题9.16图

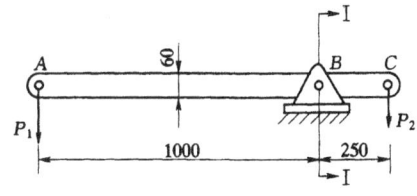

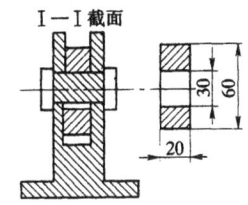

题9.17图

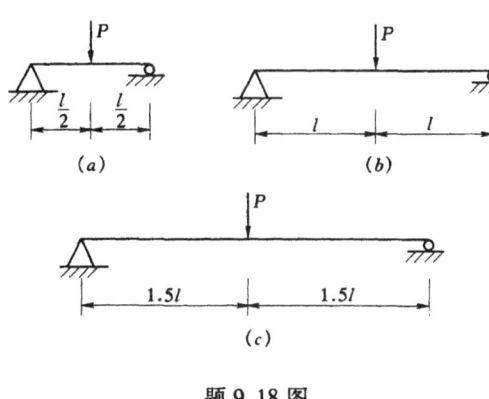

题9.18图

9.18 三个简支梁如图所示，材料相同。求其横截面上的最大正应力之比与最大挠度之比。若三者的跨度、载荷均相同，但弹性模量之比为 $E_a:E_b:E_c=1:2:3$，求三者的 σ_{max} 之比与 y_{max} 之比。

9.19 试画出下列梁的挠曲线的大致形状。

9.20 用积分法求下列各梁（刚度为 EI_Z）的 y_A 和 θ_B。图 d 中，C 处弹簧的刚度（引起单位长度的变形所需之力）为 K。

9.21 用叠加法求下列各梁 A 截面的挠度 y_A 及 B 截面的转角 θ_B，EI_Z 已知。

9.22 在激光实验中，激光光束通过外径为152mm，壁厚为3mm的钢管（弹性模量 $E=210$GPa）。由于钢管长度 l 过大，管子因自重（$\gamma=7.8\times10^{-3}$g/mm^3）而使跨中产生相当大的挠度，以致有一半光束因撞壁而受阻，未能射出，试问这时管长 l 是多少？为减

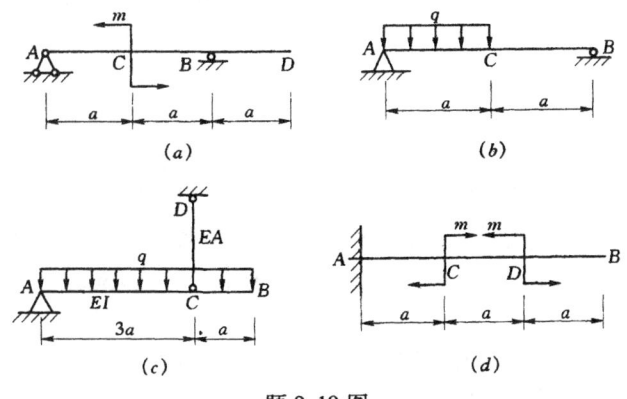

题9.19图

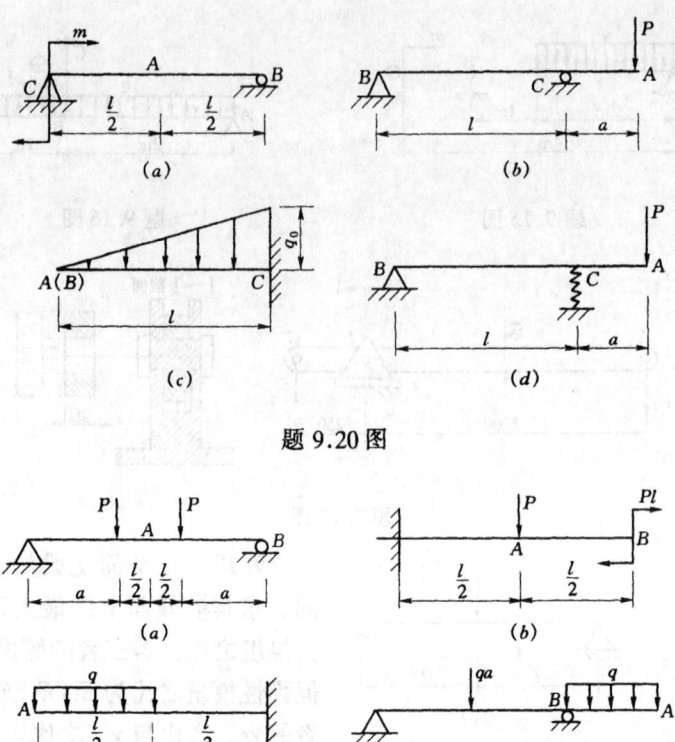

题 9.20 图

题 9.21 图

小挠度,改用相同截面而长度为 12m 的钢管,试问跨中挠度减少多少?通过的光束增加多少?

9.23 简化后的电机轴受力及尺寸如图所示。$E=200\text{GPa}$,定子与转子间的空隙 $\delta=0.35\text{mm}$。试校核该轴的刚度。

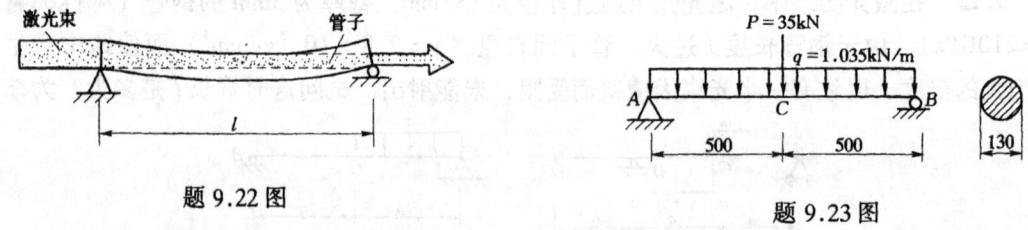

题 9.22 图

题 9.23 图

9.24 一简支房梁受力如图所示。为避免在梁下天花板上的灰泥可能开裂,要求梁的最大挠度不超过 $l/360$。材料的弹性模量 $E=6.9\text{GPa}$。试求梁横截面惯性矩 I_Z 的许可值。

9.25 两端简支的输气管道,外径 $D=114\text{mm}$,壁厚 $t=4\text{mm}$,单位长度的重量 $q=106\text{N/m}$,弹性模量 $E=210\text{GPa}$,管道的许可挠度 $[y]=l/500$。试确定允许的最大跨度 l。

9.26 钢轴受力如图所示。$E=200\text{GPa}$,左端轮上受力 $P=20\text{kN}$,规定 A 处的许可转角 $[\theta]=0.5°$。试确定该轴的直径。

9.27 结构的尺寸与受力如图所示。钢梁 AB 的 $[\sigma]=160\mathrm{MPa}$，轴的 $[\tau]=80\mathrm{MPa}$。试求容许载荷 $[m]$ 及 A 端的转角 θ_A。（注：轴与梁间为刚性连接）

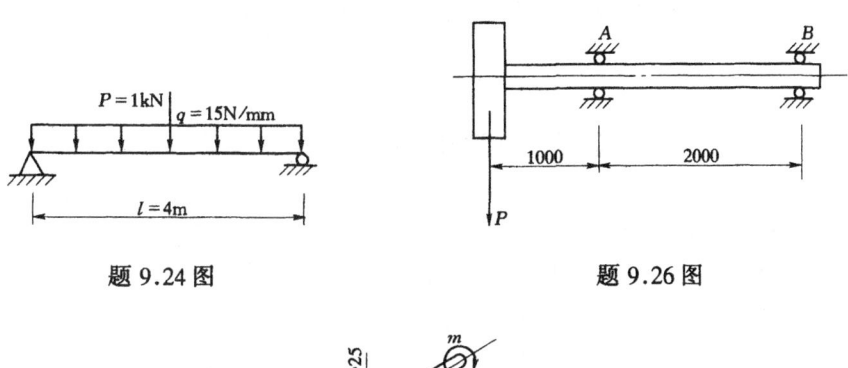

题 9.24 图 题 9.26 图

题 9.27 图

附录A 平面图形的几何性质

A1 研究平面图形几何性质的意义

在结构设计中，计算构件在外力作用下的应力和变形时，经常会遇到一些只与构件横截面的形状、尺寸有关的几何量。例如在计算拉伸（压缩）杆件时用到的横截面面积 A，计算受扭转杆件时用到的横截面极惯性矩 I_p 和抗扭截面模量 W_p 等。它们都是只与横截面平面图形的形状、尺寸有关的几何量。统称为"平面图形的几何性质"。

工程实践和力学理论都已证明构件横截面平面图形的几何性质是影响构件承载能力的重要因素。例如，在圆轴扭转计算中（第8章），我们已知

$$\tau_\rho = \frac{T\rho}{I_p}; \quad \tau_{\max} = \frac{T}{W_p}; \quad \theta = \frac{T}{GI_p}$$

由上面公式可以看出，横截面上的极惯性矩 I_p 和抗扭截面模量 W_p 直接影响横截面上的剪应力 τ_ρ 和 $\tau_{\max}$ 以及单位扭转角 θ 的数值，实际上也就是从强度和刚度两个方面影响受扭转圆轴的承载能力。因此要研究和计算构件的应力、变形或承载能力，就必须掌握构件横截面平面图形几何量（如 I_p、W_p 等）的计算。

研究平面图形几何性质的另一个重要意义在于掌握了平面图形几何性质的变化规律后，能够主动地为各种构件选择合理的截面形状和尺寸，使构件的各部分材料能够比较充分地发挥作用。或者具体地说在采用相同材料用量的情况下，设计出的横截面平面图形能得到最大的或最有利的有关几何量。

A2 面积矩和形心

A2.1 面积矩

任意平面图形如图 A.1 所示，其面积为 A，设定平面坐标系 yoz。在坐标 (y, z) 处取微面积 dA，则 $z dA$ 和 $y dA$ 分别称为微面积 dA 对 y 轴和 z 轴的"面积矩"。

而
$$S_y = \int_A z dA; \quad S_z = \int_A y dA \quad (A.1)$$

分别定义为图形对 y 轴和 z 轴的"面积矩"。也称为图形对 y 轴和 z 轴的"静面矩"或"静矩"。

面积矩的量纲是 [长度]³。同一图形对不同的坐标轴的面积矩不同，面积矩可能为正值，也可能为负值，也可能为零。

A2.2 形心

平面图形面积的中心称为"形心"。在图 A.1

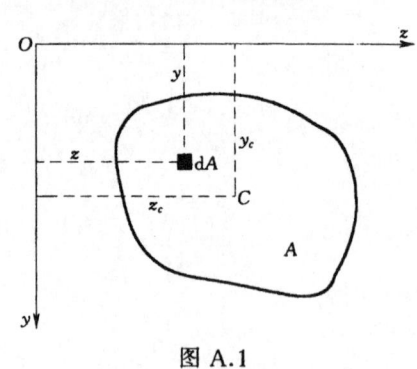

图 A.1

中，设图形的形心为点 C，其坐标为 $(y_c、z_c)$，显然面积矩可写为

$$S_y = \int_A z \mathrm{d}A = Az_c; \quad S_z = \int_A y \mathrm{d}A = Ay_c \qquad (A.2)$$

上式表明，平面图形对 y 轴和 z 轴的面积矩分别等于图形面积 A 乘以形心的坐标 z_c 和 y_c。

由式 (A.2) 可得图形形心位置的坐标为

$$y_c = \frac{\int_A y \mathrm{d}A}{A}; \quad z_c = \frac{\int_A z \mathrm{d}A}{A} \qquad (A.3)$$

或

$$y_c = \frac{S_z}{A}; \quad z_c = \frac{S_y}{A} \qquad (A.4)$$

由式 (A.2) 可知：①图形对通过其形心的轴（即 y_c 或 z_c 为零）的面积矩等于零；②如果图形对某轴的面积矩等于零（即 S_y 或 S_z 为零），则该轴必通过图形的形心。

根据形心的定义，显然形心在图形的对称轴上。凡是平面图形具有两根或两根以上对称轴，如图 A.2 (a)、(b)、(c) 所示，则形心 C 必在对称轴的交点上。如果平面图形具有一根对称轴，如图 A.2 (d)、(e)、(f) 所示，则形心 C 必在该对称轴上。

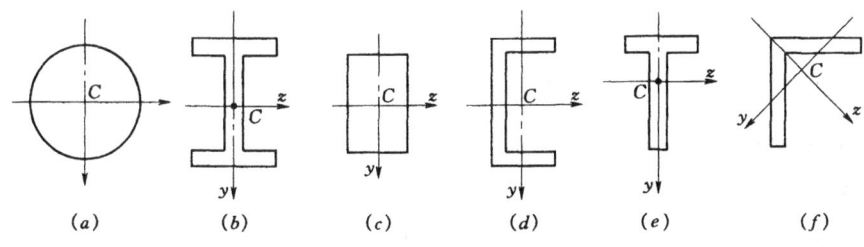

图 A.2

工程实际中，经常遇到比较复杂的平面图形，它是由若干个简单图形（如矩形、三角形或圆形等）组成，这种图形称为"组合图形"。组合图形中各个部分简单图形的面积 A_i 和它的形心 C_i 在给定坐标系统 y、z 中的坐标 y_{c_i}、z_{c_i} 都是很容易求得的。因此由式 (A.2) 可知组合图形对 y 轴和 z 轴的面积矩分别为

$$\left.\begin{aligned} S_y &= A_1 z_{c_1} + A_2 z_{c_2} + \cdots + A_n z_{c_n} = \sum A_i z_{c_i} \\ S_z &= A_1 y_{c_1} + A_2 y_{c_2} + \cdots + A_n y_{c_n} = \sum A_i y_{c_i} \end{aligned}\right\} \qquad (A.5)$$

同时，组合图形的形心 C 在给定坐标系统 y、z 中的坐标 y_c 和 z_c 可由式 (A.4) 和 (A.5) 知道，分别由下面公式求得

$$\left.\begin{aligned} y_c &= \frac{S_z}{A} = \frac{A_1 y_{c_1} + A_2 y_{c_2} + \cdots + A_n y_{c_n}}{A_1 + A_2 + \cdots + A_n} = \frac{\sum A_i y_{c_i}}{\sum A_i} \\ z_c &= \frac{S_y}{A} = \frac{A_1 z_{c_1} + A_2 z_{c_2} + \cdots + A_n z_{c_n}}{A_1 + A_2 + \cdots + A_n} = \frac{\sum A_i z_{c_i}}{\sum A_i} \end{aligned}\right\} \qquad (A.6)$$

式 (A.5) 和式 (A.6) 中；A_1、A_2、$\cdots$、A_n 为组合图形中各个部分简单图形的面

积;y_{c_1}、z_{c_1}、y_{c_2}、z_{c_2}…、y_{c_n}、z_{c_n}为各个部分简单图形的形心坐标。

【**例题 A.1**】 试计算图 A.3 所示等腰三角形 ABD 对 z 轴（过 BD 边）和 y 轴（对称轴）的面积矩，并确定形心 C 的位置。

解：(1) 计算 S_z。

取与 z 轴平行的微面积 $\mathrm{d}A = b_y \mathrm{d}y$，由三角形相似关系 $b_y/b = (h-y)/h$ 知道 $b_y = b(h-y)/h$。根据式(A.2)可求得

$$S_z = \int_A y\mathrm{d}A = \int_0^h y\frac{b}{h}(h-y)\mathrm{d}y = \frac{bh^2}{6} \quad (a)$$

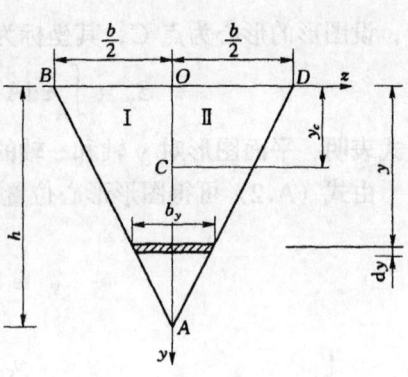

图 A.3

(2) 计算 S_y。

利用图形的对称性，将图形分为 Ⅰ 和 Ⅱ 两部分如图 A.3 所示，它们的面积分别为 A_1 和 A_2。根据式 (A.2)，考虑到在 Ⅰ 部分各点的坐标 z_1 恒为负，在 Ⅱ 部分各点的坐标 z_2 恒为正，并利用式 (a)，可求得

$$S_y = \int_A z\mathrm{d}A = \int_{A_1} z_1 \mathrm{d}A + \int_{A_2} z_2 \mathrm{d}A = -\frac{h\left(\frac{b}{2}\right)^2}{6} + \frac{h\left(\frac{b}{2}\right)^2}{6} = 0 \quad (b)$$

由式 (b) 可知图形对于对称轴的面积矩为零。

(3) 确定形心 C 的位置。

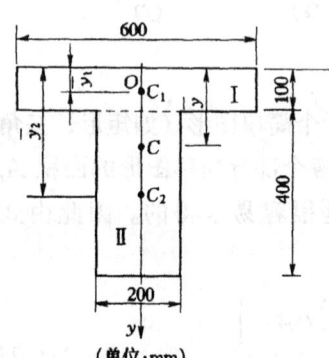

图 A.4

由于 $S_y = 0$，从式（A.4）知道 $z_c = 0$，说明形心 C 必在 y 轴上，即对称轴上。形心 C 的另一个坐标 y_c 由式 (A.4) 可得

$$y_c = \frac{S_z}{A} = \frac{\frac{bh^2}{6}}{\frac{bh}{2}} = \frac{h}{3} \quad (c)$$

【**例题 A.2**】 图 A.4 为工程结构中常见的 T 形截面梁的横截面图形，试确定其形心的位置。

解：取坐标轴 y、z 如图 A.4 所示。由于图形对 y 轴对称，形心必在 y 轴上，即

$$z_c = 0$$

将 T 形截面图形分为 Ⅰ 和 Ⅱ 两个矩形，利用组合图形求形心坐标的公式（A.6）可求得形心坐标 y_c 为

$$y_c = \frac{S_z}{A}$$

$$= \frac{A_1 y_{c_1} + A_2 y_{c_2}}{A_1 + A_2} = \frac{600 \times 100 \times 50 + 400 \times 200 \times 300}{600 \times 100 + 400 \times 200}$$

$$= 193 \text{ mm}$$

A3 惯性矩、惯性积、极惯性矩和惯性半径

A3.1 惯性矩

任意平面图形如图 A.5 所示，其面积为 A，y 轴和 z 轴是图形平面内任意给定的坐标轴。在任意点处，坐标为 y、z，取微面积 dA。将 $z^2 dA$ 和 $y^2 dA$ 分别定义为微面积 dA 对 y 轴和 z 轴的"惯性矩"。在整个平面图形上进行积分，便可得到平面图形分别对 y 轴和 z 轴的惯性矩 I_y 和 I_z，即

$$\left.\begin{array}{l} I_y = \int_A z^2 dA \\ I_z = \int_A y^2 dA \end{array}\right\} \quad (A.7)$$

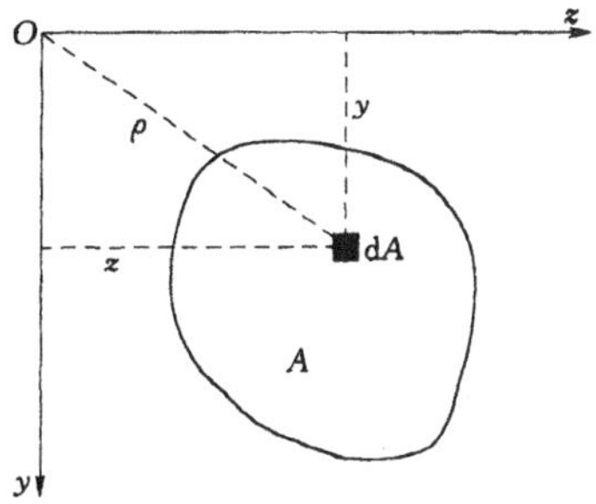

图 A.5

惯性矩的量纲是 [长度]^4。由式（A.7）可知惯性矩恒为正值。

由若干个简单图形组成的组合图形分别对 y 轴和 z 轴的惯性矩可由下式计算

$$I_y = \sum I_{yi} ; \quad I_z = \sum I_{zi} \quad (A.8)$$

式中：I_{yi} 和 I_{zi} 分别为每一个简单图形对同一对轴 y 和 z 的惯性矩。

A3.2 惯性积

任意平面图形如图 A.5 所示，定义平面图形对两个正交坐标 y、z 的"惯性积" I_{yz} 为

$$I_{yz} = \int_A yz dA \quad (A.9)$$

惯性积的量纲是 [长度]^4。由式（A.9）可知惯性积可能为正值，可能为负值，也可能为零。

由若干个简单图形组成的组合图形对两个正交坐标轴 y、z 的惯性积可由下式计算

$$I_{yz} = \sum I_{yzi} \quad (A.10)$$

式中：I_{yzi} 为每一个简单图形对同一对正交坐标 y、z 的惯性积。

具有对称性的平面图形对两个正交轴 y、z 求惯性积时，只要这两个轴中有一个轴是对称轴，则惯性积为零。例如，如图 A.6 所示的对称平面图形，y 轴是对称轴。将图形划分为 I 和 II 两个对称的部分，面积 $A_1 = A_2$。显然，在 I 部分 $I_{yz1} = \int_{A_1} yz dA$ 恒为负值，在 II 部分 $I_{yz2} = \int_{A_2} yz dA$ 恒为正值，$I_{yz1} = -I_{yz2}$，因此

$$I_{yz} = I_{yz1} + I_{yz2} = -I_{yz2} + I_{yz2} = 0$$

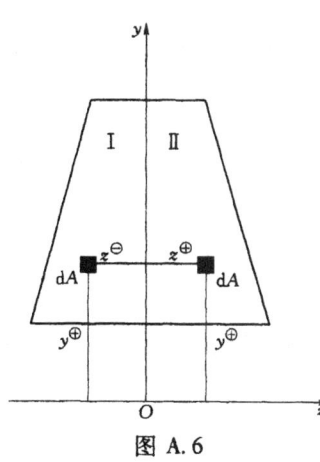

图 A.6

A3.3 极惯性矩

任意平面图形如图 A.5 所示，定义平面图形对平面内点 O 的"极惯性矩" I_p 为

$$I_p = \int_A \rho^2 dA \tag{A.11}$$

极惯性矩的量纲是 [长度]^4。由式 (A.11) 可知极惯性矩恒为正值。由公式 $\tau_\rho = T\rho/I_p$ 和 $\theta = T/GI_p$ 知道极惯性矩 I_p 是反映圆截面抗扭特性的一个重要几何量。

由于 $\rho^2 = z^2 + y^2$，因此 $I_p = \int_A \rho^2 dA = \int_A (z^2 + y^2) dA = \int_A z^2 dA + \int_A y^2 dA$，可见极惯性矩和惯性矩的关系如下：

$$I_p = I_y + I_z \tag{A.12}$$

A3.4 惯性半径

任意平面图形（图 A.5）对坐标轴 y 和 z 的惯性矩 I_y、I_z 被面积 A 相除后，商的平方根分别定义为图形相对于 y 轴和 z 轴的"惯性半径"（或回转半径）i_y 和 i_z，即

$$i_y = \sqrt{\frac{I_y}{A}}; \quad i_z = \sqrt{\frac{I_z}{A}} \tag{A.13}$$

由上式可知，也可将惯性矩 I_y 和 I_z 改写为

$$I_y = A i_y^2; \quad I_z = A i_z^2 \tag{A.14}$$

惯性半径的量纲是 [长度]。由式 (A.13) 可知惯性半径恒为正值。在力学计算中，当需要同时引进平面图形惯性矩和面积这两种几何量时，有时采用惯性半径十分方便和反映实际，这在本书第 13 章压杆稳定计算中将反映的十分突出。

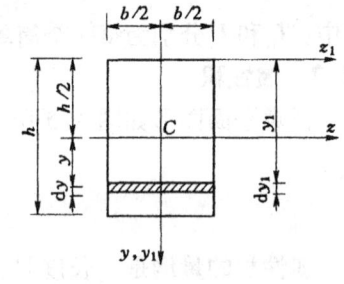

图 A.7

【例题 A.3】 试计算图 A.7 所示矩形对 z 轴、y 轴和 z_1 轴的惯性矩 I_z、I_y 和 I_{z1}。

解： 根据式 (A.7) 计算惯性矩，取平行 z 轴的条形微面积 $dA = bdy$，因此矩形对 z 轴惯性矩 I_z 为

$$I_z = \int_A y^2 dA = \int_{-h/2}^{h/2} y^2 b dy = \frac{bh^3}{12} \tag{a}$$

显然，如果取平行 y 轴的条形微面积 $dA = hdz$ 并作与计算 I_z 相类似的运算，对比式 (a)

可得

$$I_y = \frac{hb^3}{12} \tag{b}$$

与式 (a) 同理，矩形对 z_1 轴的惯性矩 I_{z_1} 为

$$I_{z1} = \int_A y_1^2 dA = \int_0^h y_1^2 b dy_1 = \frac{bh^3}{3} \tag{c}$$

【例题 A.4】 试计算图 A.8 (a) 所示工字形平面图形分别对通过形心的轴 z_0 和轴 y_0 的惯性矩 I_{z_0} 和 I_{y_0}。

解： (1) 求惯性矩 I_{z_0}。

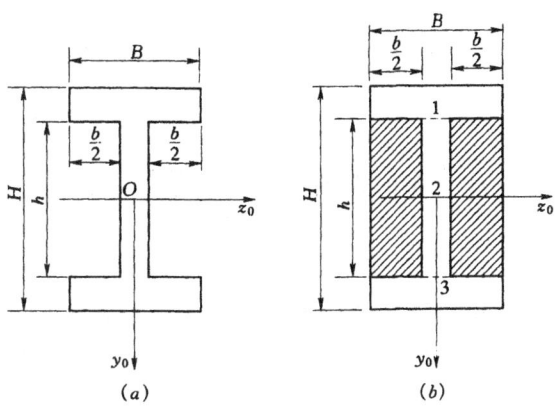

图 A.8

将图 A.8（a）所示的工字形平面图形视为如图 A.8（b）所示的，由面积为 $B \times H$ 的大矩形减去两个面积都为 $b/2 \times h$ 的小矩形（图中有阴影线部分）组成。根据组合图形计算惯性矩公式（A.8）和例题 A.3 中计算矩形截面惯性矩公式（a），可求得 I_{z_0} 为

$$I_{z_0} = \frac{BH^3}{12} - 2 \times \frac{\dfrac{b}{2} \times h^3}{12} = \frac{1}{12}(BH^3 - bh^3)$$

（2）求惯性矩 I_{y_0}。

将工字形平面图形视为由 1、2、3 三个矩形组成 [图 A.8（b）]。根据式（A.8）和例题 A.3 中的式（b），可求得 I_{y_0} 为

$$I_{y_0} = \frac{h(B-b)^3}{12} + 2 \times \frac{\dfrac{H-h}{2}B^3}{12}$$

$$= \frac{1}{12}[h(B-b)^3 + (H-h)B^3]$$

【例题 A.5】 试计算图 A.9 所示圆形平面图形对圆心 O 的极惯性矩 I_p，对形心轴 y、轴 z 的惯性矩 I_y、I_z 和惯性积 I_{yz}。

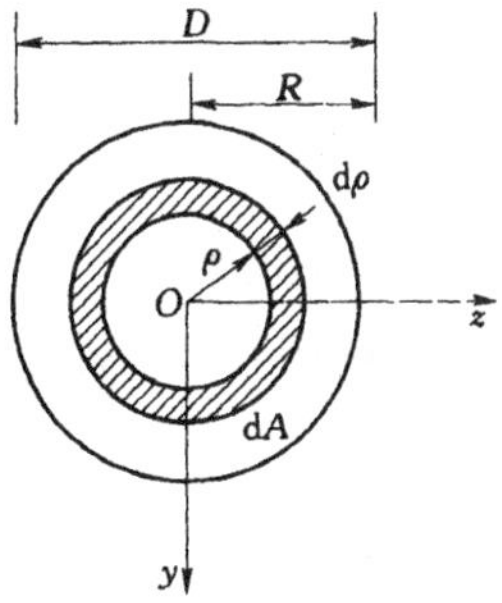

解：（1）求对圆心的极惯性矩 I_p。

取环形微面积，设圆环到圆心的距离为 ρ，圆环宽度为 $d\rho$，则微面积为 $dA = 2\pi\rho d\rho$。整个圆形图形对圆心的极惯性矩为

$$I_p = \int_A \rho^2 dA = \int_0^R \rho^2 2\pi\rho d\rho$$

$$= 2\pi \int_0^R \rho^3 d\rho = \frac{\pi R^4}{2} = \frac{\pi D^4}{32} \qquad (a)$$

图 A.9

（2）求惯性矩 I_y 和 I_z。

由式（A.12）知道 $I_p = I_y + I_z$，由于 y 轴和 z 轴都是通过圆心的对称轴，因此有 $I_y = I_z$，即 $I_p = 2I_y$ 或 $I_p = 2I_z$，可求得 I_y 和 I_z 为

$$I_y = I_z = \frac{I_p}{2} = \frac{\pi D^4}{64} \qquad (b)$$

(3) 求惯性积 I_{yz}。

由于 y 轴和 z 轴都是通过形心的对称轴,因此对这一对轴的惯性积为零,即

$$I_{yz} = 0 \qquad (c)$$

A4 平行移轴公式

任意平面图形如图 A.10 所示。如果已知图形对于任意 y_0、z_0 轴的惯性矩分别为 I_{y_0} 和 I_{z_0},另有一对与 y_0、z_0 轴平行的坐标轴 y、z 与 y_0、z_0 轴的垂直距离分别为 a 和 b。现要探讨 I_y、I_z 与 I_{y_0}、I_{z_0} 的关系。由图 A.10 可见,微面积 dA 到 y 轴的距离 z 和到 z 轴距离 y 分别为

$$z = z_0 + a; \quad y = y_0 + b$$

因而有
$$I_y = \int_A z^2 dA = \int_A (z_0 + a)^2 dA$$
$$= \int_A (z_0^2 + 2az_0 + a^2) dA$$
$$= \int_A z_0^2 dA + 2a \int_A z_0 dA + a^2 \int_A dA$$

得到
$$\left.\begin{array}{l} I_y = I_{y_0} + 2aS_{y_0} + a^2 A \\ I_z = I_{z_0} + 2bS_{z_0} + b^2 A \end{array}\right\} \qquad (A.15)$$

同理得到

式中:S_{y_0} 和 S_{z_0} 分别为平面图形对 y_0、z_0 轴的面积矩。式 (A.15) 称为"惯性矩的平行移轴公式"。由该公式可知,由已知的图形对一个轴的惯性矩可求出对另一个与之平行的轴的惯性矩。

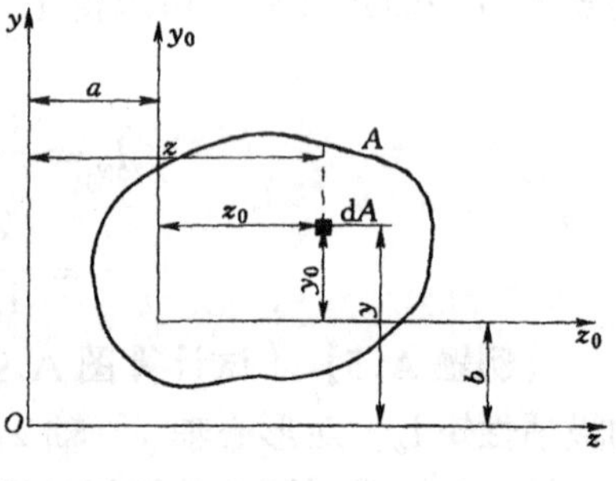

如果 y_0、z_0 是通过平面图形形心的一对形心轴,并用 y_c、z_c 表示。我们已知,平面图形对形心轴的面积矩等于零,即

$$S_{y_c} = S_{z_c} = 0$$

图 A.10

设对形心轴 y_c、z_c 的惯性矩 I_{y_c}、I_{z_c} 已知,则可由式 (A.15) 将惯性矩平行移轴公式简化为

$$\left.\begin{array}{l} I_y = I_{y_c} + a^2 A \\ I_z = I_{z_c} + b^2 A \end{array}\right\} \qquad (A.16)$$

由上式可以看出,在所有互相平行的坐标轴中,平面图形对形心轴的惯性矩为最小。

利用惯性矩的平行移轴公式可以使复杂的组合图形惯性矩的计算大为简化。

如果已知平面图形对形心轴 y_c、z_c 的惯性积 $I_{y_c z_c}$,则通过 $z = z_c + a$ 和 $y = y_c + b$ 可求得对平行于 y_c、z_c 的坐标轴 y、z 的惯性积 I_{yz},即

$$I_{yz} = \int_A yz \, dA$$

$$= \int_A (y_c + b)(z_c + a) dA$$
$$= \int_A y_c z_c dA + a \int_A y_c dA + b \int_A z_c dA + ab \int_A dA$$
$$= I_{y_c z_c} + 0 + 0 + abA$$

得到
$$I_{yz} = I_{y_c z_c} + abA \tag{A.17}$$

式（A.17）称为"惯性积的平行移轴公式"。

【例题 A.6】 图 A.11 所示为一工字形截面图形，C 点是图形的形心，试求图形对形心轴 y 和 z 的惯性矩 I_y 和 I_z。

解： 由计算组合图形惯性矩公式（A.8）可求得
$$I_y = \frac{50 \times 100^3}{12} + \frac{200 \times 25^3}{12} + \frac{50 \times 250^3}{12}$$
$$= 69.53 \times 10^6 \text{ mm}^4$$

由式（A.8）和平行移轴公式（A.16）可求得
$$I_z = \frac{100 \times 50^3}{12} + (50 \times 100)(192 - 25)^2$$
$$+ \frac{25 \times 200^3}{12} + (200 \times 25)(150 - 108)^2$$
$$+ \frac{250 \times 50^3}{12} + (50 \times 250)(108 - 25)^2$$
$$= 254.70 \times 10^6 \text{ mm}^4$$

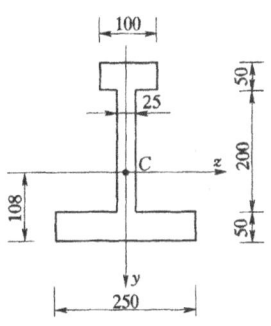

图 A.11 （单位：mm）

A5 转 轴 公 式

如图 A.12 所示的任意平面图形，对 y 轴和 z 轴的惯性矩和惯性积分别为
$$I_y = \int_A z^2 dA; \quad I_z = \int_A y^2 dA; \quad I_{yz} = \int_A yz dA$$

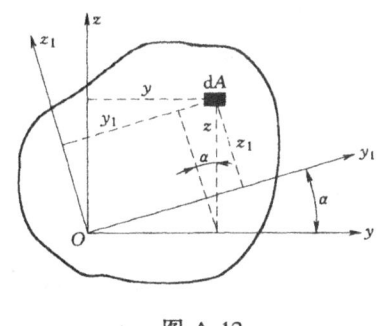

图 A.12

对另一对同原点 O，但旋转 α 角度的坐标轴 y_1、z_1 的惯性矩与惯性积分别为
$$I_{y_1} = \int_A z_1^2 dA; \quad I_{z_1} = \int_A y_1^2 dA; \quad I_{y_1 z_1} = \int_A y_1 z_1 dA$$

平面图形上面积 dA 在两个坐标系中的坐标 (y_1, z_1) 和 (y, z) 之间的关系，可由图 A.12 知道
$$y_1 = y\cos\alpha + z\sin\alpha$$
$$z_1 = z\cos\alpha - y\sin\alpha$$

根据图 A.12 和上述关系式知道 α 以逆时针转向为正，反之为负。利用上述关系可求得惯性矩 I_{y_1} 为
$$I_{y_1} = \int_A z_1^2 dA = \int_A (z\cos\alpha - y\sin\alpha)^2 dA$$

$$= \cos^2\alpha \int_A z^2 dA + \sin^2\alpha \int_A y^2 dA - 2\sin\alpha\cos\alpha \int_A yz\, dA$$

$$= I_y\cos^2\alpha + I_z\sin^2\alpha - I_{yz}\sin2\alpha$$

引入
$$\cos^2\alpha = \frac{1}{2}(1+\cos2\alpha) \text{ 和 } \sin^2\alpha = \frac{1}{2}(1-\cos2\alpha)$$

代入上式，得到

$$I_{y_1} = \frac{I_y + I_z}{2} + \frac{I_y - I_z}{2}\cos2\alpha - I_{yz}\sin2\alpha \tag{A.18}$$

同理，按上述思路可求得惯性矩 I_{z_1} 和惯性积 $I_{y_1z_1}$ 为

$$I_{z_1} = \frac{I_y + I_z}{2} - \frac{I_y - I_z}{2}\cos2\alpha + I_{yz}\sin2\alpha \tag{A.19}$$

$$I_{y_1z_1} = \frac{I_y - I_z}{2}\sin2\alpha + I_{yz}\cos2\alpha \tag{A.20}$$

式（A.18）、(A.19）和式（A.20）即为惯性矩和惯性积的"转轴公式"。它们分别表示平面图形的惯性矩和惯性积在坐标轴转动时随 α 角而改变的变化规律，都是 α 的函数。

如将式（A.18）与式（A.19）相加，可以得到

$$I_{y_1} + I_{z_1} = I_y + I_z = I_p \tag{A.21}$$

上式说明，平面图形对通过点 O 的任意一对直角坐标轴的惯性矩的和为一常数，且等于图形对坐标原点 O 的极惯性矩。

A6 主惯性轴、形心主惯性轴

平面图形的惯性矩是 α 的函数，随 α 的变化必可求得惯性矩的最大值和最小值。将式（A.18）对 α 取导数

$$\frac{dI_{y_1}}{d\alpha} = -2\left(\frac{I_y - I_z}{2}\sin2\alpha + I_{yz}\cos2\alpha\right)$$

令 $\frac{dI_{y_1}}{d\alpha}=0$，可求得 $\alpha=\alpha_0$，对于 α_0 所确定的坐标轴，图形的惯性矩为同原点各轴惯性矩中的最大值或最小值。为了求得 α_0，将 α_0 代入上式并令其等于零，得到

$$\frac{I_y - I_z}{2}\sin2\alpha_0 + I_{yz}\cos2\alpha_0 = 0$$

与式（A.20）比较可见，使导数 $\frac{dI_{y_1}}{d\alpha}=0$ 的角度 α_0，正好使惯性积等于零。由上式可求出

$$\tan2\alpha_0 = -\frac{2I_{yz}}{I_y - I_z} \tag{A.22}$$

由于 $\tan2\alpha_0=\tan2(\alpha_0+90°)$，可见满足式（A.21）的有两个轴 y_0 和 z_0，相差 90°。因此，当坐标轴 y、z 绕 O 点旋转 α_0 和 $\alpha_0+90°$ 得出轴 y_0 和 z_0 时，图形对这一对轴的惯性积等于零，对这一对轴的惯性矩在同原点 O 各轴惯性矩中一个是最大值 I_{max}，另一个则是最小值 I_{min}。这一对坐标轴（y_0 和 z_0）称为"主惯性轴"，简称"主轴"。对于主惯性

附录 A 平面图形的几何性质

轴的惯性矩称为"主惯性矩"。也就是说，对同原点 O 的各轴来说，对主轴的两个主惯性矩，一个是最大值，另一个是最小值。

通过形心 C 的主惯性轴称为"形心主惯性轴"，简称"形心主轴"。平面图形对该轴的惯性矩称为"形心主惯性矩"。在本章 A3.2 说过，具有对称性的平面图形，在一对轴中只要有一个轴是对称轴，则对这一对轴的惯性积等于零。因此，这一对轴就是主惯性轴。如果其原点在形心 C，则为形心主惯性轴。

主惯性矩的计算方法有两种：一种是由式（A.22）求得 α_0，再代入式（A.18）和式（A.19）即可求得图形的主惯性矩。另一种方法是推导出直接计算主惯性矩的公式。介绍如下：由式（A.22）和三角公式可以求得

$$\cos 2\alpha_0 = \frac{1}{\sqrt{1+\tan 2\alpha_0}} = \frac{I_y - I_z}{\sqrt{(I_y - I_z)^2 + 4I_{yz}^2}}$$

$$\sin 2\alpha_0 = \tan 2\alpha_0 \cos 2\alpha_0 = \frac{-2I_{yz}}{\sqrt{(I_y - I_z)^2 + 4I_{yz}^2}}$$

将上面两式代入式（A.18）和式（A.19），经整理简化后得到主惯性矩计算公式

$$\left. \begin{array}{l} I_{y_0} = \dfrac{I_y + I_z}{2} + \dfrac{1}{2}\sqrt{(I_y - I_z)^2 + 4I_{yz}^2} \\[2mm] I_{z_0} = \dfrac{I_y + I_z}{2} - \dfrac{1}{2}\sqrt{(I_y - I_z)^2 + 4I_{yz}^2} \end{array} \right\} \quad (A.23)$$

工程实际中常用型钢截面图形的形心主轴位置和形心主惯性矩，可以由附录 C 的型钢表中查得。表 A.1 列出一些工程实际中常用的截面图形的几何性质，以供实用参考。

表 A.1 常用截面图形的几何性质

编号	截面图形	截面几何性质
1	矩形	$A = bh$ $y_1 = \dfrac{h}{2}$, $z_1 = \dfrac{b}{2}$ $I_{y_0} = \dfrac{hb^3}{12}$, $I_{z_0} = \dfrac{bh^3}{12}$, $I_z = \dfrac{bh^3}{3}$ $W_{y_0} = \dfrac{hb^2}{6}$, $W_{z_0} = \dfrac{bh^2}{6}$
2	空心矩形	$A = bh - b_1 h_1$ $y_1 = \dfrac{h}{2}$, $z_1 = \dfrac{b}{2}$ $I_{y_0} = \dfrac{hb^3 - h_1 b_1^3}{12}$, $I_{z_0} = \dfrac{bh^3 - b_1 h_1^3}{12}$ $W_{y_0} = \dfrac{hb^3 - h_1 b_1^3}{6b}$, $W_{z_0} = \dfrac{bh^3 - b_1 h_1^3}{6h}$
3	圆形	$A = \dfrac{\pi D^2}{4} = 0.785 D^2$ 或 $A = \pi r^2 = 3.142 r^2$ $y_1 = \dfrac{D}{2} = r$, $z_1 = \dfrac{D}{2} = r$ $I_{y_0} = I_{z_0} = \dfrac{\pi D^4}{64}$ $W_{y_0} = W_{z_0} = \dfrac{\pi D^3}{32}$

续表

编号	截面图形	截面几何性质
4		$A = \dfrac{\pi(D^2 - D_1^2)}{4}$ $y_1 = \dfrac{D}{2}, \quad z_1 = \dfrac{D}{2}$ $I_{y_0} = I_{z_0} = \dfrac{\pi(D^4 - D_1^4)}{64}$ $W_{y_0} = W_{z_0} = \dfrac{\pi(D^4 - D_1^4)}{32D}$
5		$A = Bd + ht$ $y_1 = \dfrac{1}{2}\dfrac{tH^2 + d^2(B-t)}{Bd + ht}, \quad y_2 = H - y_1$ $z_1 = \dfrac{B}{2}$ $I_{z_0} = \dfrac{1}{3}[ty_2^3 + By_1^3 - (B-t)(y_1-d)^3]$ $W_{z_0 \max} = \dfrac{I_{z_0}}{y_1}, \quad W_{z_0 \min} = \dfrac{I_{z_0}}{y_2}$
6		$A = ht + 2Bd$ $y_1 = \dfrac{H}{2}, \quad z_1 = \dfrac{B}{2}$ $I_{z_0} = \dfrac{1}{12}[BH^3 - (B-t)h^3]$ $W_{z_0} = \dfrac{BH^3 - (B-t)h^3}{6H}$
7		$A = \dfrac{bh}{2}$ $y_1 = \dfrac{h}{3}, \quad z_1 = \dfrac{2b}{3}$ $I_{y_0} = \dfrac{hb^3}{36}, \quad I_{z_0} = \dfrac{bh^3}{36}$
8		$A = \pi ab$ $y_1 = b, \quad z_1 = a$ $I_{y_0} = \dfrac{\pi ba^3}{4}, \quad I_{z_0} = \dfrac{\pi ab^3}{4}$
9		抛物线方程 $y = f(z) = h\left(1 - \dfrac{z^2}{b^2}\right)$ $A = \dfrac{2bh}{3}$ $y_1 = \dfrac{2h}{5}, \quad z_1 = \dfrac{3b}{8}$

续表

编号	截面图形	截面几何性质
10	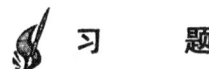	抛物线方程 $y = f(z) = \dfrac{hz^2}{b^2}$ $A = \dfrac{bh}{3}$ $y_1 = \dfrac{3h}{10}, \quad z_1 = \dfrac{3b}{4}$

注 表中符号代表的意义如下：

  A——截面图形的面积；

  C——截面图形的形心；

  y_1、y_2、z_1——截面图形形心相对于图形边缘的位置；

  I_{y_0}、I_{z_0}——截面图形分别对形心轴 y_0 轴、z_0 轴的惯性矩；

  W_{y_0}、W_{z_0}——截面图形分别对 y_0 轴、z_0 轴的抗弯截面模量。

习 题

A.1 试确定图示平面图形的形心位置。

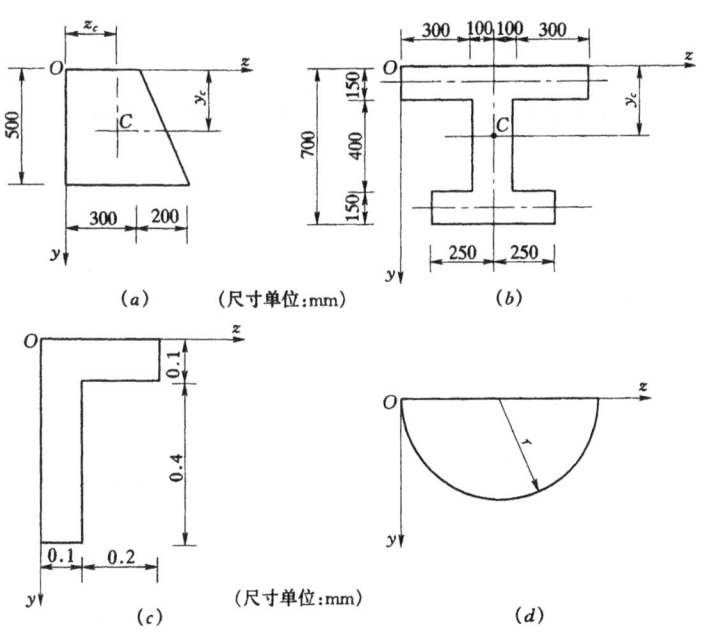

题 A.1 图

A.2 试求图示平面图形对通过其形心的二对称轴的惯性矩。

A.3 试求图示矩形（$b=0.15$m，$h=0.3$m）对 z_0 轴的惯性矩。如果按照图中虚线所示，将矩形的中间部分移到两边拼成工字形，试求此工字形对 z_0 轴的惯性矩。

A.4 图示矩形、箱形和工字形的图形面积 A 相同，试求它们对形心轴 z 的惯性矩之比。

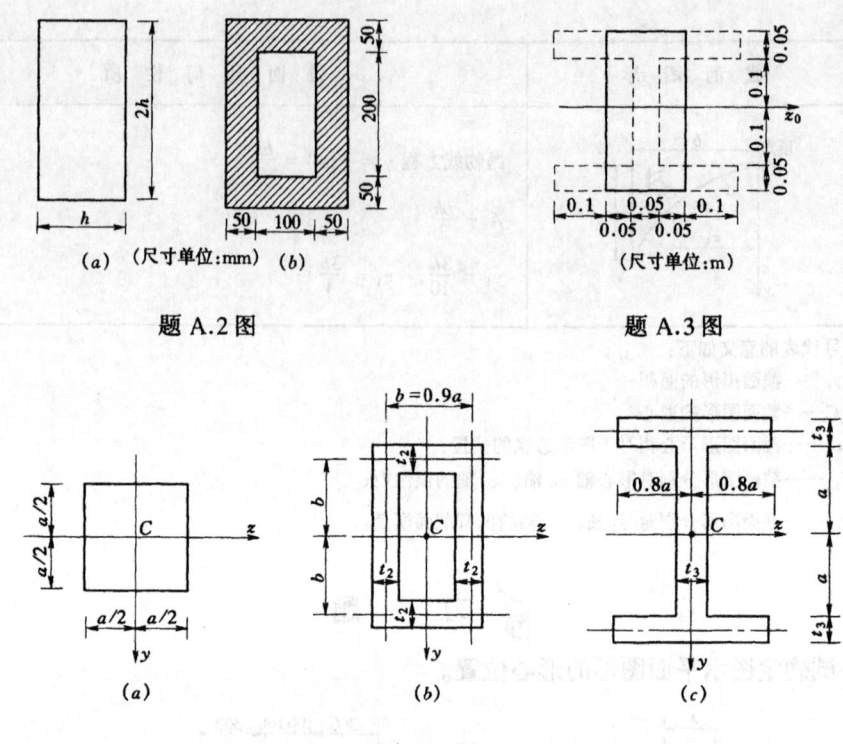

题 A.2 图   题 A.3 图

题 A.4 图

A.5 试求图示半圆环图形的形心位置和图形对形心轴 z_0 的惯性矩。

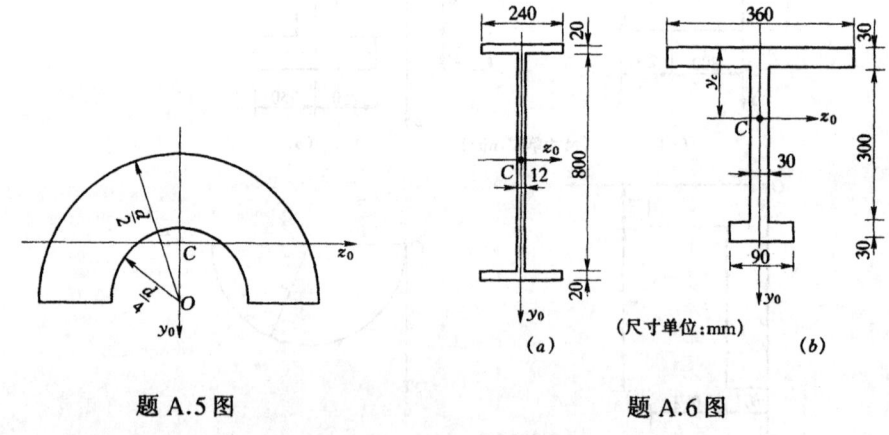

题 A.5 图   题 A.6 图

A.6 试求图示组合图形的形心轴 z_0 的位置和图形对 z_0 轴的惯性矩。

A.7 图示由型钢与钢板构成的组合截面图形。试求：①形心位置；②对水平形心轴 z_0 的惯性矩。

A.8 试确定图示组合截面图形的形心主惯形矩。

A.9 图示由两个 [36c 号槽钢组成的组合截面图形，若使图形对两对称轴的惯性矩 $I_y = I_z$，则两槽钢的间距 a 为多少？

A.10 试求图示图形的形心主惯性轴的位置及其形心主惯性矩。

附录 A 平面图形的几何性质

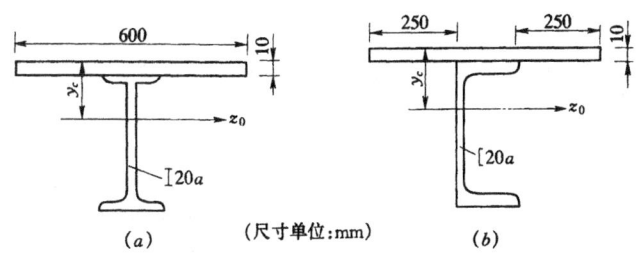

(a)　　(尺寸单位:mm)　　(b)

题 A.7 图

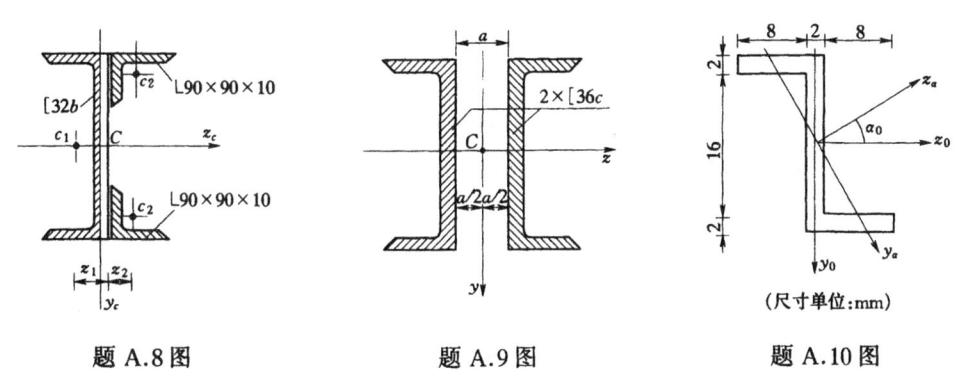

题 A.8 图　　题 A.9 图　　题 A.10 图

附录 B 梁在简单荷载作用下的变形

序号	梁的简图	端截面转角	挠曲线方程	绝对值最大的挠度
1		$\theta_B = \dfrac{m_0 l}{EI}$	$y = \dfrac{m_0 x^2}{2EI}$	$y_B = \dfrac{m_0 l^2}{2EI}$
2		$\theta_B = \dfrac{Pl^2}{2EI}$	$y = \dfrac{Px^2}{6EI}(3l - x)$	$y_B = \dfrac{Pl^3}{3EI}$
3		$\theta_B = \dfrac{Pc^2}{2EI}$	$0 \leqslant x \leqslant c$ $y = \dfrac{Px^2}{6EI}(3c - x)$ $c \leqslant x \leqslant l$ $y = \dfrac{Pc^2}{6EI}(3x - c)$	$y_B = \dfrac{Pc^2}{6EI}(c - 3l)$
4		$\theta_B = \dfrac{ql^3}{6EI}$	$y = \dfrac{qx^2}{24EI}$ $\times (x^2 + 6l^2 - 4lx)$	$y_B = \dfrac{ql^4}{8EI}$
5		$\theta_A = \dfrac{m_0 l}{6EI}$ $\theta_B = -\dfrac{m_0 l}{3EI}$	$y = \dfrac{m_0 x}{6lEI}(l^2 - x^2)$	在 $x = \dfrac{l}{\sqrt{3}}$ 处 $y = \dfrac{m_0 l^2}{9\sqrt{3}EI}$ 在 $x = \dfrac{l}{2}$ 处 $y_{\frac{l}{2}} = \dfrac{m_0 l^2}{16EI}$
6		$\theta_A = -\dfrac{m_0}{6lEI}(l^2 - 3b^2)$ $\theta_B = -\dfrac{m_0}{6lEI}(l^2 - 3a^2)$ $\theta_C = \dfrac{m_0}{6lEI}$ $\times (3a^2 + 3b^2 - l^2)$	$0 \leqslant x \leqslant a$ $y = -\dfrac{m_0 x}{6lEI}$ $\times (l^2 - 3b^2 - x^2)$ $a \leqslant x \leqslant l$ $y = \dfrac{m_0(l-x)}{6lEI}$ $\times [l^2 - 3a^2 - (l-x)^2]$	在 $x = \sqrt{\dfrac{l^2 - 3b^2}{3}}$ 处 $y_1 = -\dfrac{m_0(l^2 - 3b^2)^{\frac{3}{2}}}{9\sqrt{3}lEI}$ 在 $x = \sqrt{\dfrac{l^2 - 3a^2}{3}}$ 处 $y_2 = \dfrac{m_0(l^2 - 3a^2)^{\frac{3}{2}}}{9\sqrt{3}lEI}$

附录 B 梁在简单荷载作用下的变形

续表

序号	梁的简图	端截面转角	挠曲线方程	绝对值最大的挠度
7	(简支梁，跨中集中力 P)	$\theta_A = -\theta_B = \dfrac{Pl^2}{16EI}$	$0 \leqslant x \leqslant \dfrac{l}{2}$ $y = \dfrac{Px}{48EI}(3l^2 - 4x^2)$	$y_C = \dfrac{Pl^3}{48EI}$
8	(简支梁，集中力 P 距 A 为 a，距 B 为 b)	$\theta_A = \dfrac{Pab(l+b)}{6lEI}$ $\theta_B = -\dfrac{Pab(l+a)}{6lEI}$	$0 \leqslant x \leqslant a$ $y = \dfrac{Pbx}{6lEI}(l^2 - x^2 - b^2)$ $a \leqslant x \leqslant l$ $y = \dfrac{Pb}{6lEI}\left[(l^2-b^2)x - x^3 + \dfrac{l}{b}(x-a)^3\right]$	若 $a > b$, 在 $x = \sqrt{\dfrac{l^2-b^2}{3}}$ 处 $y = \dfrac{\sqrt{3}Pb}{27lEI}(l^2-b^2)^{\frac{3}{2}}$ 在 $x = \dfrac{l}{2}$ 处 $y_{\frac{l}{2}} = \dfrac{Pb}{48EI}(3l^2 - 4b^2)$
9	(简支梁，满跨均布荷载 q)	$\theta_A = -\theta_B = \dfrac{ql^3}{24EI}$	$y = \dfrac{qx}{24EI}(l^3 - 2lx^2 + x^3)$	$y_C = \dfrac{5ql^4}{384EI}$
10	(简支梁 AB，B 端外伸段 a 端作用力偶 m_0)	$\theta_A = \dfrac{m_0 l}{6EI}$ $\theta_B = -\dfrac{m_0 l}{3EI}$ $\theta_C = -\dfrac{m_0}{3EI}(l+3a)$	$0 \leqslant x \leqslant l$ $y = \dfrac{m_0 x}{6lEI}(l-x^2)$ $l \leqslant x \leqslant l+a$ $y = -\dfrac{m_0}{6EI}(3x^2 - 4lx + l^2)$	在 $x = \dfrac{l}{\sqrt{3}}$ 处 $y = \dfrac{m_0 l^2}{9\sqrt{3}EI}$ 在 $x = l + a$ 处 $y_C = -\dfrac{m_0 a}{6EI}(2l + 3a)$
11	(简支梁 AB，外伸端 C 作用集中力 P)	$\theta_A = -\dfrac{Pal}{6EI}$ $\theta_B = \dfrac{Pal}{3EI}$ $\theta_C = \dfrac{Pa}{6EI}(2l+3a)$	$0 \leqslant x \leqslant l$ $y = -\dfrac{Pax}{6lEI}(x^2 - l)$ $l \leqslant x \leqslant l+a$ $y = \dfrac{P(x-l)}{6EI} \times \left[a(3x-l) - (x-l)^2\right]$	在 $x = \dfrac{l}{\sqrt{3}}$ 处 $y = -\dfrac{Pal^2}{9\sqrt{3}EI}$ 在 $x = l + a$ 处 $y_C = \dfrac{Pa^2}{3EI}(l+a)$
12	(简支梁 AB，外伸段 BC 上作用均布荷载 q)	$\theta_A = -\dfrac{qa^2 l}{12EI}$ $\theta_B = \dfrac{qa^2 l}{6EI}$ $\theta_C = \dfrac{qa^2}{6EI}(l+a)$	$0 \leqslant x \leqslant l$ $y = -\dfrac{qa^2}{12EI}\left(lx - \dfrac{x^3}{l}\right)$ $l \leqslant x \leqslant l+a$ $y = \dfrac{qa^2}{12EI}\left[\dfrac{x^3}{l} - \dfrac{(2l+a)(x-l)^3}{al} + \dfrac{(x-l)^4}{2a^2} - lx\right]$	在 $x = \dfrac{l}{\sqrt{3}}$ 处 $y = -\dfrac{qa^2 l^2}{18\sqrt{3}EI}$ 在 $x = l + a$ 处 $y_C = \dfrac{qa^3}{24EI}(3a + 4l)$

附录 C 型

1. 热轧等边角

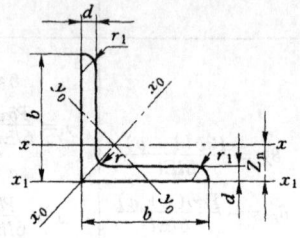

附表 C.1

型号	尺寸 (mm)			截面面积 (cm²)	理论重量 (kg/m)	外表面积 (m²/m)	X-X		
	b	d	r				I_X (cm⁴)	i_X (cm)	W_X (cm³)
2	20	3	3.5	1.132	0.889	0.078	0.40	0.59	0.29
		4		1.459	1.145	0.077	0.50	0.58	0.36
2.5	25	3		1.432	1.124	0.098	0.82	0.76	0.46
		4		1.859	1.459	0.097	1.03	0.74	0.59
3.0	30	3		1.749	1.373	0.117	1.46	0.91	0.68
		4		2.276	1.786	0.117	1.84	0.90	0.87
3.6	36	3	4.5	2.109	1.656	0.141	2.58	1.11	0.99
		4		2.756	2.163	0.141	3.29	1.09	1.28
		5		3.382	2.654	0.141	3.95	1.08	1.56
4	40	3		2.359	1.852	0.157	3.59	1.23	1.23
		4		3.086	2.422	0.157	4.60	1.22	1.60
		5		3.791	2.976	0.156	5.53	1.21	1.96
4.5	45	3	5	2.659	2.088	0.177	5.17	1.40	1.58
		4		3.486	2.736	0.177	6.65	1.38	2.05
		5		4.292	3.369	0.176	8.04	1.37	2.51
		6		5.076	3.985	0.176	9.33	1.36	2.95
5	50	3	5.5	2.971	2.332	0.197	7.18	1.55	1.96
		4		3.897	3.059	0.197	9.26	1.54	2.56
		5		4.803	3.770	0.196	11.21	1.53	3.13
		6		5.688	4.465	0.196	13.05	1.52	3.68
5.6	56	3	6	3.343	2.624	0.221	10.19	1.75	2.48
		4		4.390	3.446	0.220	13.18	1.73	3.24
		5		5.415	4.251	0.220	16.02	1.72	3.97
		8		8.367	6.568	0.219	23.63	1.68	6.03

钢 规 格 表

钢(GB 9787—88)

b —边宽度；　　r —内圆弧半径；
I —惯性矩；　　i —回转半径；
d —边厚度；　　r_1 —边端内圆弧半径；
W —截面抵抗矩；Z_0 —重心距离

参 考 数 值							
X_0-X_0			Y_0-Y_0			X_1-X_1	Z_0 (cm)
I_{X0} (cm⁴)	i_{X0} (cm)	W_{X0} (cm³)	I_{Y0} (cm⁴)	i_{Y0} (cm)	W_{Y0} (cm³)	I_{X1} (cm⁴)	
0.63	0.75	0.45	0.17	0.39	0.20	0.81	0.60
0.78	0.73	0.55	0.22	0.38	0.24	1.09	0.64
1.29	0.95	0.73	0.34	0.49	0.33	1.57	0.73
1.62	0.93	0.92	0.43	0.48	0.40	2.11	0.76
2.31	1.15	1.09	0.61	0.59	0.51	2.71	0.85
2.92	1.13	1.37	0.77	0.58	0.62	3.63	0.89
4.09	1.39	1.61	1.07	0.71	0.76	4.68	1.00
5.22	1.38	2.05	1.37	0.70	0.93	6.25	1.04
6.24	1.36	2.45	1.65	0.70	1.09	7.84	1.07
5.69	1.55	2.01	1.49	0.79	0.96	6.41	1.09
7.29	1.54	2.58	1.91	0.79	1.19	8.56	1.13
8.76	1.52	3.10	2.30	0.78	1.39	10.74	1.17
8.20	1.76	2.58	2.14	0.89	1.24	9.12	1.22
10.56	1.74	3.32	2.75	0.89	1.54	12.18	1.26
12.74	1.72	4.00	3.33	0.88	1.81	15.2	1.30
14.76	1.70	4.64	3.89	0.88	2.06	18.36	1.33
11.37	1.96	3.22	2.98	1.00	1.57	12.50	1.34
14.70	1.94	4.16	3.82	0.99	1.96	16.69	1.38
17.79	1.92	5.03	4.64	0.98	2.31	20.90	1.42
20.68	1.91	5.85	5.42	0.98	2.63	25.14	1.46
16.14	2.20	4.08	4.24	1.13	2.02	17.56	1.48
20.92	2.18	5.28	5.46	1.11	2.52	23.43	1.53
25.42	2.17	6.42	6.61	1.10	2.98	29.33	1.57
37.37	2.11	9.44	9.89	1.09	4.16	47.24	1.68

型号	尺寸 (mm)			截面面积 (cm²)	理论重量 (kg/m)	外表面积 (m²/m)	X-X		
	b	d	r				I_X (cm⁴)	i_X (cm)	W_X (cm³)
6.3	63	4	7	4.978	3.907	0.248	19.03	1.96	4.13
		5		6.143	4.822	0.248	23.17	1.94	5.08
		6		7.288	5.721	0.247	27.12	1.93	6.00
		8		9.515	7.469	0.247	34.46	1.90	7.75
		10		11.657	9.151	0.246	41.09	1.88	9.39
7	70	4	8	5.570	4.372	0.275	26.39	2.18	5.14
		5		6.875	5.397	0.275	32.21	2.16	6.32
		6		8.160	6.406	0.275	37.77	2.15	7.48
		7		9.424	7.398	0.275	43.09	2.14	8.59
		8		10.667	8.373	0.274	48.17	2.12	9.68
7.5	75	5	9	7.412	5.818	0.295	39.97	2.33	7.32
		6		8.797	6.905	0.294	46.95	2.31	8.64
		7		10.160	7.976	0.294	53.57	2.30	9.93
		8		11.503	9.030	0.294	59.96	2.28	11.20
		10		14.126	11.089	0.293	71.98	2.26	13.64
8	80	5	9	7.912	6.211	0.315	48.79	2.48	8.34
		6		9.397	7.376	0.314	57.35	2.47	9.87
		7		10.860	8.525	0.314	65.58	2.46	11.37
		8		12.303	9.658	0.314	73.49	2.44	12.83
		10		15.126	11.874	0.313	88.43	2.42	15.64
9	90	6	10	10.637	8.350	0.354	82.77	2.79	12.61
		7		12.301	9.656	0.354	94.83	2.78	14.54
		8		13.944	10.946	0.353	106.47	2.76	16.42
		10		17.167	13.476	0.353	128.58	2.74	20.07
		12		20.306	15.940	0.352	149.22	2.71	23.57
10	100	6	12	11.932	9.366	0.393	114.95	3.10	15.68
		7		13.796	10.830	0.393	131.86	3.09	18.10
		8		15.638	12.276	0.393	148.24	3.08	20.47
		10		19.261	15.120	0.392	179.51	3.05	25.06
		12		22.800	17.898	0.391	208.90	3.03	29.48
		14		26.256	20.611	0.391	236.53	3.00	33.73
		16		29.627	23.257	0.390	262.53	2.98	37.82
11	110	7	12	15.196	11.928	0.433	177.16	3.41	22.05
		8		17.238	13.532	0.433	199.46	3.40	24.95
		10		21.261	16.690	0.432	242.19	3.38	30.60
		12		25.200	19.782	0.431	282.55	3.35	36.05
		14		29.056	22.809	0.431	320.71	3.32	41.31

附录C 型钢规格表

续表

参考数值							
X_0-X_0			Y_0-Y_0			X_1-X_1	Z_0 (cm)
I_{X0} (cm^4)	i_{X0} (cm)	W_{X0} (cm^3)	I_{Y0} (cm^4)	i_{Y0} (cm)	W_{Y0} (cm^3)	I_{X1} (cm^4)	
30.17	2.46	6.78	7.89	1.26	3.29	33.35	1.70
36.77	2.45	8.25	9.57	1.25	3.90	41.73	1.74
43.03	2.43	9.66	11.20	1.24	4.46	50.14	1.78
54.56	2.40	12.25	14.33	1.23	5.47	67.11	1.85
64.85	2.36	14.56	17.33	1.22	6.36	84.31	1.93
41.80	2.74	8.44	10.99	1.40	4.17	45.74	1.86
51.08	2.73	10.32	13.34	1.39	4.95	57.21	1.91
59.93	2.71	12.11	15.61	1.38	5.67	68.73	1.95
68.35	2.69	13.81	17.82	1.38	6.34	80.29	1.99
76.37	2.68	15.43	19.98	1.37	6.98	91.92	2.03
63.30	2.92	11.94	16.63	1.50	5.77	70.56	2.04
74.38	2.90	14.02	19.51	1.49	6.67	84.55	2.07
84.96	2.89	16.02	22.18	1.48	7.44	98.71	2.11
95.07	2.88	17.93	24.86	1.47	8.19	112.97	2.15
113.92	2.84	21.48	30.05	1.46	9.56	141.71	2.22
77.33	3.13	13.67	20.25	1.60	6.66	85.36	2.15
90.98	3.11	16.08	23.72	1.59	7.65	102.50	2.19
104.07	3.10	18.40	27.09	1.58	8.58	119.70	2.23
116.60	3.08	20.61	30.39	1.57	9.46	136.97	2.27
140.09	3.04	24.76	36.77	1.56	11.08	171.74	2.35
131.26	3.51	20.63	34.28	1.80	9.95	145.87	2.44
150.47	3.50	23.64	39.18	1.78	11.19	170.30	2.48
168.97	3.48	26.55	43.97	1.78	12.35	194.80	2.52
203.90	3.45	32.04	53.26	1.76	14.52	244.07	2.59
236.21	3.41	37.12	62.22	1.75	16.49	293.76	2.67
181.98	3.90	25.74	47.92	2.00	12.69	200.07	2.67
208.97	3.89	29.55	54.74	1.99	14.26	233.54	2.71
235.07	3.88	33.24	61.41	1.98	15.75	267.09	2.76
284.68	3.84	40.26	74.35	1.96	18.54	334.48	2.84
330.95	2.81	46.80	86.84	1.95	21.08	402.34	2.91
374.06	3.77	52.90	99.00	1.94	23.44	470.75	2.99
414.16	3.74	58.57	110.89	1.94	25.63	539.80	3.06
280.94	4.30	36.12	73.38	2.20	17.51	310.64	2.96
316.49	4.28	40.69	82.42	2.19	19.39	355.20	3.01
384.39	4.25	49.42	99.98	2.17	22.91	444.65	3.09
448.17	4.22	57.62	116.93	2.15	26.15	534.60	3.16
508.01	4.18	65.31	133.40	2.14	29.14	625.16	3.24

| 型号 | 尺寸 (mm) | | | 截面面积 (cm^2) | 理论重量 (kg/m) | 外表面积 (m^2/m) | X-X | | |
	b	d	r				I_X (cm^4)	i_X (cm)	W_X (cm^3)
12.5	125	8		19.750	15.504	0.492	297.03	3.88	32.52
		10		24.373	19.133	0.491	361.67	3.85	39.97
		12		28.912	22.696	0.491	423.16	3.83	41.17
		14		38.367	26.193	0.490	481.65	3.80	54.16
14	140	10	4	27.373	21.488	0.551	514.65	4.34	50.58
		12		32.512	25.522	0.551	603.68	4.31	59.80
		14		37.567	29.490	0.550	688.81	4.28	68.75
		16		42.539	33.393	0.549	770.24	4.26	77.46
16	160	10		31.502	24.729	0.630	779.53	4.98	66.70
		12		37.441	29.391	0.630	916.58	4.95	78.98
		14		43.296	33.987	0.629	1048.36	4.92	90.95
		16		49.067	38.518	0.629	1175.08	4.89	102.63
18	180	12	6	42.241	33.159	0.710	1321.35	5.59	100.82
		14		48.896	38.383	0.709	1514.48	5.56	116.25
		16		55.467	43.542	0.709	1700.99	5.54	131.13
		18		61.955	48.634	0.708	1875.12	5.50	145.64
20	200	14	18	54.642	42.894	0.788	2103.55	6.20	144.70
		16		62.013	48.680	0.788	2366.15	6.18	163.65
		18		69.301	54.401	0.787	2620.64	6.15	182.22
		20		76.505	60.056	0.787	2867.30	6.12	200.42
		24		90.661	71.168	0.785	3338.25	6.07	236.17

注 1. $r_1 = d/3$。
    2. 角钢长度　型号　2～9号　10～14号　16～20号
                 长度　4～12m　4～19m　6～19m

附录C 型钢规格表

续表

参 考 数 值								
X_0-X_0			Y_0-Y_0			X_1-X_1	Z_0 (cm)
I_{X0} (cm⁴)	i_{X0} (cm)	W_{X0} (cm³)	I_{Y0} (cm⁴)	i_{Y0} (cm)	W_{Y0} (cm³)	I_{X1} (cm⁴)	
470.89	4.88	53.28	123.16	2.50	25.86	521.01	3.37
573.89	4.85	64.93	149.46	2.48	30.62	651.93	3.45
671.44	4.82	75.96	174.88	2.46	35.03	783.42	3.53
763.73	4.78	86.41	199.57	2.45	39.13	915.61	3.61
817.27	5.46	82.56	212.04	2.78	39.20	915.11	3.82
958.79	5.43	96.85	248.57	2.76	45.02	1099.28	3.90
1093.56	5.40	110.47	284.06	2.75	50.45	1284.22	3.98
1221.81	5.36	123.42	318.67	2.74	55.55	1470.07	4.06
1237.30	6.27	109.36	321.76	3.20	52.76	1365.33	4.31
1455.68	6.24	128.67	377.49	3.18	60.74	1639.57	4.39
1665.02	6.20	147.17	431.70	3.16	68.24	1914.68	4.47
1865.57	6.17	164.89	484.59	3.14	75.31	2190.82	4.55
2100.10	7.05	165.00	542.61	3.58	78.41	2332.80	4.89
2407.42	7.02	189.14	621.53	3.56	88.38	2723.48	4.97
2703.37	6.98	212.40	698.60	3.55	97.83	3115.29	5.05
2988.24	6.94	234.78	762.01	3.51	105.14	3502.43	5.13
3343.26	7.82	236.40	863.83	3.98	111.82	3734.10	5.46
3760.89	7.79	265.93	971.41	3.96	123.96	4270.39	5.54
4164.54	7.75	294.48	1076.74	3.94	135.52	4808.13	5.62
4554.55	7.72	322.06	1180.04	3.93	146.55	5347.51	5.69
5294.97	7.64	374.41	1381.53	3.90	166.65	6457.16	5.87

2. 热轧不等边角

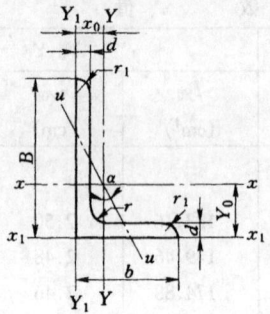

附表 C.2

型号	尺寸 (mm)					截面面积 (cm²)	理论重量 (kg/m)	外表面积 (m²/m)	X-X		
	B	b	d	r					I_X (cm⁴)	i_X (cm)	W_X (cm³)
2.5/1.6	25	16	3	3.5		1.162	0.912	0.080	0.70	0.78	0.43
			4			1.499	1.176	0.079	0.88	0.77	0.55
3.2/2	32	20	3			1.492	1.171	0.102	1.53	1.01	0.72
			4			1.939	1.522	0.101	1.93	1.00	0.93
4/2.5	40	25	3	4		1.890	1.484	0.127	3.08	1.28	1.15
			4			2.467	1.936	0.127	3.93	1.36	1.49
4.5/2.8	45	28	3	5		2.149	1.687	0.143	4.45	1.44	1.47
			4			2.806	2.203	0.143	5.69	1.42	1.91
5/3.2	50	32	3	5.5		2.431	1.908	0.161	6.24	1.60	1.84
			4			3.177	2.494	0.160	8.02	1.59	2.39
5.6/3.6	56	36	3	6		2.734	2.153	0.181	8.88	1.80	2.32
			4			3.590	2.818	0.180	11.45	1.79	3.03
			5			4.415	3.466	0.180	13.86	1.77	3.71
6.3/4	63	40	4	7		4.058	3.185	0.202	16.49	2.02	3.87
			5			4.993	3.920	0.202	20.02	2.00	4.74
			6			5.908	4.638	0.201	23.36	1.96	5.59
			7			6.802	5.339	0.201	26.53	1.98	6.40
7/4.5	70	45	4	7.5		4.547	3.570	0.226	23.17	2.26	4.86
			5			5.609	4.403	0.225	27.95	2.23	5.92
			6			6.647	5.218	0.225	32.54	2.21	6.95
			7			7.657	6.011	0.225	37.22	2.20	8.03
(7.5/5)	75	50	5	8		6.125	4.808	0.245	34.86	2.39	6.83
			6			7.260	5.699	0.245	41.12	2.38	8.12
			8			9.467	7.431	0.244	52.39	2.35	10.52
			10			11.590	9.098	0.244	62.71	2.33	12.79
8/5	80	50	5	8		6.375	5.005	0.255	41.96	2.56	7.78
			6			7.560	5.935	0.255	49.49	2.56	9.25
			7			8.724	6.848	0.255	56.16	2.54	10.58
			8			9.867	7.745	0.254	62.83	2.52	11.92

附录C 型钢规格表

钢(GB 9788—88)

B—长边宽度； i—回转半径；
I—惯性矩； r—内圆弧半径；
b—短边宽度； X_0—重心距离；
W—截面抵抗矩； r_0—边端内圆弧半径；
d—边厚度； Y_0—重心距离

参 考 数 值										
Y-Y			X_1-X_1		Y_1-Y_1		u-u			
I_Y (cm⁴)	i_Y (cm)	W_Y (cm³)	I_{x1} (cm⁴)	Y_0 (cm)	I_{Y1} (cm⁴)	X_0 (cm)	I_u (cm⁴)	i_u (cm)	W_u (cm³)	tgα
0.22	0.44	0.19	1.56	0.86	0.43	0.42	0.14	0.34	0.16	0.392
0.27	0.43	0.24	2.09	0.90	0.59	0.46	0.17	0.34	0.20	0.381
0.46	0.55	0.30	3.27	1.08	0.82	0.49	0.28	0.43	0.25	0.382
0.57	0.54	0.39	4.37	1.12	1.12	0.53	0.35	0.42	0.32	0.374
0.93	0.70	0.49	5.39	1.32	1.59	0.59	0.56	0.54	0.40	0.385
1.18	0.69	0.63	8.53	1.37	2.14	0.63	0.71	0.54	0.52	0.381
1.34	0.79	0.62	9.10	1.47	2.23	0.64	0.80	0.61	0.51	0.383
1.70	0.78	0.80	12.13	1.51	3.00	0.68	1.02	0.60	0.66	0.380
2.02	0.91	0.82	12.49	1.60	3.31	0.73	1.20	0.70	0.68	0.404
2.58	0.90	1.06	16.65	1.65	4.45	0.77	1.53	0.69	0.87	0.402
2.92	1.03	1.05	17.54	1.78	4.70	0.80	1.73	0.79	0.87	0.408
3.76	1.02	1.37	23.39	1.82	6.33	0.85	2.23	0.79	1.13	0.408
4.49	1.01	1.65	29.25	1.87	7.94	0.88	2.67	0.78	1.36	0.404
5.23	1.14	1.70	33.30	2.04	8.63	0.92	3.12	0.88	1.40	0.398
6.31	1.12	2.71	41.63	2.08	10.86	0.95	3.76	0.87	1.71	0.396
7.29	1.11	2.43	49.98	2.12	13.12	0.99	4.34	0.86	1.99	0.393
8.24	1.10	2.78	58.07	2.15	15.47	1.03	4.97	0.86	2.29	0.389
7.55	1.29	2.17	45.92	2.24	12.26	1.02	4.40	0.98	1.77	0.410
9.13	1.28	2.65	57.10	2.28	15.39	1.06	5.40	0.98	2.19	0.407
10.62	1.26	3.12	68.35	2.32	18.58	1.09	6.35	0.98	2.59	0.404
12.01	1.25	3.57	79.99	2.36	21.84	1.13	7.16	0.97	2.94	0.402
12.61	1.44	3.30	70.00	2.40	21.04	1.17	7.41	1.10	2.74	0.435
14.70	1.42	3.88	84.30	2.44	25.37	1.21	8.54	1.08	3.19	0.435
18.53	1.40	4.99	112.50	2.52	34.33	1.29	10.87	1.07	4.10	0.429
21.96	1.38	6.04	140.80	2.60	43.43	1.36	13.10	1.06	4.99	0.423
12.82	1.42	3.32	85.21	2.60	21.06	1.14	7.66	1.10	2.74	0.388
14.95	1.41	3.91	102.53	2.65	25.41	1.18	8.85	1.08	3.20	0.387
16.96	1.39	4.48	119.33	2.69	29.82	1.21	10.18	1.08	3.70	0.384
18.85	1.38	5.03	136.41	2.73	34.32	1.25	11.38	1.07	4.16	0.381

型号	尺寸 (mm)				截面面积 (cm²)	理论重量 (kg/m)	外表面积 (m²/m)	X-X		
	B	b	d	r				I_x (cm⁴)	i_x (cm)	W_x (cm³)
9/5.6	90	56	5 6 7 8	9	7.212 8.557 9.880 11.183	5.661 6.717 7.756 8.779	0.287 0.286 0.286 0.286	60.45 71.03 81.01 91.03	2.90 2.88 2.86 2.85	9.92 11.74 13.49 15.27
10/6.3	100	63	6 7 8 10		9.167 11.111 12.584 15.467	7.550 8.722 9.878 12.142	0.320 0.320 0.319 0.319	99.06 113.45 127.37 153.81	3.21 3.20 3.18 3.15	14.64 16.88 19.08 23.32
10/8	100	80	6 7 8 10	0	10.637 12.301 13.944 17.167	8.350 9.656 10.946 13.476	0.354 0.354 0.353 0.353	107.04 122.73 137.92 166.87	3.17 3.16 3.14 3.12	15.19 17.52 19.81 24.24
11/7	110	70	6 7 8 10	10	10.637 12.301 13.944 17.167	8.350 9.656 10.946 13.476	0.354 0.354 0.353 0.353	133.37 153.00 172.04 208.30	3.54 3.53 3.51 3.48	17.85 20.60 23.30 28.54
12.5	125	80	7 8 10 12	11	14.096 15.989 19.712 23.351	11.066 12.551 15.474 18.330	0.403 0.403 0.402 0.402	227.98 256.77 312.04 364.41	4.02 4.01 3.98 3.95	26.86 30.41 37.33 44.01
14/9	140	90	8 10 12 14	12	18.038 22.261 26.400 30.456	14.160 17.475 20.724 23.908	0.453 0.452 0.451 0.451	365.64 445.50 521.59 594.10	4.50 4.47 4.44 4.42	38.48 47.31 55.87 64.18
16/10	160	100	10 12 14 16	13	25.315 30.054 34.709 39.281	19.872 23.592 27.247 30.835	0.512 0.511 0.510 0.510	668.69 784.91 896.30 1003.04	5.14 5.11 5.08 5.05	62.13 73.49 84.56 95.33
18/11	180	110	10 12 14 16		28.373 33.712 38.967 44.139	22.273 26.464 30.589 34.649	0.571 0.571 0.570 0.569	956.25 1124.72 1286.91 1443.06	5.80 5.78 5.75 5.72	78.96 93.53 107.76 121.64
20/12.5	200	125	12 14 16 18	14	37.912 43.867 49.739 55.526	29.761 34.436 39.045 43.588	0.641 0.640 0.639 0.639	1570.90 1800.97 2023.35 2238.30	6.44 6.41 6.38 6.35	116.73 134.65 152.18 169.33

注 1. 括号内型号不推荐使用。
2. 截面图中的 $r_1=1/3d$ 及表中 r 值的数据用于孔型设计，不做交货条件。
3. 角钢长度：2.5/1.6~9/5.6 长 4~12m 10/6.3~14/9 长 4~19m，16/10~20/12.5 长 6~19m。

附录C 型钢规格表

续表

参 考 数 值										
Y-Y			X_1-X_1		Y_1-Y_1		u-u			
I_Y (cm^4)	i_Y (cm)	W_Y (cm^3)	I_{x1} (cm^4)	Y_0 (cm)	I_{Y1} (cm^4)	X_0 (cm)	I_u (cm^4)	i_u (cm)	W_u (cm^3)	tgα
18.32	1.59	4.21	121.32	2.91	29.53	1.25	10.98	1.23	3.49	0.385
21.42	1.58	4.96	145.59	2.95	35.58	1.29	12.90	1.23	4.13	0.384
24.36	1.57	5.70	169.60	3.00	41.71	1.33	14.67	1.22	4.72	0.382
27.15	1.56	6.41	194.17	3.04	47.93	1.36	16.34	1.21	5.29	0.380
30.94	1.79	6.35	199.71	3.24	50.50	1.43	18.42	1.38	5.25	0.394
35.26	1.78	7.29	233.00	3.28	59.14	1.47	21.00	1.38	6.02	0.394
39.39	1.77	8.21	266.32	3.32	67.88	1.50	23.50	1.37	6.78	0.391
47.12	1.74	9.98	333.06	3.40	85.73	1.58	28.33	1.35	8.24	0.387
61.24	2.40	10.16	199.83	2.95	102.68	1.97	31.65	1.72	8.37	0.627
70.08	2.39	11.71	233.20	3.00	119.98	2.01	36.17	1.72	9.60	0.626
78.58	2.37	13.21	266.61	3.04	137.37	2.05	40.58	1.71	10.80	0.625
94.65	2.35	16.12	333.63	3.12	172.48	2.13	49.10	1.69	13.12	0.622
42.92	2.01	7.90	265.78	3.53	69.08	1.57	25.36	1.54	6.53	0.403
49.01	2.00	9.09	310.07	3.57	80.82	1.61	28.95	1.53	7.50	0.402
54.87	1.98	10.25	354.39	3.62	92.70	1.65	32.45	1.53	8.45	0.401
65.88	1.96	12.48	443.13	3.70	116.83	1.72	39.20	1.51	10.29	0.397
74.42	2.30	12.01	454.99	4.01	120.32	1.80	43.81	1.76	9.92	0.408
83.49	2.28	13.56	519.99	4.06	137.85	1.84	49.15	1.75	11.18	0.407
100.67	2.26	16.56	650.09	4.14	173.40	1.92	59.45	1.74	13.64	0.404
116.67	2.24	19.43	780.39	4.22	209.67	2.00	69.35	1.72	16.01	0.400
120.69	2.59	17.34	730.53	4.50	195.79	2.04	70.83	1.98	14.31	0.411
140.03	2.56	21.22	913.20	4.58	245.92	2.12	85.82	1.96	17.48	0.409
169.79	2.54	24.95	1096.09	4.66	296.89	2.19	100.21	1.95	20.54	0.406
192.10	2.51	28.54	1279.26	4.74	348.82	2.27	114.13	1.94	23.52	0.403
205.03	2.85	26.56	1362.89	5.24	336.59	2.28	121.74	2.19	21.92	0.390
239.06	2.82	31.28	1635.56	5.32	405.94	2.36	142.33	2.17	25.79	0.388
271.20	2.80	35.83	1908.50	5.40	476.42	2.43	162.23	2.16	29.56	0.385
301.60	2.77	40.24	2181.79	5.48	548.22	2.51	182.57	2.16	33.44	0.382
278.11	3.13	32.49	1940.40	5.89	447.22	2.44	166.50	2.42	26.88	0.376
325.03	3.10	38.22	2328.38	5.98	538.94	2.52	194.87	2.40	31.66	0.374
369.55	3.08	43.97	2716.60	6.06	631.95	2.59	222.30	2.39	36.32	0.372
411.85	3.06	49.44	3105.15	6.14	726.46	2.67	248.94	2.38	40.87	0.369
483.16	3.57	49.99	3193.85	6.54	787.74	2.83	285.79	2.74	41.23	0.392
550.83	3.54	57.44	3726.17	6.62	922.47	2.91	326.58	2.73	47.34	0.390
615.44	3.52	64.69	4258.86	6.70	1058.86	2.99	366.21	2.71	53.32	0.388
677.19	3.49	71.74	4792.00	6.78	1197.13	3.06	404.83	2.70	59.18	0.385

3. 热轧工字钢

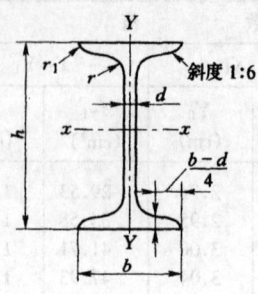

附表 C.3.1

型号	尺寸 (mm)						截面面积 (cm²)	理论重量 (kg/m)
	h	b	d	t	r	r_1		
10	100	68	4.5	7.6	6.5	3.3	14.345	11.261
12.6	126	74	5.0	8.4	7.0	3.5	18.118	14.223
14	140	80	5.5	9.1	7.5	3.8	21.516	16.890
16	160	88	6.0	9.9	8.0	4.0	26.131	20.513
18	180	94	6.5	10.7	8.5	4.3	30.756	24.143
20a	200	100	7.0	11.4	9.0	4.5	35.578	27.929
20b	200	102	9.0	11.4	9.0	4.5	39.578	31.069
22a	220	110	7.5	12.3	9.5	4.8	42.128	33.070
22b	220	112	9.5	12.3	9.5	4.8	46.528	36.524
25a	250	116	8.0	13.0	10.0	5.0	48.541	38.105
25b	250	118	10.0	13.0	10.0	5.0	53.541	42.030
28a	280	122	8.5	13.7	10.5	5.3	55.404	43.492
28b	280	124	10.5	13.7	10.5	5.3	61.004	47.888
32a	320	130	9.5	15.0	11.5	5.8	67.156	52.747
32b	320	132	11.5	15.0	11.5	5.8	73.556	57.741
32c	320	134	13.5	15.0	11.5	5.8	79.956	62.765
36a	360	136	10.0	15.8	12.0	6.0	76.480	60.037
36b	360	138	12.0	15.8	12.0	6.0	83.680	65.689
36c	360	140	14.0	15.8	12.0	6.0	90.880	71.341
40a	400	142	10.5	16.5	12.5	6.3	86.112	67.598
40b	400	144	12.5	16.5	12.5	6.3	94.112	73.878
40c	400	146	14.5	16.5	12.5	6.3	102.112	80.158
45a	450	150	11.5	18.0	13.5	6.8	102.446	80.420
45b	450	152	13.5	18.0	13.5	6.8	111.446	87.485
45c	450	154	15.5	18.0	13.5	6.8	120.446	94.550
50a	500	158	12.0	20.0	14.0	7.0	119.304	93.654
50b	500	160	14.0	20.0	14.0	7.0	129.304	104.504
50c	500	162	16.0	20.0	14.0	7.0	139.304	109.354
56a	560	166	12.5	21.0	14.5	7.3	135.435	106.316
56b	560	168	14.5	21.0	14.5	7.3	146.635	115.108
56c	560	170	16.5	21.0	14.5	7.3	157.835	123.900
63a	630	176	13.0	22.0	15.0	7.5	154.658	121.407
63b	630	178	15.0	22.0	15.0	7.5	167.258	131.298
63c	630	180	17.0	22.0	15.0	7.5	179.858	141.189

注 1. 工字钢长度：Ⅰ10～Ⅰ18 为 5～19m；Ⅰ20～Ⅰ63 为 6～19m。
  2. 经供需双方协议，可供应附表 C.3.2 中所规定的工字钢。

附录C 型钢规格表

(GB 706—88)

h—高度； r_1—腿端圆弧半径；
b—腿宽度； I—惯性矩；
d—腰厚度； W—截面抵抗矩；
t—平均腿厚度； i—回转半径；
r—内圆弧半径； s—半截面的静力矩（面积矩）

参 考 数 值						
X-X				Y-Y		
I_X (cm⁴)	W_X (cm³)	i_X (cm)	$i_X:S_X$ (cm)	I_Y (cm⁴)	W_Y (cm³)	i_Y (cm)
245	49.0	4.14	8.59	33.0	9.72	1.52
188	77.5	5.20	10.8	46.9	12.7	1.61
712	102	5.76	12.0	64.4	16.1	1.73
1130	141	6.58	13.8	93.1	21.2	1.89
1660	185	7.36	15.4	122	26.0	2.00
2370	237	8.15	17.2	158	31.5	2.11
2500	250	7.96	16.9	169	33.1	2.06
3400	309	8.99	18.9	225	40.9	2.31
3570	325	8.78	18.7	239	42.7	2.27
5020	402	10.2	21.6	280	48.3	2.40
5280	423	9.94	21.3	309	52.4	2.40
7110	508	11.3	24.6	345	56.6	2.50
7480	534	11.1	24.2	379	61.2	2.49
11100	692	12.8	27.5	460	70.8	2.62
11600	726	12.6	27.1	502	76.0	2.61
12200	760	12.3	26.8	544	81.2	2.61
15800	875	14.4	30.7	552	81.2	2.69
16500	919	14.1	30.3	582	84.3	2.64
17300	962	13.8	29.9	612	87.4	2.60
21700	1090	15.9	34.1	660	93.2	2.77
22800	1140	15.6	33.6	692	96.2	2.71
23900	1190	15.2	33.2	727	99.6	2.65
32200	1430	17.7	38.6	855	114	2.89
33800	1500	17.4	38.0	894	118	2.84
35300	1570	17.1	37.6	938	122	2.79
46500	1860	19.7	42.8	1120	142	3.07
48600	1940	19.4	42.4	1170	146	3.01
50600	2080	19.0	41.8	1220	151	2.96
65600	2340	22.0	47.7	1370	165	3.18
68500	2450	21.6	47.2	1490	174	3.16
71400	2550	21.3	46.7	1560	183	3.16
93900	2980	24.5	54.2	1700	193	3.31
98100	3000	24.2	53.5	1810	204	3.29
102000	3300	23.3	52.9	1920	214	3.27

附表 C.3.2

型号	尺寸 (mm)						截面面积 (cm²)	理论重量 (kg/m)
	h	b	d	t	r	r₁		
12	120	74	5.0	8.4	7.0	3.5	17.818	13.987
24a	240	116	8.0	13.0	10.0	5.0	47.741	37.477
24b	240	118	10.0	13.0	10.0	5.0	52.541	41.245
27a	270	122	8.5	13.7	10.5	5.3	54.554	42.825
27b	270	124	10.5	13.7	10.5	5.3	59.954	47.064
30a	300	126	9.0	14.4	11.0	5.5	61.254	48.084
30b	300	128	11.0	14.4	11.0	5.5	67.254	52.794
30c	300	130	13.0	14.4	11.0	5.5	73.254	57.504
55a	550	166	12.5	21.0	14.5	7.3	134.185	105.335
55b	550	168	14.5	21.0	14.5	7.3	145.185	113.970
55c	550	170	16.5	21.0	14.5	7.3	156.185	122.605

4. 热轧槽钢

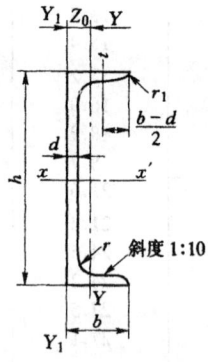

附表 C.4.1

型号	尺寸 (mm)						截面面积 (cm²)	理论重量 (kg/m)	W_x (cm³)
	h	b	d	t	r	r₁			
5	50	37	4.5	7.0	7.0	3.5	6.928	5.438	10.4
6.3	63	40	4.8	7.5	7.5	3.8	8.451	6.634	16.1
8	80	43	5.0	8.0	8.0	4.0	10.248	8.045	25.3
10	100	48	5.3	8.5	8.5	4.2	12.748	10.007	39.7
12.6	126	53	5.5	9.0	9.0	4.5	15.692	12.318	62.1
14a	140	58	6.0	9.5	9.5	4.8	18.516	14.535	80.5
14b	140	60	8.0	9.5	9.5	4.8	21.316	16.733	87.1
16a	160	63	6.5	10.0	10.0	5.0	21.962	17.240	108
16	160	65	8.5	10.0	10.0	5.0	25.162	19.752	117
18a	180	68	7.0	10.5	10.5	5.2	25.699	20.174	141
18	180	70	9.0	10.5	10.5	5.2	29.299	23.000	152
20a	200	73	7.0	11.0	11.0	5.5	28.837	22.637	178
20	200	75	9.0	11.0	11.0	5.5	32.837	25.777	191

附录C 型钢规格表

参 考 数 值							
X-X				Y-Y			
I_X (cm⁴)	W_X (cm³)	i_X (cm)	$i_X:S_X$ (cm)	I_Y (cm⁴)	W_Y (cm³)	i_Y (cm)	
436	72.7	4.95	10.3	46.9	12.7	1.62	
4570	381	9.77	20.7	280	48.4	2.42	
4800	400	9.57	20.4	297	50.4	2.38	
6550	485	10.9	23.8	345	56.6	2.51	
6870	509	10.7	22.9	366	58.9	2.47	
8950	597	12.1	25.7	400	63.5	2.55	
9400	627	11.8	25.4	422	65.9	2.50	
9850	657	11.6	26.0	445	68.5	2.46	
62900	2290	21.6	46.9	1370	164	3.19	
65600	2390	21.2	46.4	1420	170	3.14	
68400	2490	20.9	45.8	1480	175	3.08	

(GB 707—88)

注明：①图中各尺寸是
　　　h—高度；b—腿宽度；d—腰厚度；t—平均腿厚度；
　　　r—内圆弧半径；r_1—腿端圆弧半径；I—惯性矩；W—截面抵抗矩；
　　　i—回转半径；z_0—yy轴与y_1y_1轴间距
②槽钢长度：[5～[8 为 5～12m；[10～[18 为 5～19m；[20～[40 为 6～19m
③经供需双方协议，可供应附表C.4.2中所规定的槽钢

参 考 数 值						
X-X	Y-Y			Y₁-Y₁	Z_0 (cm)	
I_X (cm⁴)	i_X (cm)	W_Y (cm³)	I_Y (cm⁴)	i_Y (cm)	I_{Y_1} (cm⁴)	Z_0 (cm)
26.0	1.94	3.55	8.30	1.10	20.9	1.35
50.8	2.45	4.50	11.9	1.19	28.4	1.36
101	3.15	5.79	16.6	1.27	37.4	1.43
198	3.95	7.80	25.6	1.41	54.9	1.52
391	4.95	10.2	38.0	1.57	77.1	1.59
564	5.52	13.0	53.2	1.70	107	1.71
609	5.35	14.1	61.1	1.69	121	1.67
866	6.28	16.3	73.3	1.83	144	1.80
935	6.10	17.6	83.4	1.82	161	1.75
1270	7.04	20.0	98.6	1.96	190	1.88
1370	6.84	21.5	111	1.95	210	1.84
1780	7.86	24.2	128	2.11	244	2.01
1910	7.64	25.9	144	2.09	268	1.95

型号	尺寸 (mm)						截面面积 (cm²)	理论重量 (kg/m)	W_x (cm³)
	h	b	d	t	r	r_1			
22a	220	77	7.0	11.5	11.5	5.8	31.846	24.999	218
22	220	79	9.0	11.5	11.5	5.8	36.246	28.453	234
25a	250	78	7.0	12.0	12.0	6.0	34.917	27.410	270
25b	250	80	9.0	12.0	12.0	6.0	39.917	31.335	282
25c	250	82	11.0	12.0	12.0	6.0	44.917	35.260	295
28a	280	82	7.5	12.5	12.5	6.2	40.034	31.427	340
28b	280	84	9.5	12.5	12.5	6.2	45.634	35.823	366
28c	280	86	11.5	12.5	12.5	6.2	51.234	40.219	393
32a	320	88	8.0	14.0	14.0	7.0	48.513	38.083	475
32b	320	90	10.0	14.0	14.0	7.0	54.913	43.107	509
32c	320	92	12.0	14.0	14.0	7.0	61.313	48.131	543
36a	360	96	9.0	16.0	16.0	8.0	60.910	47.814	660
36b	360	98	11.0	16.0	16.0	8.0	68.110	53.466	703
36c	360	100	13.0	16.0	16.0	8.0	75.310	59.118	746
40a	400	100	10.5	18.0	18.0	9.0	75.068	58.928	879
40b	400	102	12.5	18.0	18.0	9.0	83.068	65.208	932
40c	400	104	14.5	18.0	18.0	9.0	81.068	71.488	986

附表 C.4.2

型号	尺寸 (mm)						截面面积 (cm²)	理论重量 (kg/m)	W_x (cm³)
	h	b	d	t	r	r_1			
6.5	65	40	4.3	7.5	7.5	3.8	8.547	6.709	17.0
12	120	53	5.5	9.0	9.0	4.5	15.362	12.059	57.7
24a	240	78	7.0	12.0	12.0	6.0	34.217	26.860	254
24b	240	80	9.0	12.0	12.0	6.0	39.017	30.628	274
24c	240	82	11.0	12.0	12.0	6.0	43.817	34.396	293
27a	270	82	7.5	12.5	12.5	6.2	39.284	30.838	323
27b	270	84	9.5	12.5	12.5	6.2	44.684	35.077	347
27c	270	86	11.5	12.5	12.5	6.2	50.084	39.316	372
30a	300	85	7.5	13.5	13.5	6.8	43.902	34.463	403
30b	300	87	9.5	13.5	13.5	6.8	49.902	39.173	433
30c	300	89	11.5	13.5	13.5	6.8	55.902	43.883	463

附录C 型钢规格表

续表

参 考 数 值							
X-X			Y-Y			Y_1-Y_1	Z_0 (cm)
I_X (cm^4)	i_X (cm)	W_Y (cm^3)	I_Y (cm^4)	i_Y (cm)	I_{Y_1} (cm^4)	
2390	8.67	28.2	158	2.23	298	2.10
2570	8.42	30.1	176	2.21	326	2.03
3370	9.82	30.6	176	2.24	322	2.07
3530	9.41	32.7	196	2.22	353	1.98
3690	9.07	35.9	218	2.21	384	1.92
4760	10.9	35.7	218	2.33	388	2.10
5130	10.6	37.9	242	2.30	428	2.02
5500	10.4	40.3	568	2.29	463	1.95
7600	12.5	46.5	305	2.50	552	2.24
8140	12.2	49.2	336	2.47	593	2.16
8690	11.9	52.6	374	2.47	643	2.09
11900	14.0	63.5	455	2.73	818	2.44
12700	13.6	66.9	497	2.70	880	2.37
13400	13.4	70.0	536	2.67	948	2.34
17600	15.3	78.8	592	2.81	1070	2.49
18600	15.0	82.5	640	2.78	1140	2.44
19700	14.7	86.2	688	2.75	1220	2.42

参 考 数 值							
X-X			Y-Y			Y_1-Y_1	Z_0 (cm)
I_X (cm^4)	i_X (cm)	W_Y (cm^3)	I_Y (cm^4)	i_Y (cm)	I_{Y_1} (cm^4)	
55.2	2.54	4.59	12.0	1.19	28.3	1.38
346	4.75	10.2	37.4	1.56	77.7	1.62
3050	9.45	30.5	174	2.25	325	2.10
3280	9.17	32.5	194	2.23	355	2.03
3510	8.96	34.4	213	2.21	388	2.00
4360	10.5	35.5	216	2.34	393	2.13
4690	10.3	37.7	239	2.31	428	2.06
5020	10.1	39.8	261	2.28	467	2.03
6050	11.7	41.1	260	2.43	467	2.17
6500	11.4	44.0	289	2.41	515	2.13
6950	11.2	46.4	316	2.38	560	2.09

上册习题答案

第1章

1.3 (a) $m_O(\vec{F}) = 0$; (b) $m_O(\vec{F}) = Fl$; (c) $m_O(\vec{F}) = -Fb$;
(d) $m_O(\vec{F}) = Fl\sin\theta$; (e) $m_O(\vec{F}) = F\sqrt{b^2+l^2}\sin\beta$;
(f) $m_O(\vec{F}) = F(l+r)$

第2章

2.1 $M_O = M_{O1} = 420\text{N}\cdot\text{m}$

2.2 $F_A = F_{BC} = 5\text{kN}$

2.3 $F_A = 6.7\text{kN}$, $X_B = 6.7\text{kN}$, $Y_B = 13.5\text{kN}$

2.4 $X_A = -7\text{kN}$, $Y_A = 5\sqrt{3}\text{kN}$, $m_A = 37.98\text{kN}\cdot\text{m}$

2.5 $X_A = -4\text{kN}$, $Y_A = 54.62\text{kN}$, $F_B = 52.31\text{kN}$

2.6 (a) $X_A = 0$, $Y_A = -1\text{kN}$, $F_B = 4\text{kN}$
(b) $F_A = 3.75\text{kN}$, $X_B = 0$, $Y_B = -0.25\text{kN}$

2.7 (1) $F_D = 72.5\text{kN}$, $F_E = 42.5\text{kN}$ (2) $W_{3\max} = 56.25\text{kN}$, $DE_{\min} = 2.5\text{m}$

2.8 $F_A = -63.22\text{kN}$, $F_B = -88.74\text{kN}$, $F_C = 30\text{kN}$

2.9 $X_A = 2400\text{N}$, $Y_A = 1200\text{N}$, $F_{BC} = 848.5\text{N}$

2.10 $F_A = 48.33\text{kN}$, $F_B = 100\text{kN}$, $F_D = 8.33\text{kN}$

2.11 (a) $F_A = -qa$, $F_B = 4qa$, $F_C = qa$, $F_D = qa$
(b) $F_A = \dfrac{F}{2} + \dfrac{M}{2a}$, $F_B = \dfrac{F}{2} - \dfrac{M}{a}$, $F_C = \dfrac{M}{2a}$, $F_D = \dfrac{M}{2a}$
(c) $F_A = \dfrac{\sqrt{10}}{4}F$, $m_A = \dfrac{\sqrt{2}Fa}{2} + M$, $F_C = \dfrac{\sqrt{10}}{4}F$, $F_D = \dfrac{\sqrt{2}}{4}F$
(d) $F_A = \dfrac{7}{4}qa$, $m_A = 3qa^2$, $F_C = \dfrac{3}{4}qa$, $F_D = \dfrac{1}{4}qa$

2.12 $\dfrac{F_1}{F_2} = \dfrac{\sqrt{6}}{4}$

2.13 $m = 60\text{N}\cdot\text{m}$

2.14 $m = 211.1\text{N}\cdot\text{m}$

2.15 (1) $X_A = -X_B = 40\text{kN}$, $Y_A = Y_B = 80\text{kN}$
(2) $X_A = -X_B = 15\text{kN}$, $Y_A = 55\text{kN}$, $Y_B = 45\text{kN}$

2.16 $X_A = 1200\text{N}$, $Y_A = 150\text{N}$, $F_B = 1050\text{N}$, $F_{BC} = -1500\text{N}$

2.17 $X_A = 267\text{N}$, $Y_A = -87.5\text{N}$, $F_B = 550\text{N}$, $X_C = 209\text{N}$, $Y_A = -187.5\text{N}$

上册习题答案

2.18 $X_C = 0.375\text{kN}$, $Y_C = 1.5\text{kN}$, $X_E = -1.375\text{kN}$, $Y_E = -0.5\text{kN}$

2.19 $F_1 = 25\text{kN}$, $F_2 = -35.4\text{kN}$, $F_3 = 10\text{kN}$, $F_4 = 25\text{kN}$, $F_5 = 7.07\text{kN}$, $F_6 = 40\text{kN}$

2.20 $F_6 = -2.67\text{kN}$, $F_7 = -4.17\text{kN}$, $F_8 = 15.63\text{kN}$, $F_9 = 10\text{kN}$

2.21 $F_4 = 21.83\text{kN}$, $F_6 = F_{10} = -43.64\text{kN}$, $F_7 = -20\text{kN}$

2.22 $F_1 = 45\text{kN}$, $F_2 = -54.08\text{kN}$, $F_3 = 30\text{kN}$

2.23 $\dfrac{\sin\alpha - \mu_s \cos\alpha}{\cos\alpha + \mu_s \sin\alpha} F_2 \leqslant F_1 \leqslant \dfrac{\sin\alpha + \mu_s \cos\alpha}{\cos\alpha - \mu_s \sin\alpha} F_2$

2.24 $b \leqslant 110\text{mm}$

2.25 $N_{11} = P$, $N_{22} = -2P$

2.26 (a) $Q_C = \dfrac{Pb}{a+b}$, $M_C = \dfrac{Pab}{a+b}$, $Q_D = -\dfrac{Pa}{a+b}$, $M_D = \dfrac{Pab}{a+b}$

(b) $Q_C = -qa$, $M_C = -\dfrac{qa^2}{2}$, $Q_D = -qa$, $M_D = -\dfrac{qa^2}{2}$

第 3 章

3.3 $m_x = 4\text{kN·m}$, $m_y = -3\text{kN·m}$, $m_z = 0$

3.4 $m_x = -\dfrac{\sqrt{2}}{2} Fc$, $m_y = \dfrac{\sqrt{2}}{2} F(b-a)$, $m_z = \dfrac{\sqrt{2}}{2} Fc$

3.5 $m_A = 19.2\vec{i} + 8\vec{j} + 33.6\vec{k}$, $m_{AB} = 33.6\text{N·m}$

3.6 $F_2 = 800\text{N}$, $N_{By} = 320\text{N}$, $N_{Bz} = 1120\text{N}$, $N_{Ay} = 480\text{N}$, $N_{Az} = 320\text{N}$

3.7 $T_1 = 10\text{kN}$, $T_2 = 5\text{kN}$, $X_A = -5.196\text{kN}$, $Z_A = 8\text{kN}$, $X_B = -7.794\text{kN}$, $Z_B = 4.5\text{kN}$

3.8 $S = 667\text{N}$, $N_{Kx} = 667\text{N}$, $N_{Kz} = 100\text{N}$, $N_{Mx} = 133\text{N}$, $N_{Mz} = 500\text{N}$

3.9 $N_A = \dfrac{Q}{4}$, $N_B = Q$, $T_A = \dfrac{Q}{4\sqrt{3}}$, $T_B = \dfrac{Q}{2\sqrt{3}}$

3.10 $T = \dfrac{P}{\cos\gamma}$, $N_1 = N_2 = \dfrac{\sqrt{2}}{2} P \text{tg}\gamma$

3.11 $G_{\max} = \dfrac{\sqrt{3} Qa}{6\rho \cos\alpha}$, $\alpha = 0$

第 4 章

4.1 $N_1 = 50\text{kN}$, $N_2 = 10\text{kN}$, $N_3 = -20\text{kN}$

4.3 (a) $T_1 = 2\text{kN·m}$, $T_2 = -2\text{kN·m}$

(b) $T_1 = 20\text{kN·m}$, $T_2 = -10\text{kN·m}$, $T_3 = -5\text{kN·m}$

4.5 (a) $Q_1 = 0$, $M_1 = Pa$, $Q_2 = -P$, $M_2 = Pa$, $Q_3 = 0$, $M_3 = 0$

(b) $Q_C = \dfrac{m}{a+b}$, $M_C = \dfrac{ma}{a+b}$, $Q_D = \dfrac{m}{a+b}$, $M_D = \dfrac{-mb}{a+b}$

(c) $Q_1 = 1.33\text{kN}$, $M_1 = 267\text{N·m}$, $Q_2 = -0.667\text{kN}$, $M_2 = 333\text{N·m}$

(d) $Q_C = \dfrac{m}{l}$, $M_C = m$, $Q_D = 0$, $M_D = m$

第5章

5.1 $N_1 = -20\text{kN}$, $\sigma = -100\text{MPa}$
$N_2 = -10\text{kN}$, $\sigma = -33.3\text{MPa}$
$N_3 = 10\text{kN}$, $\sigma = 25\text{MPa}$

5.2 $\sigma_{AE} = 159.1\text{MPa}$, $\sigma_{EG} = 154.8\text{MPa}$

5.3 (1) $N_{CB} = 260\text{kN}$
(2) $\sigma_{AC} = -2.5\text{MPa}$, $\sigma_{CB} = -6.5\text{MPa}$
(3) $\varepsilon_{AC} = -0.25 \times 10^{-3}$, $\varepsilon_{CB} = -0.65 \times 10^{-3}$
(4) $\Delta l = -1.35\text{mm}$

5.4 $\Delta = 1.365\text{mm}$

5.5 $\sigma_{AB} = 74\text{MPa}$

5.6 AB: $2\angle 100 \times 10$, AD: $2\angle 80 \times 6$

5.7 $[P] = 41\text{kN}$

5.8 $\sigma_{AB} = 123\text{MPa}$

5.9 AC: $2\angle 80 \times 7$, CD: $2\angle 75 \times 6$

5.10 (1) $\sigma = 75.9\text{MPa}$, $n = 3.95$
(2) 16

第6章

6.4 1, 3, 2

6.5 D

6.6 $P = 503\text{N}$
$\Delta l = 29.2\text{mm}$

第7章

7.1 $\tau = 99.5\text{MPa}$, $\sigma = 56.8\text{MPa}$

7.2 $d \geqslant 50\text{mm}$

7.3 $d_{\min} = 34\text{mm}$, $t_{\max} = 10.4\text{mm}$

7.4 $\tau = 52.6\text{MPa}$, $\sigma_c = 90.9\text{MPa}$, $\sigma = 166.7\text{MPa}$

7.5 $\tau = 66.3\text{MPa}$, $\sigma_c = 102\text{MPa}$

7.6 $t = 80\text{mm}$

7.7 $\tau = 99.5\text{MPa}$, $\sigma_c = 125\text{MPa}$, $\sigma = 125\text{MPa}$

7.8 $l \geqslant 127\text{mm}$

7.9 $d = 0.54\text{mm}$

第8章

8.4 $\tau_{\max} = 61.2\text{MPa}$

上 册 习 题 答 案

8.5 $N_p = 18.47\text{kW}$

8.6 $\tau_内 = 52.14\text{MPa}$，$\tau_外 = 69.52\text{MPa}$

8.7 $\tau_{max} = 95.5\text{MPa}$

8.8 (1) $\tau_{max} = 71.4\text{MPa}$，$\varphi = 1.02°$
(2) $\tau_A = \tau_B = 71.4\text{MPa}$，$\tau_C = 35.7\text{MPa}$
(3) $\gamma_C = 0.446 \times 10^{-3}$

8.9 $\tau_{max} = 69.8\text{MPa}$，$\varphi_{CA} = 3°$

8.10 $d_1 \geqslant 45\text{mm}$，$D_2 \geqslant 46\text{mm}$

8.11 $P_1:P_2 = 0.51$，$GI_{P1}:GI_{P2} = 1.19$

8.12 $d \geqslant 74.4\text{mm}$

8.13 $\tau_{max} = 48.8\text{MPa}$，$\varphi_{max} = 1.22°$

8.14 $d \geqslant 110.3\text{mm}$

8.15 AE 段 $\tau_{max} = 43.8\text{MPa}$，$\theta = 0.44°/\text{m}$
BC 段 $\tau_{max} = 71.3\text{MPa}$，$\theta = 1.02°/\text{m}$

8.16 $\tau_{max} = 0.56\text{MPa}$，$\theta_{max} = 0.0151\text{rad/m}$，$\varphi = 0.0121\text{rad}$

第 9 章

9.2 (a) $\sigma_A = \sigma_D = -163.5\text{MPa}$，$\sigma_B = 38.8\text{MPa}$，$\sigma_C = 58.8\text{MPa}$
(b) $\sigma_A = -18.55\text{MPa}$，$\sigma_B = \sigma_C = 0$，$\sigma_D = 18.55\text{MPa}$

9.3 Ⅰ-Ⅰ：$\sigma_A = -7.41\text{MPa}$，$\sigma_B = 4.94\text{MPa}$，$\sigma_C = 0$，$\sigma_D = 7.41\text{MPa}$
Ⅱ-Ⅱ：$\sigma_A = 9.26\text{MPa}$，$\sigma_B = -6.18\text{MPa}$，$\sigma_C = 0$，$\sigma_D = -9.26\text{MPa}$

9.4 Ⅰ-Ⅰ：$P = 47.4\text{kN}$

9.5 $[P] = 29\text{kN}$

9.6 $\Delta l = \dfrac{ql^3}{2bh^2 E}$

9.7 $\Delta l = 0.25\text{mm}$，$[P] = 122\text{kN}$

9.8 $M_{max} = 140.2\text{kN}\cdot\text{m}$，选 28a

9.9 $b \geqslant 61.5\text{mm}$，$h \geqslant 184.5\text{mm}$

9.10 $K = 3.71$

9.11 $a = 2.12\text{m}$，$q = 25\text{kN/m}$

9.12 $\sigma_{max} = 7.05\text{MPa}$，$\tau_{max} = 0.478\text{MPa}$

9.13 $[P] \leqslant 3.94\text{kN}$，$\sigma_{max} = 9.47\text{MPa}$

9.14 $h \geqslant 208\text{mm}$，$b \geqslant 138.7\text{mm}$

9.15 选 28a

9.16 $[q] = 15.68\text{kN/m}$

9.17 $[P_1] = 1.47\text{kN}$，$[P_2] = 5.88\text{kN}$

9.18 (1) (σ_{max}) 1:2:3，(y_{max}) 1:8:27；
(2) (σ_{max}) 1:1:1，(y_{max}) 6:3:2

9.20 (a) $y_A = \dfrac{ml^2}{16EI_z}$, $\theta_B = -\dfrac{ml}{6EI_z}$

(b) $y_A = \dfrac{P(l+a)}{16EI_z}a^2$, $\theta_B = -\dfrac{Pla}{6EI_z}$

(c) $y_A = y_B = \dfrac{q_0 l^4}{30EI_z}$, $\theta_B = -\dfrac{q_0 l^3}{24EI_z}$

(d) $y_A = \dfrac{P(l+a)}{3EI_z}a^2 + \dfrac{P(l+a)^2}{Kl^2}$, $\theta_B = \dfrac{P(l+a)}{Kl^2} - \dfrac{Pla}{6EI_z}$

9.21 (a) $y_A = \dfrac{Pa}{24EI_z}(8a^2 + 12al + 3l^2)$, $\theta_B = -\dfrac{Pa}{2EI_z}(l+a)$

(b) $y_A = \dfrac{Pl^3}{6EI_z}$, $\theta_B = \dfrac{9Pl^2}{8EI_z}$

(c) $y_A = \dfrac{41ql^4}{384EI_z}$, $\theta_B = -\dfrac{7ql^3}{48EI_z}$

(d) $y_A = \dfrac{5qa^4}{24EI_z}$, $\theta_B = -\dfrac{qa^3}{12EI_z}$

9.22 $l = 13.6$m, 22.9mm, 19%

9.23 $y_{max} = 0.031$mm $< \delta$

9.24 $I_x \geqslant 6.7 \times 10^4 \text{cm}^4$

9.25 $l \leqslant 8.6$m

9.26 $d \geqslant 112$mm

9.27 $[m] = 245$N·m, $\theta_A = -3.66 \times 10^{-4}$rad

附录 A

A.1 (a) $y_c = 271$mm, $z_c = 204$mm

(b) $y_c = 305$mm, $z_c = 400$mm

(c) $y_c = 0.193$mm, $z_c = 0.093$mm

(d) $y_c = \dfrac{4r}{3\pi}$mm, $z_c = 400$mm

A.2 (a) $\dfrac{2}{3}h^4$, $\dfrac{1}{6}h^4$

(b) $383.33 \times 10^6 \text{mm}^4$, $183.33 \times 10^6 \text{mm}^4$

A.3 矩形：$I_{z_0} = 3.375 \times 10^{-4} \text{m}^4$

工字形：$I_{z_0} = 5.875 \times 10^{-4} \text{m}^4$

A.4 $I_{za} : I_{zb} : I_{zc} = 1 : 5.48 : 10.43$

A.5 $y_c = \dfrac{7d}{9\pi}$, $I_{z_0} = 0.00496 d^4$

A.6 (a) $I_{x0} = 21.26 \times 10^{-4} \text{m}^4$

(b) $y_c = 120$mm, $I_{z_0} = 3.155 \times 10^{-4} \text{m}^4$

A.7 (a) $y_c = 66$mm, $I_{z_0} = 48.32 \times 10^6 \text{mm}^4$

(b) $y_c = 70$mm, $I_{z_0} = 38.95 \times 10^6$mm^4

A.8 $I_{z_c} = 14.571 \times 10^7$mm^7, $I_{y_c} = 1.070 \times 10^7$mm^4

A.9 $a = 214.9$mm

A.10 $\alpha_0 = 22°09'$, $I_{z_0} = 4.521 \times 10^3$mm^4

$\alpha_0 = 112°09'$, $I_{y_0} = 0.397 \times 10^3$mm^4

参 考 文 献

1. 乔宏洲主编. 理论力学. 北京：中国建筑工业出版社，1997
2. 郝桐生. 理论力学. 第2版. 北京：高等教育出版社，1982
3. 范钦珊，王琪主编. 工程力学. 北京：高等教育出版社，2002
4. 徐博候等. 工程力学基础教程. 杭州：浙江大学出版社，2001
5. 范钦珊. 施燮琴，孙汝. 工程力学. 北京：高等教育出版社，1989
6. 张留芳主编. 材料力学. 武汉：武汉工业大学出版社，1997
7. 张如三，王天明主编. 材料力学. 北京：中国建筑工业出版社，1997
8. 孙仁博，王天明主编. 材料力学. 北京：中国建筑工业出版社，1995
9. 孙训方，方孝淑，关来泰编. 孙训方，胡增强，金心全修订. 材料力学. 第3版. 北京：高等教育出版社，1994
10. 刘鸿文主编. 材料力学. 第3版. 北京：高等教育出版社，1992
11. 顾志荣，吴永生. 材料力学. 上海：同济大学出版社，1990
12. 吴永生，顾志荣. 材料力学学习方法及解题指导. 上海：同济大学出版社，1989
13. 粟一凡主编. 材料力学. 第2版. 北京：高等教育出版社，1984
14. 武汉水利电力学院建筑力学教研室. 建筑力学. 北京：人民教育出版社，1980
15. 龙驭球，包世华主编. 结构力学. 北京：高等教育出版社，2001